1000点満点を獲得した勉強法の秘密

最速合格術

技術評論社

はじめに

2009年春におこなわれた第1回ITパスポート試験では、受験者39,131人のうち、1,000点満点を獲得したのはわずか2人だけでした。44歳の男性と40歳の男性でしたが、後者が当時の私です。

「満点獲得なんて、ものすごい時間をかけて、徹底的に勉強したのだろう」

そう思われたかもしれませんが、じつは、私がITパスポートの勉強を始めたときには、**試験日まで2週間**を切っていました。

ITパスポートの試験では、技術からビジネスまで、幅広い知識が問われるので、おぼえることが非常に多く、時間がかかるイメージがあるかもしれません。しかし、私の勉強法は、「楽しく、ラクして、てっとり早く、丸暗記ではない、本質的な理解を促す」もの。特徴をかんたんに言ってしまえば、

「まずは全体像をおぼろげでもいいのでイメージできるようにしてから、細かい計算問題や必須用語をおさえていく」

というものです。この勉強法には「興味が持続する＝楽しく勉強が続けられる」というメリットもあります。私はこの勉強法を実践した結果、ついつい勉強が楽しくなって、無意識のうちに満点を獲得してしまったのです。

もちろん、あなたは満点を取る必要はありません。私のノウハウをお伝えすることで、試験の骨格部分の本質を理解していただければ、あとは**合計で24時間程度**もあれば、予備知識ゼロから合格レベルに達することができるでしょう。

では、具体的にはどのように勉強すればいいのでしょうか？

それはぜひ本文をご覧になってみてください！

2023年1月　**西 俊明**

CONTENTS

第6章 得点を最大限に積み増すための直前＋本番対策

付録「重要用語集」ダウンロード方法

「重要用語集」は、ITパスポート試験で出題される重要用語をスマートフォンで確認できる付録です。通勤・通学などのスキマ時間で、勉強後の復習や試験直前対策にご活用ください。

なお、本付録はPDFファイルで提供しており、ご利用の際は「Adobe Acrobat Reader」アプリが必要です。

❶ 本書のサポートページ（下記URL）にアクセス

https://gihyo.jp/book/2023/978-4-297-13275-0/support

❷ 下記のパスワードを入力

`iPass140Saisoku`

パスワードは英数半角でご入力ください。大文字と小文字は区別されます

【ご注意】

- ダウンロードの際、通信費は別途発生いたします。
- 本書で提供するファイルは本書の購入者に限り、個人、法人を問わず無料で使用できますが、再転載や二次使用は禁止いたします。
- ファイルのご使用は、必ずお客様ご自身の責任と判断によって行ってください。ファイルを使用した結果生じたいかなる直接的・間接的損害も、技術評論社、著者、ファイルの製作に関わったすべての個人と企業は、いっさいその責任を負いかねます。

CHAPTER

00

勉強前から差をつけるための考え方

この章では、最短合格のための戦略について押さえます。ポイントは以下の3つです。

①まずは全体像を把握する
②このテキストを1回12時間×2回繰り返す
③時間管理術をうまく活用する

この0章で戦略を学び、1～5章で試験範囲の学習を2回繰り返し、第6章を読んで直前対策・本番対策を実施することで、本当に24時間で合格する人が続出しています。

この本が6回目の改訂を迎えたことが、その証拠です。ぜひ、あなたもその仲間の一員になってくださいね！

0-01

効率よく勉強するための戦略とは

細かい知識を覚えていくのは後回し

ITパスポート試験では、技術からビジネスまで、非常に広い範囲の知識が問われます。そのため、普通のテキストどおりに勉強を進めていくと、「自分が今勉強していることは、**全体の中でどのような位置づけ**なのか」がわからず、機械的な暗記の連続になってしまいがちです。

それでは勉強が辛くなってしまいますし、効率がいいとは言えません。

ITパスポート試験のように、出題範囲が広大な試験を攻略する場合、まずはおぼろげでもいいので、**全体像をおさえる**ことが重要です。たとえるなら、ロールプレイングゲームをやる前に「全体マップを見る」ようなもの。

そのうえで、個々の細かい知識の学習を進めていけば、おぼろげな全体像がはっきりした形になっていき、あなたの血肉とすることができます。

最速で合格を勝ち取るための5つのフレームワーク

以上のような勉強法をＩＴパスポート試験に適用したのが、本書でご紹介する**「5つのフレームワーク勉強法」**です。

❶ 会社内の具体的な動きから**ストラテジ分野**を直感的に理解する
❷ システム開発の流れに沿って**マネジメント分野**をリアルにイメージ
❸ ネットショップのシステムから**テクノロジ分野**を理解する
❹ 覚えるとっかかりを作り、**頻出用語**をできるだけラクに暗記する
❺ **計算問題**をパターンで徹底攻略する

本書ではこの５つを、第１章〜第５章に分けて最短合格を目指します。

「12時間１セット」を２回くり返す

これら５つのフレームワーク（章）は、次の時間配分を基本に攻略してみてください。

●①第１章〜第３章：全体像を把握する（6時間）

細かいところを気にせず、第１章から第３章までを読んで、ITパスポートの３大分野である「ストラテジ分野」「マネジメント分野」「テクノロジ分野」の全体像を、おぼろげながらでも把握します。

第１章:**3時間**、第２章:**1時間**、第３章:**2時間**が、おおよその目安です。

●②第４章：必須用語を暗記する（3時間）

コマ切れ時間を使いながら、必須用語を暗記していきます。

●③第５章：計算問題の攻略（3時間）

計算問題を、手を動かして（＝ノートに計算式を丸写しにしながら）、解法を理解＆暗記していきます。

以上、全体で**合計12時間**が目安です。

もちろん、１回目をとおしただけで、すべての知識が定着するわけではありません。このセットを**2回繰り返す**ことで、12時間×２回＝24時間で、合格レベルの知識を定着させます。

そのあと、試験日まで時間があれば、もう１セット繰り返して、高得点での合格を狙いましょう。試験直前であれば、本書ダウンロード付録の**「重要用語集」**（ダウンロード方法はP.008）で直前対策すれば、合格ラインを確実にクリアできるでしょう。

0-02

合格を勝ち取るための時間管理術

投資した時間に対して「どれぐらいはかどったか」を常に意識

「では、さっそく第 1 章にとりかかろう！」

と思われたかもしれませんが、ちょっとお待ちください。ラクして最短合格するためには、勉強法だけでなく**時間管理**にもポイントがあります。

「時間管理」と聞くと、あなたはどのようなイメージを持ちますか？

もしかすると、自分の自由が制限されて、「時間に追われるのはイヤだ」と思うかもしれません。

しかし、そうではないのです。本来、時間管理とは**好きなことをする時間を最大限確保するため**に最短で効率よく「やるべきこと」をするものです。

もともと、日々の仕事や学業はもちろん、ゲームなどの趣味をしたり、恋人や家族と過ごすなど「やりたいこと」はたくさんあるので、時間はあっという間になくなります。それらに加えて、今のあなたは「IT パスポートに合格する」という課題もこなさなければなりません。なりゆきで勉強していると、本来「やりたかったこと」をする時間が短縮されます。そうすると、勉強にも集中できなくなるでしょうし、効率が悪くなるでしょう。

そこで、勉強の時には以下の点を意識してください。

「勉強に投資した時間・工数に対し、どれだけ勉強がはかどったか？」

このような「投資に対する見返り」を **ROI** といいます（リターン・オン・インベストメントの略）。あなたの IT パスポートの勉強における ROI を最大化させて、やりたいことに費やせる時間を増やしましょう！

勉強する前に受験日を決めてしまおう

ITパスポートは、**CBT（パソコンを使って解答する）方式**であるため、いつでも受験できます。しかし、この「いつでも受験できる」というのがクセモノ。人間、どうしてもラクなほうに流されますから、つい「それじゃ来月」と考えてしまいます。ふだん、仕事や学業などで忙しいと、なおさらです。

そこで、まずは**受験の申し込み**をしてしまいましょう。情報技術者試験センターのWebページでかんたんに申し込みができます。

1日1時間勉強するとして、1ヶ月もあれば十分です。1ヶ月先であれば、あなたの都合のいい時間や会場が予約できるでしょう。日時や会場は、先着順で満席になることもあるため、早めにアクションをとることが必要です。

そして、申し込みが終われば、あなたが「実力を養い、見事合格を勝ち取るまでの期限」が設定されたことになります。このように**「ある目標を達成するために、期限を設定して取り組むもの」**を**プロジェクト**といいます。

これで、晴れて「ITパスポート合格プロジェクト」という、あなたのプロジェクトがスタートしました！　がんばって、この一大プロジェクトを成功させましょう！

3時間ぶっ続けではなく「毎日20分、9日間」

受験日が決まったら、それまでの**学習計画**を考える必要があります。「毎日少しずつ勉強する」というのが理想ですが、週末だけしか時間がとれないかもしれません。

しかし、どんな忙しくても、「平日、まったく時間が取れない」ということは少ないはずです。特に、用語を暗記するには、「3時間ぶっ続けで暗記する」よりも、**「毎日20分、9日間で覚える」**ほうが、飽きずに、楽しく勉強できますし、記憶の定着率も高くなります。なぜなら、心理学でいう**異質効果**が働くためです。

人間の脳は、絶えず新しい刺激を求めます。同じ作業を続けると飽きてしまい、能率も悪くなります。暗記のような単純作業では、なおさらです。

1日20分であれば、通勤・通学の時間なども使えるのではないでしょうか。そのような**コマ切れ時間を使う**ことで、時間管理の効率が飛躍的にアップします。ぜひ試してみてください。

スケジュールは「必要な時間の1.5～2倍」を確保する

「楽しいことをする時間を最大限確保する」ことが時間管理の目的だとしても、**あまりにキツいスケジュールを設定するのは適切ではありません**。なぜなら、どんなにがんばってスケジュールを管理しようとしても、思いどおりにならないときもあるからです。そうなると、

スケジュールどおりに勉強が進まない
➡試験までに勉強が終わらない
➡試験に合格できない？

という負のスパイラルが頭をよぎり、やる気を失ってしまいます。

では、どうすればいいのでしょうか？　答えは、**必要な時間の1.5～2倍の時間を確保**しておくことです。たとえば、毎日1時間分の勉強をこなす必要があれば、1.5～2時間分を確保しておくようにしましょう。

こうすれば、多少計画が狂ってもその日の予定をこなせるでしょうし、仮に緊急の用事でまったく勉強できない日があったとしても、もともと余裕を持ってスケジュールを組んである分、翌日以降にリカバリーしやすいはずです。もちろん、大きく計画が狂えば、計画も随時見直すべきなのですが、最初から余裕をもって計画しておけば、見直しもやりやすくなります。

一方で、計画どおり1時間で勉強が終われば、残りは「好きなことに使える時間」です。気分が乗ってきたら、「そのまま集中して、2時間分の勉強を進める」ということもできます。そのような日がいくつかあれば、さらにスケジュールがラクになりますし、おおいに自信もつくことでしょう。「そのぶんだけ、合格が近づいている」といっても過言ではありません。

このように、スケジュールに余裕を持たせて勉強時間を確保することは、多数のメリットがあります。

毎日勉強するときは、最初の10分だけ前日の復習をする

カナダのウォータールー大学では、

「1時間学習した後、24時間以内に10分復習すると、記憶が100%戻る」
「さらに、1週間後に5分だけ復習をすると、ふたたび記憶が100%戻る」

という研究結果があります。よって、毎日勉強するならば、**最初の10分は前日の復習**にあてると非常に効果的です。前日の勉強が短時間であれば、復習は数分でかまいません。

そのために、本書ダウンロード付録の**「重要用語集」**をぜひ活用してください。直前対策にも使える重要用語集ですから、本書さえあれば学習開始から試験直前まで、合格へ向けて安心して取り組めます。

勉強した知識を繰り返し復習すると、脳の中で短期記憶から長期記憶へと移行されます。まずは勉強した翌日に復習することを心がけて、このテキストを2回読みましょう。あなたが勉強したことが、しっかり定着することまちがいありません。

「時間管理術」を使ったスケジュールの立案例

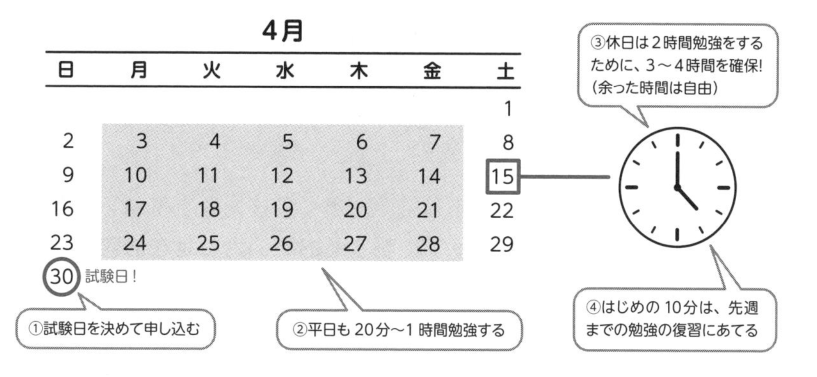

0-03

最短合格のために、最適な順番で戦略的に学習する

3つの分野はすべてつながっている

ITパスポート試験では、**「ストラテジ」「マネジメント」「テクノロジ」の3分野**を学習しなければなりません。3分野もあるとたいへんそうに思われるかもしれませんが、じつはすべてつながっており、つながりをおさえて全体を見れば、ラクに覚えることができます。

たとえば、たこ焼き屋をチェーン展開している企業が、「冷凍たこ焼き」のネットショップを運営していたとします。ネットショップのシステムを開発したり運営したりしている人は、**テクノロジにくわしい情報技術者の方たち**です。しかし、その方々以外にも、**仕入れ担当者**が小麦粉を仕入れたり、**工場の従業員**がたこ焼きを生産したりします。

もちろん、せっかく生産しても、売れなければお話になりません。**経営者**も、**経営企画部門やマーケティング部門**といっしょになって、

「どんな味つけのたこ焼きがウケるのか？」
「どういう売り方をすればいいのか？」

といったことを考えるわけです。

また、ネットショップを開発するには、多くの技術者を束ねる**現場監督**が必要です。さらに、ネットショップに関する**お問い合わせをお客様から受ける担当者**も必要です。

このような**企業全体の活動の結果**として、あなたはネットで冷凍たこ焼きを購入することができるわけです。それぞれの業務は、ITパスポートの3分野のいずれかに属しています。

- 経営の仕事や、営業・マーケティング・生産・経理・財務などの一般業務
  ➡ **ストラテジ分野**

- システムの開発の管理や、お客様からのお問い合わせを受ける仕事
  ➡ **マネジメント分野**

- ネットショップを構成するハードウェアやソフトウェア・各技術要素
  ➡ **テクノロジ分野**

なぜ「ストラテジ」「マネジメント」「テクノロジ」という順番なのか

IT パスポート試験の試験体系は**ストラテジ → マネジメント → テクノロジ**という順番になっています。IT パスポート試験を初めて学習する方は、「IT の試験だ」と思って参考書を開いてみたら、最初のページがいきなり「企業と法務」から始まっていて、びっくりするかもしれません。

しかし、これには理由があります。前述したように、3 分野はつながっていて、そのつながり方が 3 分野の並び順を決めているのです。

この 3 分野には、次図のような関係があります。

IT パスポートの 3 分野の関係

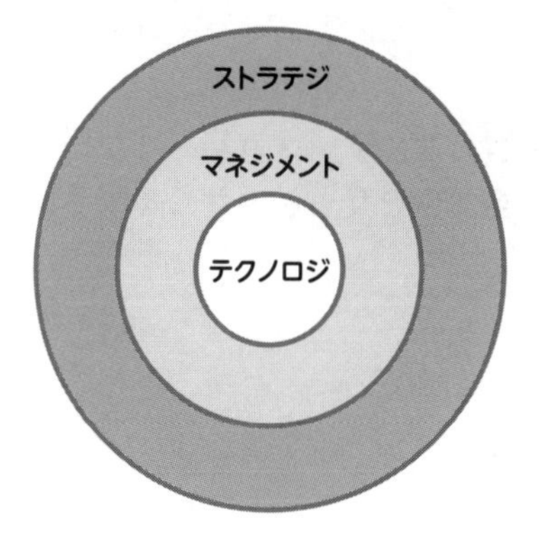

00 勉強前
01 ストラテジ
02 マネジメント
03 テクノロジ
04 記憶術
05 計算問題
06 直前＋本番

ストラテジ分野は企業の経営・業務全体であり、「システム開発やシステム運用」を扱うマネジメント分野は**企業経営の一要素**なのです。さらに、「個々の技術要素」を扱うテクノロジ分野は、**マネジメント分野の中の一要素**となります。

この本のコンセプトもそうですが、物事はまず全体像を把握してから詳細を見るとわかりやすいものです。だから、3分野のうち、もっとも大きな概念である**ストラテジ分野から学習する**わけです。

最近の試験は、ますます3分野のつながりが問われる傾向に

IT パスポート試験は**シラバス**（試験における知識・技能の細目）に沿って出題されます。

最新のシラバス Ver.6.0 では、「プログラミング的思考力（中略）、情報デザイン、データ利活用のための技術、考え方を問う出題を強化」と明記されています。

今後、単に用語の意味を問うだけでなく、「○○の技術を使うと、△△の業務はどのように改善される？」など、**実務に沿って思考させる問題**がますます多くなるでしょう。

以上のように、技術（テクノロジ）と実務（ストラテジ・マネジメント）のつながりを意識し、活きた知識・スキルを持つことが IT パスポートではさらに求められるようになりました。本書の構成は3分野のつながりを「たこ焼き屋の経営」という事例で徹底的にわかりやすく説明していますから、最新の試験傾向にフィットした内容になっているのです。

次章からいよいよ学習を進めていきます。細かいところは置いておき、おぼろげでもいいので、全体像をザッとつかめるように、どんどん読み進めていってください！

CHAPTER

01

たこ焼き屋の現場をのぞきながら「ストラテジ」を理解する

ストラテジとは、直訳すれば「戦略」。そもそも企業は「ビジネスを成功させる」ことが目的ですので、ストラテジは「ビジネスを成功させるために、余計な戦いを略すこと」ともいえます。

この戦略の1つとしてITを使うのですから、ストラテジの知識がないと「何のためにITを使うのか？」「ITをどう使ったらよいのか？」わかるはずもありません。

このストラテジ分野では、**ビジネス（企業の活動内容）**について多く学びます。

企業で働いたことがない学生の方や、就職したばかりの新人の方などは、企業の活動を直感的にイメージすることは難しいかもしれません。ですが、**働き手（従業員）**、**リーダー（経営者）**、**入れ物（会社）**の3つに分けて考えればかんたんです。

ここでは「たこ焼き屋チェーンを展開する企業」を例に、最も身近な**従業員**から順に、それぞれのイメージを直感的につかんでいきましょう。

1-01

お客様の満足度を高める仕事

まずは、**現場の働き手（従業員）**から見ていきましょう。そのなかでも、この節では営業・マーケティングなど**「お客様に直接、価値を提供する部門」**の仕事から見ていきます。具体的には、

- 自社の商品を最も喜んでくれるお客様**（ターゲット）**って、どんな方？
- どんな商品だったら、お客様は感動してくれるの？
- どんなサービスが、お客様にとって最も便利？

などを考え、実現する仕事です。

これらのことが、すべて実現できれば、黙っていてもお客様は自社の商品を買ってくれるでしょう。まさに**「戦いを略す（戦略）」**そのものですよね。

そのための仕事の内容や考え方を、１つずつチェックしていきましょう。

個人のノウハウに頼る営業は、もう古い？

SFA

「うちのたこ焼きはどこよりもおいしいですよ！」

そう自信を持って言える良いモノがあっても、買ってもらえなければ価値がありません。たこ焼き屋チェーンを展開する企業なら、冷凍たこ焼きなどの商品をスーパーに売り込む**営業部門**が必要になります。

営業というと、「個人の力で、いかにお客様に売り込むかが大事」と思うかもしれません。ですが、個人の能力に頼っていると、

- お客様から会社に連絡があった場合、**担当者が不在で対応できない**
- 担当者の異動や退職があった場合、**すぐに引き継ぎができない**

といった問題が起こってしまいます。

そこで、現在では、個々の営業担当者が「それぞれのお客様の情報」や「それぞれの商談の進捗情報」を**情報システム**に入力して、**営業部門全体で情報を共有（一元化）**することが一般的です。また、このシステムを使えば、ある担当者の商談を営業部長以下、営業部内でチェックしながら、

「次は、どのように顧客を攻めようか」

などとミーティングして、**営業部全体で顧客を攻略する戦略**を立案できます。このような環境を実現する、**営業部門向け情報システム**を **SFA**（Sales Force Automation）と呼びます。

多くの営業担当者が入力する大量の情報を、正確かつ高速に処理し、全員で見れるようにする……これはまさに IT が得意とするところです。

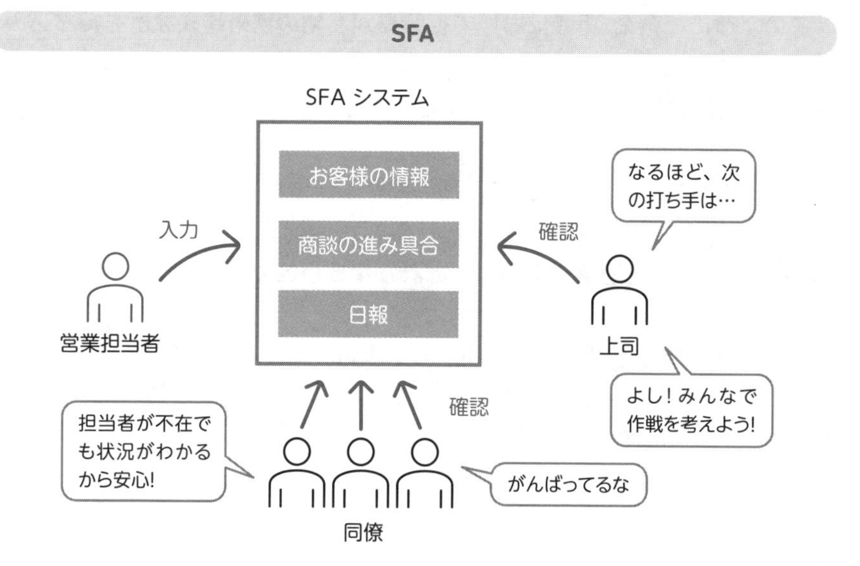

攻略MEMO　SFAの出題ポイント

実試験でSFAは頻出用語です。また「SFAはどの部門で導入するのが適している？」といった形で問われることもあるので、**「SFAのSはセールスだから、営業部門！」**で覚えましょう。

私用のスマホを仕事でも使えたらラクチン

BYOD／MDM

たこ焼き屋チェーンを展開する企業の営業担当者は、全員が複数の顧客企業（スーパーなど）を担当し、いつも社外を飛び回っています。

そのため、以前は会社から業務用の携帯電話が支給されていましたが、そうすると、私用の携帯電話との2台持ちになります。携帯電話をいつも2台持つのは煩雑なため、営業担当者の多くは2台持ちを嫌がっていました。

そこで、スマートフォン時代の現代では、営業担当者の私用のスマホを、会社の業務でも使えるように改めました。

このように、企業・組織において**従業員が私物の携帯端末などを持ち込み、業務利用すること**を**BYOD**（Bring Your Own Device）と呼びます。直訳すると**「あなた自身の端末を持ち込む」**となります。

さて、BYODによって、「会社支給と私用、2つのスマホ」を持ち歩く必要はなくなりましたが、一方で、別の問題も発生します。たとえば、

「スマホで利用した通信費のうち、どれが業務目的で、どれが私用目的か」

などは、従業員にとって切実な問題ですよね。すべての通信費を自己負担にされてはたまりません。ほかにも、端末内のデータを業務とプライベートできちんと分ける必要があります。

現在では、社員が利用するスマートフォンなどの情報端末は、システム管理部門が**MDM**（Mobile Device Management）と呼ばれる**情報システムを導入し一元管理**するケースが多くなっています。

MDMは通信費やデータを、業務用とプライベート用に分ける機能があります。ほかにも、

「社員が情報端末を紛失したときに、ロックをかけたりデータを削除する」
「情報端末のセキュリティソフトやアプリが最新であるように管理する」

といったセキュリティ機能も充実しているのです。

BYODとMDM

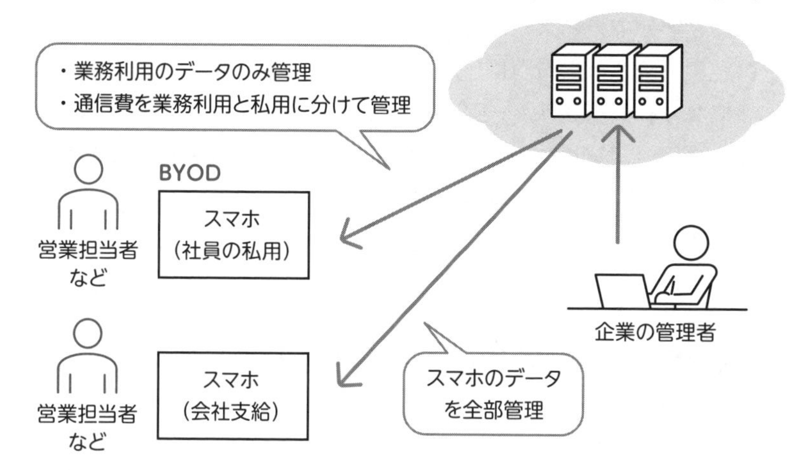

攻略MEMO　BYODとMDMの覚え方

BYODとMDMも頻出。この2つは英語のフルスペルで、てっとり早く覚えましょう。

- **BYOD** →「ブリング・ユア・オウン・デバイス」→「あなた自身の端末を持ち込む」→**私用端末を会社に持ち込み、業務で使うこと**
- **MDM** →「モバイル・デバイス・マネジメント」→**モバイル端末を管理するシステム**

目の前においしそうなたこ焼きがあったら

UX

たこ焼き屋チェーンを展開する企業の営業担当者は、スマホやタブレットを持って、担当するお客様（スーパーなど）のバイヤーさんを訪問し、新製品の冷凍たこ焼きの PR をしています。以前は紙の資料を使って説明していましたが、現在では、タブレットをタップするだけで、

「新製品のたこ焼きが、ジュージュー音を立てて、焼きあがっている映像」

を見せることができるようになりました。

その結果、紙だけの資料に比べ、バイヤーの方の視覚や聴覚にも訴求できるようになり、商談がスムーズに進むことが多くなったそうです。

このように、**コンピュータなどの利用者に、さまざまな価値を提供できる体験**のことを**UX**(User Experience)といいます。日本語では**「ユーザー体験」**と訳されます。

取引会社が潰れてダメージを受けないために

与信管理

営業部でまったく売上を上げられない人は営業部長に怒られますが、きちんと売上を上げていても、売上を上げられなかった人以上に怒られることがあります。それは、「商品をお客様に引き渡したものの、きちんと代金を回収できない」というケース。商品代金分、まるまるの大損です。

営業の仕事では**「代金を請求して、回収する」**のもたいへん重要です。たとえば、大手スーパーチェーンとの取引なら、冷凍たこ焼きを大量に卸させてもらえます。企業対企業の取引の場合、**「掛け取引」**といって、**売り手が商品を納品した後、1 ～ 2 ヶ月後に買い手がお金を支払う**のが一般的ですが、有名なチェーン店でも、あるとき急に倒産してしまうこともあります。そうすると、大きな損害を被ってしまいますね。

そのようなトラブルを防ぐには、常に取引先の経営状況をチェックし、**掛け取引を継続するか**、それとも**現金ですぐに払ってもらわない限り、取引しないようにするか**を判断しなければなりません。

「商品を先に卸して、代金は後でもらう」

これは、言い方を変えれば「相手を信用する → 信用を与える」ということです。そこで、**きちんと相手の状態をチェックし「信用を与えるかどうか」を管理すること**を**与信管理**と呼びます。

攻略MEMO **出題用語「売掛金／買掛金」**

あわせて、掛け取引の基礎用語である、**売掛金**と**買掛金**をチェックしましょう。**売掛金**とは、商品を売った側から見て、**後で支払ってもらう金額**。**買掛金**は、商品を買った側から見て、**後で支払わなければならない金額**のことです。

お客様の「ほしい！」を作るために考えること

マーケティング／4P／マーケティングミックス／4C

もし、いきなり自宅に押し売りがやってきて「たこ焼き、買ってもらえませんか？」と言われても、なかなか買う気にはならないですよね。

売り手側にしたって、1件1件あてもなく売り込みに回るのは、効率が悪くて仕方ありません。商売をしている人にとっては、できるだけ自分から売り込まずに、お客様のほうからお店にやってきて「ぜひ売ってください！」と言ってくださることが理想です。このように、**お客様の「ほしい！」という気持ちを創り出すこと**を**マーケティング**といいます。

そして、お客様の「ほしい！」という気持ちを創り出すには、手間ひまをかけて、次の項目を検討し実行することが欠かせません。

- お客様がほしがるような**商品**（**P**roduct）は何か？
- どんな**宣伝**（**P**romotion）をすれば「ほしい」という気持ちが育つか？
- **どこで**（**P**lace）売れば買いに来てくださるか？
- いくらぐらいの**値段**（**P**rice）だったら買っていただけるか？

大事なポイントの頭文字が４つとも「P」であることから、これらを**マーケティングの 4P** と呼びます。

この 4P は、扱う商品のイメージや種類によって、統一した方向性を持たせなければなりません。たとえば、「たこ焼き」と「高級化粧品」では、販売価格も、宣伝手法も、売場づくりも、それぞれのイメージにあわせてまったく異なるものになりますよね。

企業のマーケティング担当者は、「自分の扱う商品にとって、4P の最適な組み合わせは何だろう？」といつも頭を悩ませています。この**最適な 4P の組み合わせ**のことを**マーケティングミックス**と呼びます。

なお、4P というのは、**売り手側**から見た考え方です。**顧客（買い手）側**から見たものは **4C** と呼ばれていて、4P と 4C は対応しています。

4P と 4C の対応

マーケティングの4P	⟷	マーケティングの4C
Product（製品）	⟷	Customer Value（顧客にとっての価値）
Price（価格）	⟷	Cost to the Customer（顧客の負担）
Place（販売ルート）	⟷	Convenience（入手の容易さ）
Promotion（販売促進）	⟷	Communication（コミュニケーション）

00 勉強前
01 ストラテジ
02 マネジメント
03 テクノロジ
04 記憶術
05 計算問題
06 直前＋本番

対象を絞って好みをクッキリ浮き上がらせる

セグメントマーケティング

たこ焼き屋チェーンの主力商品のたこ焼きは、昔ながらの味を守っていますが、その売上は年々下がっています。近年では国内の市場が成熟して物があふれており、**特徴のない商品はなかなか売れにくい**時代です。

とはいえ、たこ焼き屋チェーンを展開する企業も、だまって指をくわえているわけではありません。最近では、健康志向の方のために「塩分・カロリーひかえめたこ焼き」を販売したり、幼児やお年寄りが食べやすいように、たこを細かく切った「小粒たこ焼き」を販売するなど、さまざまな工夫をし、全体としての売上がアップするように努力しています。

このように、**特定のターゲットに向けた商品**を提供すれば、対象となるお客様により買ってもらいやすくなります。このことを、**市場を分ける**という意味で、**セグメントマーケティング**といいます。

セグメントマーケティング

「たこ焼き専用ソース」はなぜブレイクしたのか？

ニッチ戦略／オピニオンリーダー／ブランド戦略／デファクトスタンダード

もう十数年前のことですが、たこ焼き屋チェーンの企業が販売するソースが世の中でブレイクしたことがありました。その名も『たこ焼き屋さんの本格たこ焼き専用ソース』。「たこ焼き専用ソース」という非常に**ニッチ（隙間、限定的な、という意味）**な分野に絞った商品だったのですが、それが逆に話題を呼んだようです。このように**ニッチな市場を狙いその市場で優位を目指す戦略**を**ニッチ戦略**といいます。

とはいえ、そのときにブレイクしたのは、たこ焼き屋チェーンの企業の戦略以外にも、幸運な出来事があったからでした。当時、「食通」として有名だった芸能人が、そのソースのことをTV番組で紹介してくれ、「あの食通芸能人が薦めるなら」と、多くの人がこのソースを購入したのです。

このように、**ある商品やサービスを世の中に情報発信し、世の中の空気を変えてしまうような影響力のある人**を**オピニオンリーダー**と呼びます。なお、オピニオンリーダーは**アーリーアダプタ**と呼ばれることもあるので、あわせて覚えておいてくださいね。

たこ焼き屋チェーンの企業は、その後しばらくソースのブランドを高めていくことで、「数年間にわたり、全国のたこ焼き屋さんのほとんどでそのソースが使われ続けた」という状態を生みだしました。このように、**商品や企業のブランドを高めていく戦略**を**ブランド戦略**といいます。

なお、ある業界において、お上（国や行政）が決定したわけでもないのに、**市場競争の結果、標準的なモノになった特定の商品やサービス**を**デファクトスタンダード**（事実上の標準）といいます。たとえば、パソコン用OSの市場ではWindowsがデファクトスタンダードにあたります。

攻略MEMO　出題用語「フォーラム標準」

市場競争を勝ち残った結果、標準的になった特定の商品やサービスが**デファクトスタンダード**でしたね。

一方、**業界団体**が集まって、「この規格（仕様）を推進していこう」などと決定する場合もあります。これを**フォーラム標準**といいます。フォーラムとは、ある製品やサービス・技術などに関係する企業・組織が集まったもの。ざっくり**フォーラム＝業界団体**と考えればOKです。

みんながマネをすると高級品も安くなる

コモディティ化

「たこ焼き専用ソース」のブランド化に成功した、たこ焼き屋チェーンを展開する企業は、主力商品である「たこ焼き」のブランド化にもチャレンジしました。

具体的には、たこ焼きのメインの具材であるタコの切り身に、オホーツク沖でとれたものを使用し、「オホーツク産タコ入り本格たこ焼き」として売り始めたのです。「オホーツク産タコ入り本格たこ焼き」は、値段は高いものの、たしかに味はおいしく、ライバル店のたこ焼きと差別化できていました。そのため、発売当初は売上もかなり上がったのです。

しかし、ライバル店たちも黙って指をくわえて見ているわけではありません。「北海道・日本海側の本格たこ焼き」や「明石産タコ入り本格たこ焼き」などを、複数のライバル店が相次いで新発売し、もはや高級たこ焼きは珍しいものではなくなりました。今では、どこの会社の本格たこ焼きも当初ほど売れなくなり、また、値段もずいぶんと下がってしまいました。

このように、差別化できていた商品がライバル会社にマネされるなどして差別化がなくなり、**どれも似たような商品になって同質化してしまう**ことを**コモディティ化**といいます。コモディティとは**日用品**という意味。いつまでも独り勝ちすることは、ビジネスの世界では難しいことなのです。

独自の地位を築くことが差別化につながる

ポジショニング

たこ焼き屋チェーンを展開する企業は、たこ焼きソースがブレイクしたこともあり、数あるライバルの中でも知名度はバツグンです。もちろん、商品の研究･開発にも力を入れていますから、たこ焼きが好きな一般消費者にも、「おいしいお店」として知られています。

単純に値段だけであれば、もっと安いたこ焼き屋は、同社のほかにもたくさんあります。しかし、同社は「味がおいしくて、本格的なたこ焼き屋」というイメージで、多少値段が高めでも、グルメなお客様がわざわざ選んでお店に来てくれるのです。

つまり、たこ焼き屋チェーンは、たこ焼き業界の中で、「同社ならでは」の差別化ポイントや立ち位置（ポジション）を獲得することに成功しています。このように、**業界内で独自の差別化ポイントや立ち位置を獲得すること**を**ポジショニング**といいます。ライバル会社との差別化は本当に重要なことです。

大事なお客様をきちんと把握し、良好な関係を築く

CRM ／ RFM 分析

今の時代は日本の人口が減少しつつあるので、なかなか新規のお客様が増えません。これから人口が爆発的に増えそうな地域もないので、新しく出店しても、新規顧客がどんどん増えることはないでしょう。

そのため、**既存のお客様の情報をしっかり管理して、お客様に満足してもらい、お店のファンやリピーターになってもらう**ことが重要です。このような考え方を **CRM**（Customer Relationship Management：**顧客関係管理**）といいます。

営業活動を支援するシステムという意味では、本節のはじめに学んだSFA（→ P.021）も同じですが、SFA は**商談～契約まで**に使うシステム、CRM は**契約後に顧客との関係を深める**ために使うシステムです。

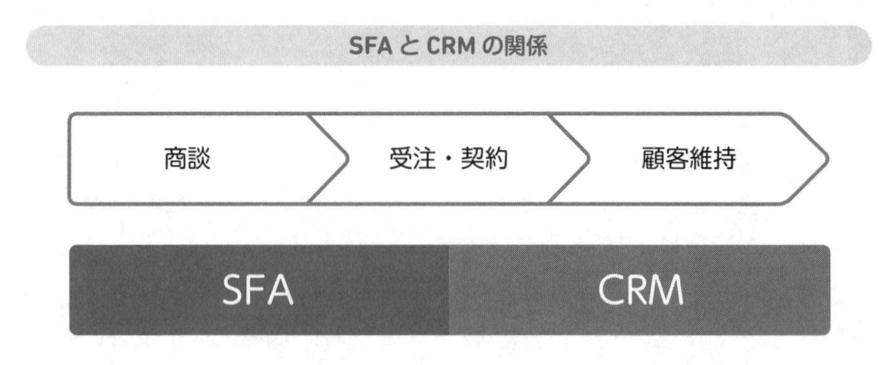

また、企業にとって、「いつも高級な商品を購入してくれるお客様」と「バーゲンにしか来ない、あまり利益につながらないお客様」とでは大違いです。そこで**お客様をランク付け**し、より自社の利益に貢献してくれるお客様に手厚いサービスをすれば、いっそう業績が上がることでしょう。

では、多くのお客様を、どのようにしてランク付けするのでしょうか？

じつは、CRMとして蓄積している顧客情報を元に、以下の観点から総合的に分析して、お客様をランク付けしているのです。

- **最近来店してくださったのはいつか？**（**R**ecency）
- **どのぐらい頻繁に来店してくださっているか？**（**F**requency）
- **どのくらいお金を使ってくださっているか？**（**M**onetary）

この分析方法を、3つの指標の頭文字を取って**RFM分析**と呼びます。

攻略MEMO　**CRMの覚え方**

CRMは高頻出用語ですので、しっかり覚えておきましょう。覚えるコツはフルスペルを知っておくこと。**CRM** → カスタマー・リレーションシップ・マネジメント → **「顧客関係管理」**です。

蓄積した顧客情報を効果的に利用するには

ダイレクトマーケティング／特定電子メール法

CRMに蓄積されている顧客情報を、さらに効果的に活用するにはどうしたらいいでしょうか？

手段の1つに、それぞれのお客様へ**ダイレクトメール（DM）**を送付することが考えられます。DMは上手に使えば高い効果が見込まれるツールですが、発送先が多いとコストが非常にかかるのが問題。そこで、自社の利益に貢献してくださっているランクの高いお客様のみにDMを発送することも多いのです。

一方、ネットが浸透してからは、Eメールによる DM も多く使われるようになりました。こちらは郵送のものと違い、何通送ろうが送料はかからないので、より多くのお客様にアプローチしやすいですよね。

これらの DM のように、**企業から顧客へ直接接触して情報を提供**し、「ほしい！」という気持ちを育てる手法を**ダイレクトマーケティング**といいます。

しかし、CRM に情報が蓄積されているすべての顧客に DM を送っていいか、というとそういうわけにはいきません。申し込んでもいないのに、営業メールがガンガン送られてくると、とても困りますよね。

受信者の同意がなく広告・宣伝目的のメール送付を禁止する法律が**特定電子メール法（迷惑メール防止法）**です。**受信者に許可を得ること**を**オプトイン**といいますが、特定電子メール法では**オプトインによる広告・宣伝メールの送信のみ許されている**のです。

どんなにすばらしい情報でも、嫌がる顧客に送信していればクレームにもなりかねません。そのあたりはキチンと対応したいですね。

攻略MEMO　セットで覚える「オプトイン／オプトアウト」

「オプトイン」に対して、**オプトアウト**という用語もあります。

オプトインはユーザーに許可をとり、承諾してもらうことですが、オプトアウトは、**原則許可されているもの**に対して、**ユーザーが中止や禁止の意思表示をすることで、サービス等が中止されるしくみ**です。（例）それまで受け取っていたメルマガを購読中止にする

少しでも多く売り上げる方法

ロングテール／レコメンデーション／アフィリエイト

「売上を上げるために、たこ焼き以外の食品もたくさん販売しよう」

そう思っても、お店では陳列や在庫スペースが限られるので、ある程度以上売れる商品しか置けません。

一方、**ネットショップ**であれば、商品を紹介するスペースに制限はありません。在庫も大型倉庫に置いておけばいいので、問題になりませんね。1年に1個か2個しか売れない商品が多くても、もしそれらが1,000種類もあれば、バカにならない売上となります。このように、**売れ筋ではないものを多種類売り、結果として利益を上げる方法**を**ロングテール**といいます。

ロングテール

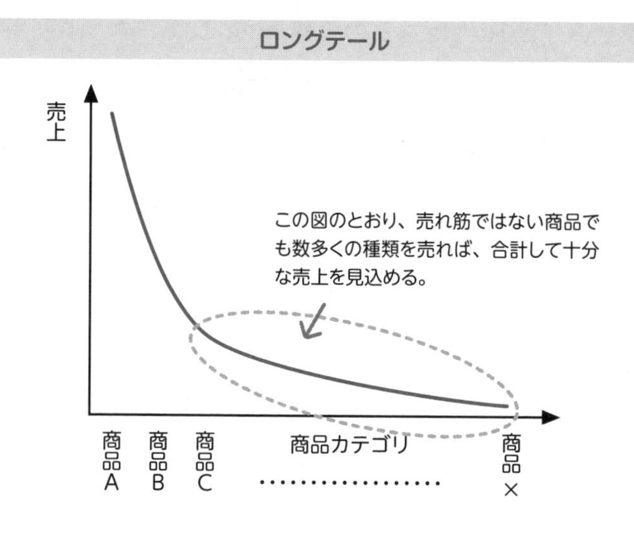

また、過去の購買履歴から、以下のようなことがわかったとします。

「チーズたこ焼きを買う方は、チーズたい焼きも購入する確率が高い」

この情報を利用して、**「こちらの商品もいかがでしょうか？」とおすすめ**すれば、売れるチャンスは高まりますよね。このようなサービスを**レコメンデーション**といいます。

さらに有効なのが、**「あなたのブログに広告を出して、その広告を経由して売上が上がったら、その収益の一部を還元しますよ」という施策**です。自分たちだけで努力するのではなく、まわりの人にも協力してもらうのです。このようなしくみを**アフィリエイト**と呼びます。

検索エンジンやソーシャルネットを活用してネットショップの訪問者を増やす

SEO ／ SNS ／レピュテーションリスク

レコメンデーションやアフィリエイト以外にも、たこ焼き屋チェーンのネットショップの売上をアップさせる施策はあります。

特に大事なのが、Google などの検索エンジンで、ネット利用者が「たこ焼き」と入力したとき、**検索結果の上位に同社の Web ページが表示される**ようにすること。検索エンジンで上位に表示されれば、より多くの方が Web サイトに訪問してくれるからです。このような取り組みを **SEO**（**検索エンジン最適化**）と呼びます。

さらに最近では、期間限定で発売した「コーンポタージュ味たこ焼き」が Twitter のクチコミで広がり、その結果、ネットショップに訪問する人が増えています。Twitter のように、**人と人がコミュニケーションするサービス**を **SNS**（ソーシャル・ネットワーク・サービス）と呼びます。

このように、SNS では肯定的なクチコミが広がることも多いですが、一方で企業が不祥事を起こすと、あっという間に SNS で否定的な評価や評判が広まることもありますね。その結果、**企業のブランド価値が低下するリスク**が発生します。このリスクを**レピュテーションリスク**といいます。

SNS は、良い意味でも悪い意味でも、企業側がコントロールできません。ふだんから不適切な行動をしないようにすることだけが、唯一の対応策と言えるでしょう。

検索エンジンの結果表示の上位をお金で買う方法とは？

リスティング広告

検索エンジンで上位に表示させる SEO のテクニックの王道は、「ネットユーザーが喜んでくれる記事をたくさん書くこと」です。

Google などの検索エンジンは、ネットユーザーが「たこ焼き」とキーワードを入力して検索をした場合、「たこ焼きに関する記事が充実しているサイト」を上位に表示しようとします。そのため、「たこ焼き」に関する記事を充実させることが大切なのです。

しかし、Webサイトを作ってすぐに、記事を充実させることは難しいでしょう。また、たくさん記事を作ったからといって、すぐに検索エンジンで上位表示されるとは限りません。

その場合は、「たこ焼き」の検索結果表示の上に、「たこ焼き屋ネットショップ」の**広告**を出せば、たこ焼きに関心のあるユーザーに、広告をクリックさせてお店のWebサイトを訪問させることができますよね。

このように、**検索エンジンの検索結果と連動して表示される広告**を**リスティング広告**といいます。

リスティング広告

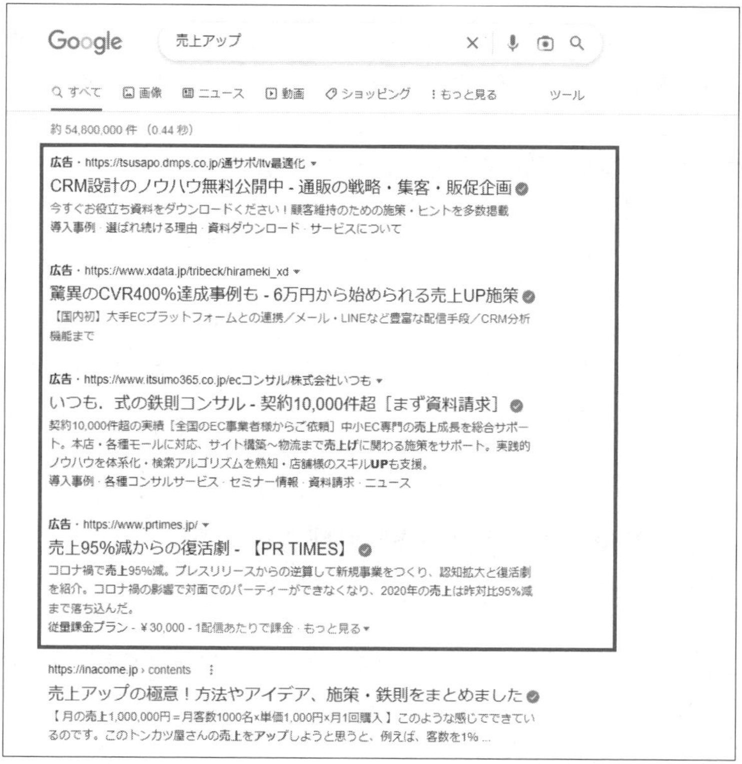

Google　売上アップ

すべて　画像　ニュース　動画　ショッピング　もっと見る　ツール

約 54,800,000 件（0.44 秒）

広告・https://tsusapo.dmps.co.jp/通サポ/ltv最適化
CRM設計のノウハウ無料公開中 - 通販の戦略・集客・販促企画
今すぐお役立ち資料をダウンロードください！顧客維持のための施策・ヒントを多数掲載
導入事例 · 選ばれ続ける理由 · 資料ダウンロード · サービスについて

広告・https://www.xdata.jp/tribeck/hirameki_xd
驚異のCVR400%達成事例も - 6万円から始められる売上UP施策
【国内初】大手ECプラットフォームとの連携／メール・LINEなど豊富な配信手段／CRM分析機能まで

広告・https://www.itsumo365.co.jp/ecコンサル/株式会社いつも
いつも．式の鉄則コンサル - 契約10,000件超［まず資料請求］
契約10,000件超の実績［全国のEC事業者様からご依頼］中小EC専門の売上成長を総合サポート。本店・各種モールに対応、サイト構築～物流まで売上げに関わる施策をサポート。実践的ノウハウを体系化・検索アルゴリズムを熟知・店舗様のスキルUPも支援。
導入事例 · 各種コンサルサービス · セミナー情報 · 資料請求 · ニュース

広告・https://www.prtimes.jp/
売上95%減からの復活劇 - 【PR TIMES】
コロナ禍で売上95%減。プレスリリースからの逆算して新規事業をつくり、認知拡大と復活劇を紹介。コロナ禍の影響で対面でのパーティーができなくなり、2020年の売上は昨対比95%減まで落ち込んだ。
従量課金プラン - ¥30,000 - 1配信あたりで課金 · もっと見る

https://inacome.jp › contents
売上アップの極意！方法やアイデア、施策・鉄則をまとめました
【月の売上1,000,000円＝月客数1000名×単価1,000円×月1回購入】このような感じでできているのです。このトンカツ屋さんの売上をアップしようと思うと、例えば、客数を1% ...

国内外問わず、お客様を引き寄せる方法

インバウンドマーケティング

「オー、タコヤキ、オイシイネ！」

いまや、たこ焼きは海外からの観光客にも大人気。そこで、たこ焼き屋チェーンの企業はInstagram（インスタグラム）に英文の説明を添えて、たこ焼きにまつわるいろいろな画像を投稿しています。

こうした取り組みが実を結び、最近では本国でインスタを見た訪日観光客の方が、来日後、わざわざたこ焼き店に寄ってくれることも多くなりました。

ちなみに、訪日外国人観光客のことを **「インバウンド」** と呼んだりしますが、マーケティングのなかにも**インバウンドマーケティング**というものがあります。

インバウンドマーケティングは、かんたんに言えば **「ネット上で、お客様に見つけてもらうためのマーケティング」**。自社の商品はまだ購入したことがないけれども、情報を積極的に集めている方（見込み顧客）に向けて、**商品やサービスの情報を発信するマーケティング方法**です。

ここで、情報発信するときのコツは、ここまで出てきたSNSやSEOなどのWebマーケティングの技術を活用すること。見込み顧客が、自社の発信する情報を**見つけやすくする**わけです。

その点、たこ焼き屋チェーン企業の「インスタ作戦」は、日本旅行を計画する外国の方が日本についてネットで事前調査するときに、見つけてもらえているようですので、「みごと成功」といえるでしょう。

ネットを使って実店舗の集客を成功させる

プル戦略／プッシュ戦略

たこ焼き屋ショップのネット戦略は**ネットショップだけで完結するわけではありません**。検索エンジンやTwitterに広告を掲載し、たこ焼き屋チェーンのWebページにアクセスしてもらい、期間限定商品やお得情報を紹介す

るなどして、お客様に店舗に来ていただく取り組みも重要です。

このように、広告などで広くユーザーに訴求し、**店舗に誘導しようとするプロモーション**を、「店舗に吸引する（**引っ張る**）」という意味で、**プル戦略**と呼びます。テレビCMや雑誌広告などもプル戦略の仲間です。

一方、各店舗には、土日になると「たこ焼きキャンペーンガール」を派遣し、道行く人にたこ焼きを試食してもらい、店舗に誘導して購入してもらう取り組みもします。ほかにも、スーパーに卸している冷凍たこ焼きについては、「売れたら××円お支払いするので、店頭で目立つように展開してください」というお願いをして、販売を強化しています。

このように、**販売員による営業や、流通先の販売意欲を強化する手法**を、「お客様に**プッシュ**して購入していただく」という意味で**プッシュ戦略**といいます。

プル戦略とプッシュ戦略

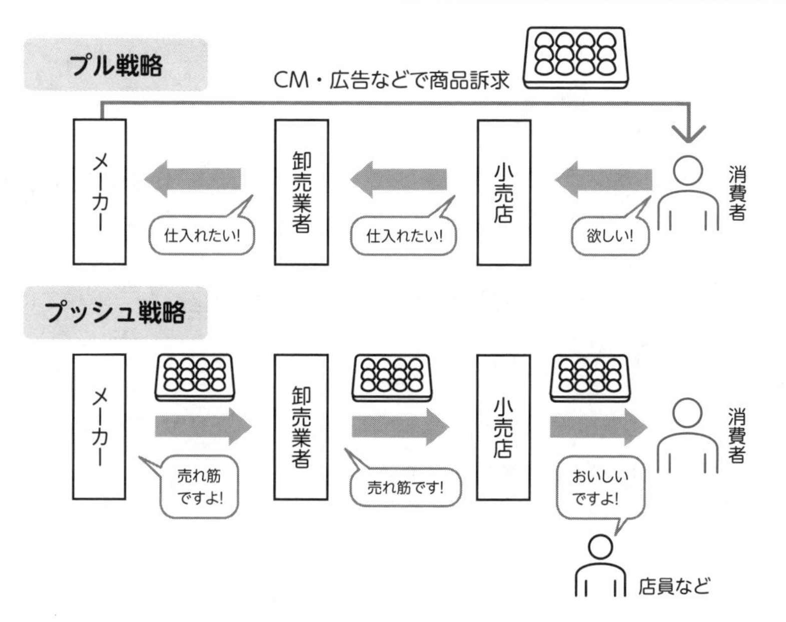

00 勉強前
01 ストラテジ
02 マネジメント
03 テクノロジ
04 記憶術
05 計算問題
06 直前+本番

攻略MEMO　セットで覚える「プル戦略／プッシュ戦略」

プル戦略とプッシュ戦略は頻出ですので、具体例もおさえておきましょう。

プル戦略は、消費者に「商品を買いたい」と思わせるために、**広告やCM**などを使う戦略です。

一方、**プッシュ戦略**は、営業や小売店が商品を売り込むように仕向ける戦略なので、販売金額に応じて**奨励金**を支払うことや、**販売員の派遣・教育の強化**などが挙げられます。

売上をアップさせるにはリアルとデジタルを上手に組み合わせることが必要

0 to 0／オムニチャネル

前項の「プル戦略」でも説明したとおり、いまや、実店舗に来店してもらうために、Webサイトなどでプロモーションすることがあたりまえになっています。

このように、**オンライン**（ネット）から、**オフライン**（実店舗）の集客や購買につなげることを、**0 to 0**（Online to Offline）といいます。

また、たこ焼き屋チェーンを展開する企業は、実店舗やWebサイト以外にも、下記のように顧客と接点を持つさまざまな**取引経路**を活用していましたね。

- 通販で冷凍たこ焼きを購入できるネットショップ（**ECサイト**）
- 電話で注文を受け付ける**ダイレクトメール**
- たこ焼きのおいしさを伝える**Twitterの公式アカウント**　など

このような取引経路のことを**チャネル**といいますが、たこ焼き屋チェーンを展開する企業はさらに、**複数のチャネルを有機的に連携**させ、顧客の利便性を高めています。

具体的には、たこ焼き屋店舗で顧客が注文した冷凍たこ焼きが品切れしていた場合、すぐにECサイトへオーダーしてその日のうちに顧客の自宅に届けるなどの工夫がしてあるのです。

このように、**複数のチャネルを連携させる取り組み**を**オムニチャネル**と呼びます。オムニとは、**すべての**という意味。たこ焼き屋チェーンを展開する企業は、顧客満足の向上をめざし、すべてのチャネルを有機的に統合しようとしているのです。

オムニチャネル

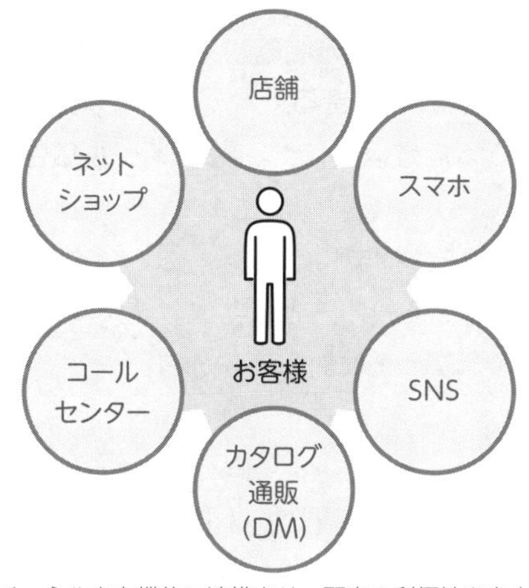

複数のチャネルを有機的に連携させ、顧客の利便性を向上させます

攻略MEMO **出題用語「マーチャンダイジング」**

ここでは、実店舗のマーケティングに関わる用語を覚えましょう。

マーチャンダイジングとは、かんたんに言えば**「店舗内におけるマーケティング活動」**。店内において、商品やサービスを**顧客のニーズに合う形で提供する**一連の活動を指します。具体的には、商品仕入や価格設定、陳列、販売促進などです。

「店長の**マーちゃん**、店舗のマーケティングは**大事んぐ**よ！」で覚えましょう！

トラブルは未然に防ぐ

特商法

たこ焼き屋チェーンの企業では、ネットショップの売上拡大を重点課題と考えています。とはいえ、通信販売は何かとトラブルが多い販売方法なので、社内でルールをきちんと定めて運用することも大切です。

通信販売は**特商法**（特定商取引に関する法律）という**消費者を保護する法律**の対象にもなっています。特商法の通信販売に関するところでは、

- 広告に「返品の可否および条件の記載」をしていない場合、**契約後8日間は消費者側から契約の解除ができる**
- あらかじめ承諾をもらった方以外には、**電子メール広告を送ってはいけない**

などの改正が平成20年にされました。

先ほど説明した特定電子メール法と同じく、たこ焼き屋ネットショップではきちんと対応していくことを検討しています。

スマホアプリからの注文でカンタンに配達できる秘密

クラウド／デジタルトランスフォーメーション／シェアリングエコノミー

たこ焼き屋チェーンの一部店舗では、冷凍たこ焼きや生鮮食料品も扱っています。これらの商品は、たこ焼きの移動販売用の自動車を使って配達サービスもします。配達注文の受付は電話のみ対応していたのですが、電話対応に社員の時間を取られすぎるのが悩みのタネでした。

そこで、お客様のスマホアプリから配達の注文ができる情報システムを開発しました。このシステムはインターネット上の高性能サーバの中で稼働しています。インターネット上のサーバは、お客様から見て、雲（**クラウド**）の中にあるかのように、よく見えない存在であることから**クラウドサーバ**と呼ばれます。

クラウドサーバによる配達注文

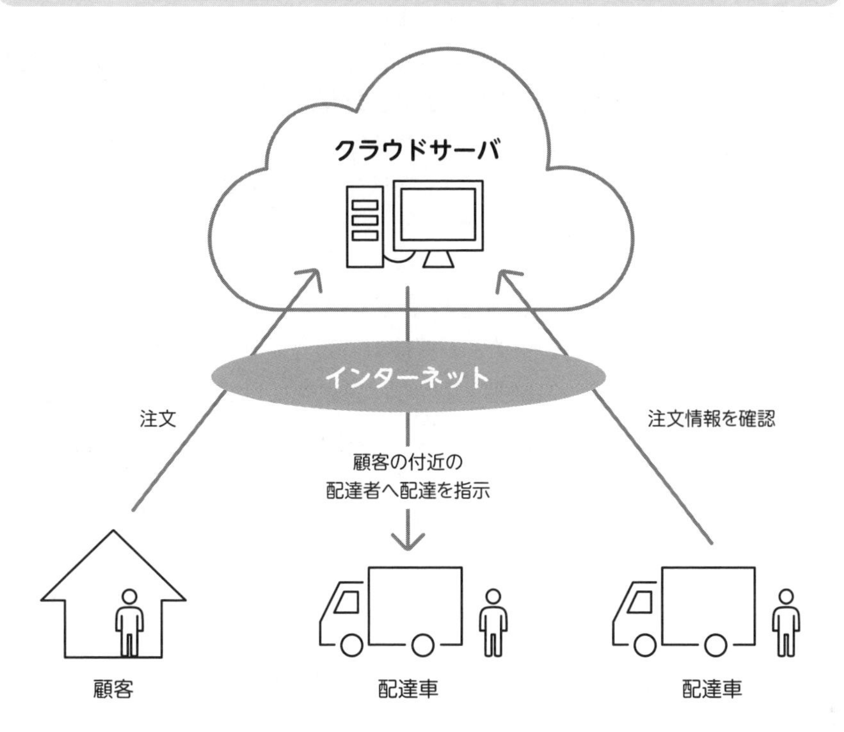

お客様が注文した情報はクラウドサーバの中に蓄積されるため、配達担当の運転手が自分のスマホから注文内容を直接確認できるようになりました。その結果、注文を受ける専任担当は不要になったのです。

さらに、新たな注文が入ったら、注文したお客様の近くを走る配達車の運転手へ、クラウド上のシステムからメッセージを自動的に送れるようにしました。売れ筋の商品をあらかじめ配達車に積んでおくことで、店舗に商品を取りに帰ることなく、多くの注文に対応できるようになったのです。

このように、**企業の活動などを、ITをベースにして変革すること**を**デジタルトランスフォーメーション（DX）**といいます。デジタルトランスフォーメーションの著名な例は、民間の住宅の空き部屋を宿泊用に提供する**「民泊サービス」**や、一般の乗用車をタクシー代わりに利用できる**「ライドシェア」**のサービスがあります。民泊サービスやライドシェアは、どちらもベンチャー企業がスマホアプリ用のサービスを開発したものですが、いまや、ホテル業界やタクシー業界を脅かす存在となりました。

民泊サービスやライドシェアのように、モノやサービスを**多くの人と共有しようとする考え方やサービス**を**シェアリングエコノミー**といいます。

車を所有するのではなく、複数人で共有するカーシェアリングサービスも最近よく耳にしますが、こちらもシェアリングエコノミーの一環ですね。

攻略MEMO　出題されやすい用語はどんなもの？

IT パスポートは「IT システムを使う一般ユーザーが持つべき基礎的な知識」が問われる試験。よって、**受験時に世間一般で注目度が高い IT・ビジネス用語**はよく出題される傾向にあります。

ここで挙げた**デジタルトランスフォーメーション**や**シェアリングエコノミー**もその一例ですので、おさえておいてくださいね。

将来、配達車を自動運転にするためには

自動運転車／コネクテッドカー／ 5G ／エッジコンピューティング

現在は少子高齢化時代。今後ますます高齢者が増えるので、たこ焼き屋チェーンを経営する企業は「商品を宅配してほしい」という需要も増大すると考えています。しかし、若い労働人口は減っていくため、宅配車の運転手が足りなくなるかもしれません。

そのため、たこ焼き屋チェーンの企業は大手自動車メーカーと組んで**自動運転車**の実験をしています。自動運転車とはその名のとおり、**無人で自動運転する車**のこと。さまざまな**センサ**を搭載して車外の情報を集め、自動車に搭載された **AI（人工知能）**が状況を判断し運転操作をします。

さらに、たこ焼き屋チェーンの企業は**コネクテッドカー**の実験にも参加しています。コネクテッドカーは、**インターネットや無線でさまざまなモノとつながることができる自動車**のことです。コネクテッドカーの技術を使えば

自動運転車だけでなく、現在の有人の宅配車でも次のようなことができるようになります。

- 自動車が危険な場所を走行したら**運転手に警告を出す**
- 近くを走行するほかの自動車と無線で交信し、お互いの車両が注意しながら走行する

このようにコネクテッドカーは、クラウド上のサーバやほかの自動車と通信しながら安全運転を実現します。ただし、これらの情報通信は、**高速で遅延が発生しない、高品質のネットワーク**が求められます。というのも、すぐ近くにほかの自動車を発見しても、その情報がわずか1秒遅れるだけで、大事故につながりかねないからです。

そこで、コネクテッドカーをクラウドにつなげる**高品質ネットワーク網**として、**5G**が期待されています。5Gとは、2020年にサービスが開始された、携帯電話ネットワーク技術のこと。docomo／au／ソフトバンク／楽天モバイルの4大携帯電話事業者も5Gの商用サービスをはじめました。

このように5Gが注目されるのは、**「高速・大容量」「低遅延」「多接続」**の3つの大きな特徴があるからです。

高速・大容量…従来の約100倍の速度で通信できる
低遅延……タイムラグが1ミリ秒（1000分の1秒）以下
多接続……ごく狭いエリアでも数十〜数百の端末を同時に接続できる

以上のように、非常に優れた5Gのネットワークですが、この5Gのネットワークを利用しても、クラウド上へ大量のデータを送信して処理し、再度データを受信するには、時間がかかりすぎることもあります。これは、**クラウド上のサーバが物理的に非常に遠い場所にある**ので、どうしても多少の遅延が発生してしまうことが原因です。

では、もし**情報を処理できるサーバが近くにあれば、もっと遅延は少なくなるはず**ですよね。そこで、考え出されたのが**エッジコンピューティング**です。エッジとは、**周辺**という意味です。

具体的には、自動運転車が収集したさまざまな情報を、**近くの携帯電話の基地局にあるサーバ**などへ送ります。そのサーバでデータを処理すれば、**非常に高速に自動運転車に戻すことができる**、という寸法です。

LPWA（→ P.071）や5Gなど、現在さまざまな最新ネットワークがありますが、それぞれの特徴に合った利用方法を選択することが大切です。

エッジコンピューティング

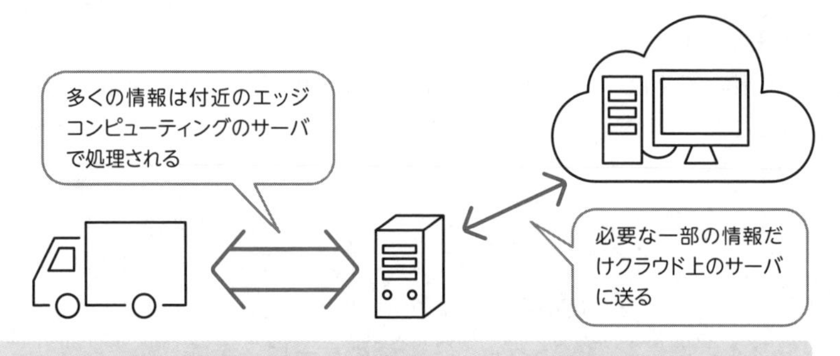

エッジコンピューティングのメリット

- 付近のサーバでデータ処理すれば、リアルタイム性の高いフィードバックができる
- 遠隔地のクラウドサーバには少ないデータしか送らないため、ネットの混雑解消になる

たこ焼き屋の支払いが暗号資産に対応？

FinTech ／ API エコノミー

たこ焼き屋チェーンの店舗では、数年前までは現金しか扱えませんでした。しかし、競合店舗やコンビニでは、電子マネーやクレジットカードが使えてあたりまえです。

そこで1年ほど前に、たこ焼き屋チェーンの各店舗のレジを最新のモノに入れ替えました。現在ではクレジットカードや電子マネーに加え、スマートフォンや暗号資産（仮想通貨）での支払いにも対応できるようになったのです。

たこ焼き屋チェーンを経営する企業以外でも、社会全般を見ると、最新IT を活用したさまざまな金融サービスが増えてきました。たとえば、次のようなモノがあります。

- 銀行やクレジット会社のデータを自動で取り込める**「スマートフォン向け家計簿アプリ」**
- 人工知能（AI）が最適な運用方法をアドバイスする**「資産管理サービス」**
- お金の借り手と貸し手をネット上でマッチングさせる**「ソーシャルレンディング」**

このような**最新 IT を活用した金融サービス**のことを、**FinTech**（フィンテック）と呼びます。FinTech とは**金融**（**Fin**ance）と**技術**（**Tech**nology）を組みあわせた造語です。

現在、FinTech のサービスがたくさん誕生している理由の 1 つに、

「各金融機関が API を公開するようになったから」

というものがあります。**API** とはアプリケーション・プログラミング・インタフェースの略で、**アプリケーション同士が情報をやりとりする際に必要な決まりごと**（インタフェース仕様）です。

たとえば、銀行やクレジットカード会社がそれぞれ自社の API を公開したことで、スマホ用の家計簿アプリは銀行やクレジットカード会社のデータを取り込めるようになりました。

このように、**API を活用することで、価値あるビジネスや新しいサービスが増える社会・環境**のことを **API エコノミー**といいます。

FinTech と API エコノミーは頻出なので、しっかりおさえてくださいね。

電子マネーと暗号資産はどう違う？

電子マネー／暗号資産／ブロックチェーン

前述のとおり、たこ焼き屋チェーン店は、**電子マネー**や**暗号資産**による

キャッシュレスの支払いに対応しました。
　ところで、あなたは電子マネーと暗号資産の違いがわかりますか？　次の図を見ながら、**法定通貨・代替通貨・暗号資産**をおさえましょう。

法定通貨と代替通貨と暗号資産

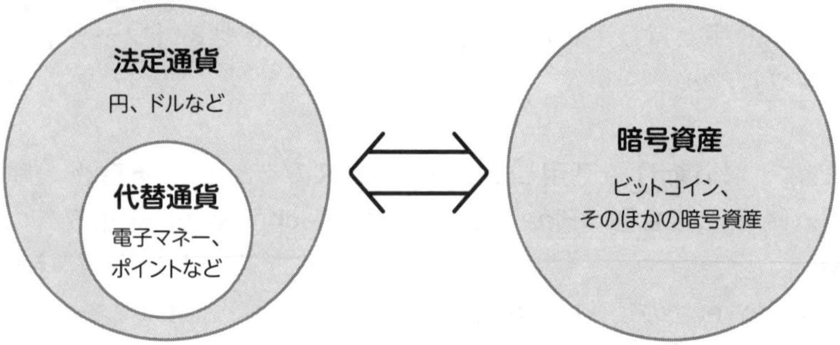

法定通貨
円、ドルなど

代替通貨
電子マネー、
ポイントなど

暗号資産
ビットコイン、
そのほかの暗号資産

　まず、**法定通貨**とは**国家が価値を保証する通貨**のことです。日本では「円」が法定通貨で、日本国（日本銀行）がその価値を保証しています。

　つづいて、**代替通貨**とは**法定通貨の代わりになるもの**で、電子マネーも代替通貨の１つです。わが国の電子マネーは、「交通系企業が価値を保証するもの（**交通系**）」と「流通系企業が価値を保証するもの（**流通系**）」の大きく２種類があり、交通系はJR東日本のSuicaなど、流通系は楽天Edyやnanacoなどがあげられます。たとえば１万円分チャージしたSuicaで買い物ができるのは、そのSuicaに「1万円分の価値が入っている」ことを**JR東日本が保証している**からです。

　一方の**暗号資産**は「特定のだれかが価値を保証している」ことはありません。ビットコインをはじめとする暗号資産は、**ブロックチェーン**という技術を元に作られています。ブロックチェーンは**「分散型台帳ネットワーク」**と呼ばれる技術で、たとえばビットコインは取引データ（台帳）をビットコインの**ネットワークに参加する全員で管理**します。

従来の金融システムは国の中央銀行が台帳を一元管理する考え方でした。一方、暗号資産を支えるブロックチェーンは、**参加者全員で台帳を管理**し、それぞれのコンピュータが正当性を検証することで、**不正や消失が発生しない頑強なシステム**を実現しています。つまり、ブロックチェーンという非常に頑強なプログラムが暗号資産の価値を保証している、ともいえるのです。

暗号資産とブロックチェーンは世間一般でも注目を集めており頻出です。しっかり読み返しておきましょう。

従来のデータベースと分散データベース

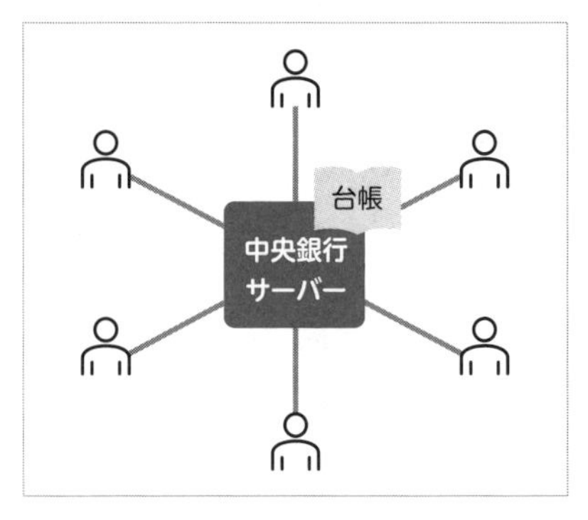

従来の金融システム（イメージ）

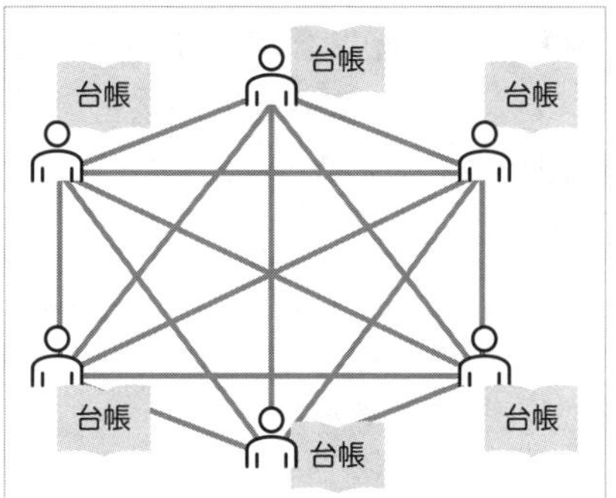

ブロックチェーンによる分散データベース型金融システム（イメージ）

攻略MEMO　試験特有の文章に慣れよう

本節はここで終わりです。読んでいくうちに用語の意味はおおよそ理解できたのではないでしょうか。そのために、ここまで用語をかみ砕いて解説してきましたが、実際の試験では試験特有の「やや堅い」表現で出題されます。

今身につけた知識を得点につなげるには、**出題の文章に慣れる**ことも大事。そこで次ページの「○×問題」では、試験問題の表現に即した文章で記載しています。とは言っても、本節で学んだ内容で解けるはずなので、気分転換にコーヒーでも飲みつつ、ササッと復習してみてくださいね（実際の試験問題は４択です）。

CHALLANGE! 最速アウトプット ○×問題

Q1 令和元年度秋期　問 28　改題

業務の効率化を目指すために，SFA を導入するのに適した部門は「経理・会計」部門である。

Q2 令和 4 年度　問 17　改題

BYOD とは，会社から貸与されたスマートフォンを業務で使用することである。

Q3 令和 2 年度　問 18　改題

UX とは，主に高齢者や障害者などを含め，できる限り多くの人が等しく利用しやすいように配慮したソフトウェア製品の設計のことである。

Q4 令和 4 年度　問 2　改題

一定の基準で顧客を分類し，それぞれのグループの購買行動を分析し，集中すべき顧客層を絞り込むマーケティング戦略のことをセグメントマーケティングという。

Q5 令和元年度秋期　問 7　改題

CRM とは，最新購買日，購買頻度，購買金額の三つの観点から分析するものである。

Q6 令和元年度秋期　問 29　改題

利用者が検索エンジンを使ってキーワード検索を行ったときに，自社の Web サイトを検索結果の上位に表示させるよう工夫することを SEO という。

Q7 平成 24 年度秋期　問 26　改題

販売員を店頭へ派遣する応援販売の実施は，プル戦略の一種である。

Q8　令和2年度　問31　改題

APIエコノミーとは，利用者と提供者をマッチングさせることによって，個人や企業が所有する自動車，住居，衣服などの使われていない資産を他者に貸与したり，提供者の空き時間に買い物代行，語学レッスンなどの役務を提供したりするサービスや仕組みのことである。

Q9　令和3年度　問13　改題

FinTechの事例は，銀行において災害や大規模障害が発生した場合，勘定系システムを即時バックアップシステムに切り替えることが挙げられる。

Q10　令和3年度　問31　改題

APIエコノミーとは，複数のシステムで取引履歴を分散管理する仕組みのことである。

【解答】

A1：×　正しくは、営業部門（→ P.021）
A2：×　正しくは、私用の端末を会社等の業務に利用すること（→ P.022）
A3：×　設問の内容は、**ユニバーサルデザイン**のこと（→ P.024，302）
A4：○（→ P.027）
A5：×　設問の内容は、**RFM分析**のこと（→ P.030，031）
A6：○（→ P.034）
A7：×　設問の内容は、**プッシュ戦略**のこと（→ P.037）
A8：×　設問の内容は、**シェアリングエコノミー**のこと（→ P.042，045）
A9：×　設問の内容は、システムの信頼性向上に関わる事項であり、FinTechの事例ではない（→ P.045）
A10：×　設問の内容は、**ブロックチェーン**のこと（→ P.046）

1-02

生産性を高める、たこ焼き屋の秘策

「お客様に大きな価値を提供して、すべての商品が売れた！」

こんな状況になったら、理想的ですよね。しかし、ホントに手放しで喜んでいいのでしょうか？　お客様は商品と交換で、代金（お金）を支払ってくれます。ただ、その商品を作ったり配送したりする費用のほうが代金より大きかったら……。売れば売るほど赤字になってしまいますよね。

そんなことにならないために、製造部門や物流部門はさまざまな工夫で効率化し、**費用をできるだけ小さくしよう**とします。

ここでは、そんな**製造部門や物流部門の取り組み**を見ていきましょう。

業務がうまくいっているかどうかを分析するには

パレート図／ABC分析

「生産性を高める」といっても、そもそも**自社の現状**を知らなければ、どんな手を打てばいいのかもわかりません。そこで、たこやき屋チェーンの企業は商品の売れ行きに関するデータを集めて分析しました。たとえば、

「売れ筋ベスト3の商品は、どれぐらい売上に貢献しているのか？」
「人気のない商品を販売中止にすると、どれぐらい売上が減るのか？」

このような分析ができると、売れ行きを伸ばすためにどのような手を打てばいいのかがわかって便利ですね。

そのために利用されるのが、**パレート図**です。次ページの図のように、件数が多い要素から順番に並べた**棒グラフ**と、各要素の累積構成比の**折れ線グラフ**を組み合わせた図になります。

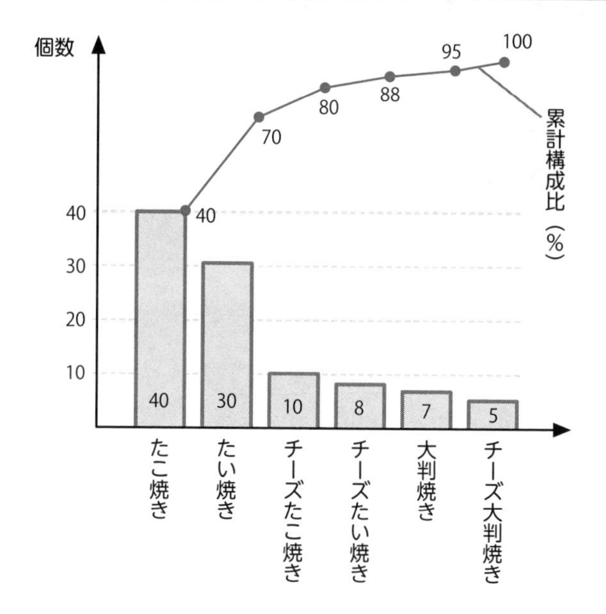

さらに、パレート図を発展させた分析法が**ABC分析**です。ABC分析では、優先的に管理すべき対象を明らかにするため、パレート図を使い、販売金額などの**累積構成比をベースに重要度をランク付け**します。

たとえば「売上上位70％をA群、90％をB群、それ以下をC群」などと分類し、それぞれのグループ（群）ごとに取り扱いや施策を検討します。

攻略MEMO　QC7つ道具

パレート図は**QC7つ道具**と呼ばれる、数量的なデータを分析する方法の1つです。この本の中では**散布図**（→ P.054）、**特性要因図**（→ P.056）、**管理図**（→ P.068）もQC7つ道具にふくまれます。

業務改善のアイディアをまとめる方法

ブレーンストーミング／親和図法

ビジネスはいつも順調というわけにはいきません。業務が想定どおりにいかない場合、**改善のアイディア**を出す必要があります。

たとえば、たこ焼き屋チェーンの月島店の売上が不振だった場合は、次のような意見が出てくることでしょう。

- 店が知られていない
- 大通りから脇道に入ったところにある
- 月島はもんじゃの街というイメージがある
- たこ焼きの需要がない
- 場所がわかりにくい
- 地元のリピーターが多く、観光客は少ない

できるだけ多くの意見や発想を出すほうが、よりよい解決策が見つかりやすくなります。そのための手法が、**ブレーンストーミング**です。ブレーンストーミングでは、以下の**ルール**に従い、アイディアを出していきます。

- 質より量
- 他人のアイディアを批判しない
- 自由で突飛な意見を歓迎
- 他人の意見に便乗することを歓迎

もちろん、意見を多く出すだけでは、会議が発散してしまうだけなので、これらの**問題点を集約する**必要があります。上記の場合は、以下のように大きく２つの内容にグルーピングすることができます。

❶ 立地に問題がある
❷ もんじゃを食べに来た観光客を取り込めていない

それぞれ、以下のような対策が考えられます。

❶の対策 → 大通りから脇道に入るところに、看板を立てる
❷の対策 → 観光客のお土産用に、月島店限定の「もんじゃ風味たこ焼き」を販売する

このように、**多くの意見を似たような内容でグルーピング**して、意見の集約を図る手法に**親和図法**があります。親和図法は、おもに**言語データ**を整理して、新しい発想を得るために使われます。

こうして、たこ焼き屋チェーンの月島店の問題点が明確になりました。

親和図法

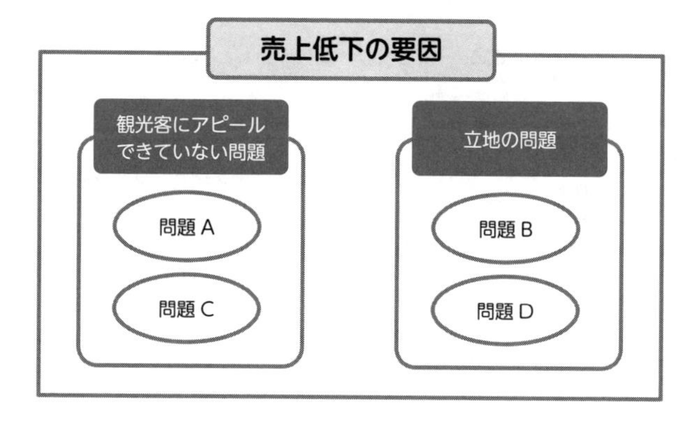

ソフトクリームの売れ行きと気温に関係はあるか？

散布図

たこ焼き屋チェーンの各店舗では、ソフトクリームも販売していましたが、気温によって売れ行きがバラバラです。売れ行きがバラバラだと、どれぐらい原材料を用意しておけばいいのかが予測しづらく、売り切れや原材料の過剰在庫が発生し、ムダが多くなってしまいます。

そんなときに有効なのが、**日々の気温とソフトクリームの売れた本数の関係**を、下図のようにグラフにマッピングしてみることです。

グラフを見ると、次のような傾向が見えてきました。

- 気温が**15度**のときは**約300個**売れている
- 気温が**20度**のときは**約350個**売れている
- 気温が**25度**のときは**約400個**売れている

これをふまえて、**気温の予測によって、原材料の量を変更**すれば、ある程度売り切れやムダな在庫を削減できそうですよね。

このように、**2つの要素の関係をグラフにマッピングし、全体の法則性を見つけるもの**を**散布図**といいます。

日々の気温とソフトクリームの売れた本数の散布図

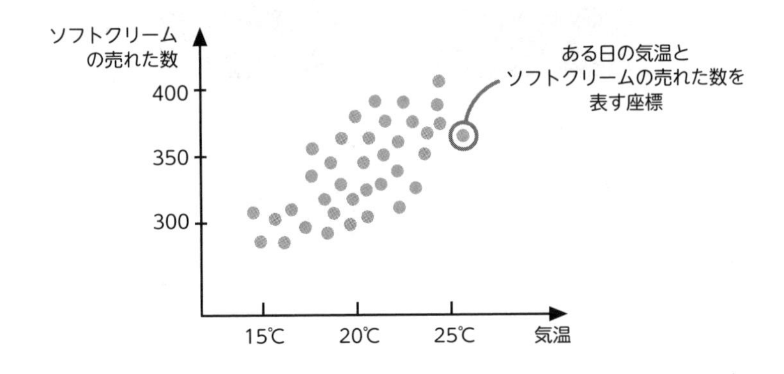

散布図に関連して次の統計分析用語もチェックしておきましょう。

✓ **説明変数**	原因となる数値のこと。上記の散布図の場合は**気温**。
✓ **目的変数**	結果となる数値のこと。上記の散布図の場合は**売上本数**。

✓ 回帰分析	ある要素の値に対して、**ほかの要素がどのくらい影響を与えているか**、を調べて明らかにする統計的手法のこと。予測・シミュレーション・要因分析などに利用できます。前ページの散布図の場合は、**正の傾きの直線**が書けそうです（**回帰式**という）。
✓ 主成分分析	多くの変数を、**少ない変数**に置き換えたりまとめたりすることで、データを理解しやすくする分析方法です。通常、データを1～3つの変数（**主成分**）に置き換えます。

ソフトクリームが売れると、プールで溺れる人が増える？

相関／因果／疑似相関

　前項では、「気温が高いほどソフトクリームが売れる」という関係性がありました。このように、**一方の変化に対応して他方も変化するような関係**を**相関**といいます。また、気温とソフトクリームの相関では、

「気温が高くなったことが原因で、ソフトクリームがたくさん売れた」

というように、**原因と結果の関係**なのは明らかですね。このような関係を**因果**といいます。それでは、次のようなケースはどうでしょうか？

　ある夏、とあるたこ焼き屋店舗で「ソフトクリームが多く売れた日には、近くのプールで溺れる人が出やすい。呪われている！」という不気味なウワサが流れたことがありました。その店舗の店長は「そんな馬鹿な」と思いつつ調べてみると、たしかにソフトクリームが平均より多く売れた日に水難事故が集中していたのです。

　はたして、ソフトクリームの売れ行きとプールの水難事故に因果関係があるのでしょうか。それとも、やっぱり呪いでしょうか？

　答えは、因果関係もなければ呪いでもありません。じつは、ソフトクリームが多く売れて水難事故が発生した日には**気温が高い**という**「見えない要因」**があったのです。気温が高い日ほど、ソフトクリームは売れますしプールも混雑するので、ふだんより事故が起こりやすくなるのでしょう。

このように、**因果関係のない２つの事象が見えない要因によって、あたかも因果関係があるかのように見える**ことを**疑似相関**といいます。

世の中には一見因果関係があるようで、じつは疑似相関だった、ということがたくさんあります。うっかり騙されないように、相関関係があるデータを見るときには「第３の要因が隠れていないか」をチェックするようにしましょう。

「なぜ売上がアップしたのか？」を分析する

特性要因図

企業にとって、売上アップは永遠の課題。たこ焼き屋の売上アップのための条件を以下の２つに分けてみました。

- 来店客数を増やす
- お客様１人ひとりの買上金額をアップする

この２つについて、さまざまな施策を考えてみると、次の図のようになります。売上アップという**「特性」**を実現するために**「要因」**をまとめることから、この図を**特性要因図**と呼びます。形が魚の骨に似ているので**フィッシュボーンチャート**とも呼ばれます。

売上アップのための施策を書いた特性要因図

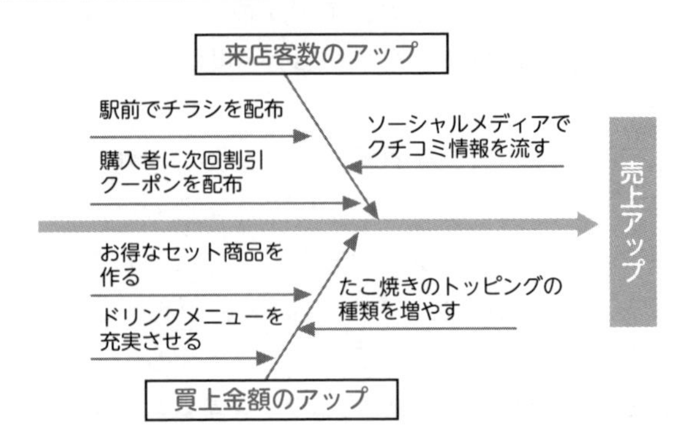

目に見えないロボットもいる
RPA

ここまででデータの分析方法をいくつか見てきましたが、そもそもこのようなデータはどうやって集めればいいのでしょうか？

人手があればできそうですが、たこ焼き屋チェーンの企業は毎年成長しているので、いつも従業員が不足気味です。そこで、**ロボットを活用してデータを収集**しています。このロボットは、なんと人間の目に見えません。それでも、パソコン業務ですごく大活躍してくれます。

たとえば、インターネット上のライバルたこ焼き店のWebページを1,000社ほど見て回り、各店舗のたこ焼き価格の一覧表をエクセルで、なんと10分もかからず仕上げてしまうのです。

また、データ収集以外に、**事務作業**もこのロボットを活用して効率化しています。

このような、**ソフトウェア製のロボット**のことを**RPA**（Robotic Process Automation）といいます。現在**「ホワイトカラーの生産性を向上させる」**ということで、注目されています。

攻略MEMO　RPAの出題ポイント

RPAは毎回のように出題されるので要チェック。RPAのRは「ロボティック」ですが、形のあるロボットではなく、パソコンの中でしか動けない**単なるソフトウェアプログラム**です。

また、ルールが決められた**定型的な業務を実行するのが得意**で、非定型的な業務は苦手。**「RPAと言えば定型業務」**と覚えておきましょう。

新製品開発の時間を短縮するために

コンカレントエンジニアリング

次はモノづくりの中心である**生産部門の仕事**を見ていきましょう。新しいたこ焼きを開発する場合、以下のような手順を踏むのがふつうです。

❶ 商品の試作品を**開発**する
❷ **製造方法**を決める
❸ 工場で**生産**を始める

しかし、この方法だと、1つの手順が終わらないと次に進めないため、時間がかかってしまいます。そこで、**開発部・製造部・生産部で最新情報をコンピュータで共有**してみることにしました。そうすることで、大手スーパーチェーンから「チーズ味のたい焼きがほしい」と言われたとき、製造部門が商品開発部の開発状況をリアルタイムで確認して、製造方法を検討し、製造方法が少しずつ決まるタイミングに合わせて生産を進める、なんてことができそうですよね。

このように、商品開発・製造方法・生産などを**同時並行**で進め、**商品化の時間短縮を図る方法**を**コンカレントエンジニアリング**といいます。コンカレントは**「同時」**という意味ですので、まさに名称のとおりの開発手法ですよね。コンカレントエンジニアリングも頻出なので要チェックです。

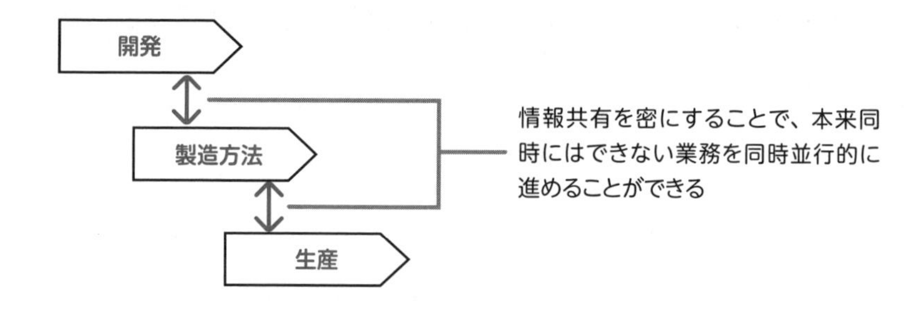

設計や生産を IT で効率化

CAD ／ CAM ／ FMS

たこ焼き屋チェーンでは、売上アップのため、期間限定でパンダ焼き、イルカ焼きなどさまざまな商品を開発しました。

新しい形の商品を作るには、そのための金型が必要です。以前は、デザインも含めて金型メーカーに発注していましたが、最近では IT 化の進展により、たこ焼き屋チェーンの企業の中で、社員が開発できるようになりました。

まずは、新しい金型の形を、パソコン上でデザインしていきます。そのとき利用するのが、**CAD**（Computer Aided Design）と呼ばれるソフト。CAD はコンピュータを利用して機械、各種建築物、電子回路などの**設計**をおこなうシステムです。

金型のデザインが終わると、**パソコンの中にデザインに関するデータが生成**されます。そのデータを利用して、**CAM**（コンピュータ支援製造：Computer Aided Manufacturing）と呼ばれるソフトが**自動で金型作成機械をコントロール**して、金型が完成するのです。

CAD と CAM

CAD

PC の画面で
デザインします

CAM

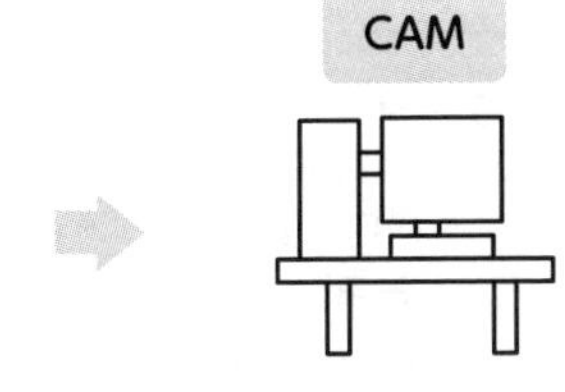

CAD のデータを基に、
製品や部品を工作機械などで作ります

ちなみに、生産の現場では、もっと広い範囲で情報化が進んでいます。

冷凍たこ焼き製造工場では、たこ焼きの原材料を投下してから製造・梱包に至るまで、**一連の工程をロボットが自動で作業できるように IT で管理**しています。このようなシステムを**FMS**（Flexible Manufacturing System）といいます。

ノウハウを組織全体で共有するには

ナレッジマネジメント

開発・生産部門では、それぞれの技術者が持つ情報やノウハウを共有するためにも、ITを活用しています。具体的には、社内LANの中に電子掲示板を立ち上げ、従業員1人ひとりが自由に、自分の持っている情報やノウハウなどを書き込めるようにしているのです。

そうすると、興味深い投稿にコメントが付いたり、関連する情報が書き込まれたりするなど、活発に意見交換をするようになります。その結果、この掲示板から新しくて有望なアイデアが生まれたり、社内のノウハウが蓄積したりします。

このように、**各従業員が持つ情報や知識・ノウハウを共有し、組織全体で活用するしくみ**を**ナレッジマネジメント**と呼びます。

ナレッジマネジメント

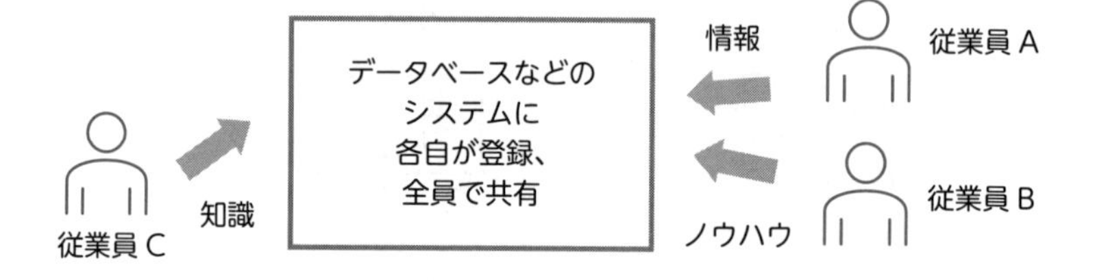

商品をできるだけ効率的に生産するには

ライン生産方式／ JIT 生産方式／セル生産方式

チェーン店でお客様に販売するたこ焼きは、お店で手作りするのが一般的でしょう。一方、ネット販売やスーパーに卸す冷凍たこ焼きは、工場内のベルトコンベアに流して大量生産しなければ、注文に追いつきません。

ベルトコンベアなどを使った長い工程作業で、**同一のものを大量生産する方法**を**ライン生産方式**といいます。

冷凍たこ焼きのライン生産では、丸めた材料を、次の焼き上げる作業にベルトコンベアでどんどん流していくのがふつうです。しかし、たこ焼きを焼くマシンにトラブルが発生したら、あっという間に焼く前の状態の商品が溜まってしまいます。そのような問題を解決するには、

「まず焼きの作業を終わらせて、焼くためのマシンが空になったら、必要な分だけ、焼く前の商品をベルトコンベアで流してもらう」

という方式を取ることが必要です。このように、**必要な商品（材料）だけを、必要なときに、前の作業（工程）から流してもらう方式**を、**JIT（ジャスト・イン・タイム）生産方式**といいます。

JIT 生産方式は、わが国のトヨタ自動車から始まったものであり、**トヨタ生産方式**と呼ばれることもあります。トヨタ自動車では、後の工程から前の工程に対し「材料を○個ください」と書いた**カンバン**を渡し、必要な数だけ調達します。このことから、トヨタ社内では**カンバン方式**と呼ばれています。なお、現在ではアナログなカンバンだけでなく、バーコードや電子式タグ（IC タグ）などを読み取って使う電子カンバンも利用されています。

一方、特注のウェディングケーキの場合はスポンジケーキの飾りつけを、**1 人または数人の職人が最初から最後まで**おこないます。このような生産方式を**セル生産方式**といいます。セルとは「細胞」という意味です。セル生産方式の具体例は、DVD プレイヤーやプリンターなどの生産が挙げられます。

ライン／ JIT ／セル生産方式

ライン生産方式

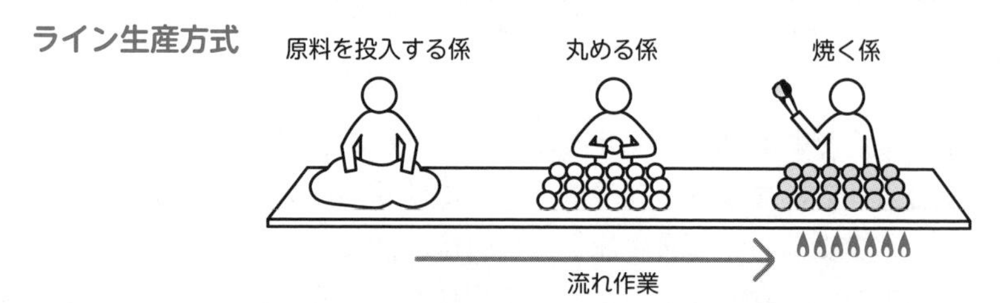

JIT（トヨタ生産方式／カンバン方式）

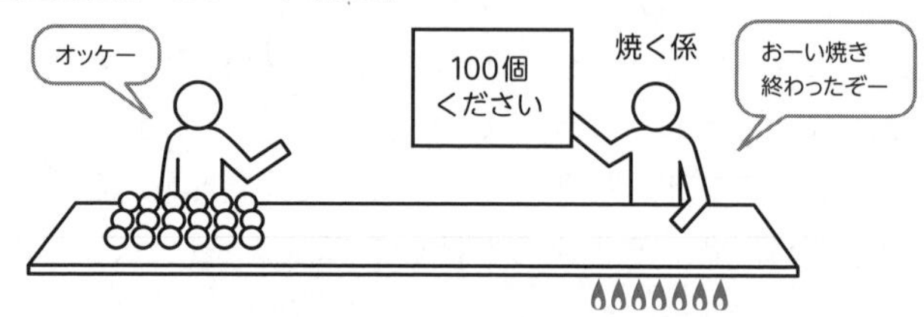

後の工程が完了すると、前の工程に仕掛り中（加工中）の原材料を渡すように、カンバンを使って指示する

セル生産方式

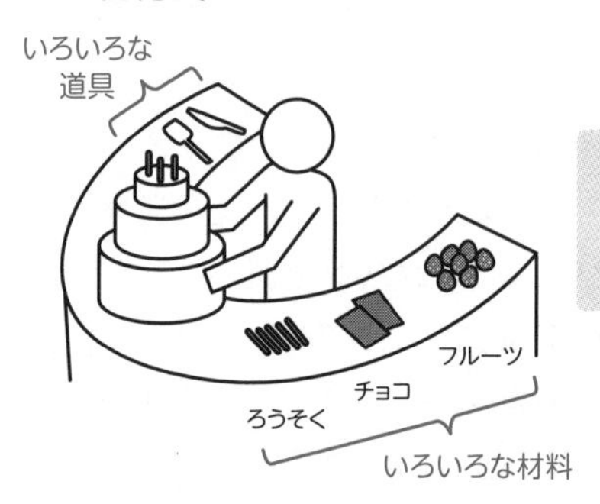

さまざまな道具や材料を手に取りやすい位置に配置し、最初から最後まで1人（または数人）で作業を完成させる

攻略MEMO　JIT生産方式の出題ポイント

JIT生産方式（カンバン方式）は、非常に出題頻度の高い用語です。必ず覚えましょう。JIT生産方式では、**材料や商品を必要なときに、必要な分だけしか生産しません**。よって、JITを導入することで、**半製品や部品在庫数の削減**に大きな効果があります。

電子レンジでかんたんに冷凍たこ焼きを調理できる秘密

組込みシステム／マイクロコンピュータ／ファームウェア

コンビニやスーパーで購入した冷凍たこ焼きは、家庭の電子レンジでかんたんに調理できます。

それにしても最近の電子レンジは本当にいろいろな料理を作ることができますよね。これは、電子レンジの中に、さまざまな料理を作れるように設計された**プログラムが組み込まれているから**です。現在では、電子レンジをはじめとする家電のほか、工場などで動く産業用機械の多くにも、製造時からプログラムが組み込まれています。このような**プログラムが組み込まれた機器**を**組込みシステム**といいます。

組込みシステムでは、システム全部の機能を**1つの半導体チップ**に集約させたものが多くあります。これを**マイクロコンピュータ**と呼びます。

さて、一般のパソコンはWindowsに代表されるOSで動きます。でも、どうしてパソコンの電源を入れたら、自動的にWindowsが読み込まれて起動するのでしょうか？

じつは、**最低限パソコンを動かすためのプログラム**が、一般のパソコンにも内蔵されているのです。これを**ファームウェア**といいます。ファーム(firm)とは**「固定された」**という意味。「ハードウェアに内蔵されたソフトウェア」で、一般のハードウェアとソフトウェアの中間に位置付けられます。

たこ焼きの焼き加減を自動的にチェックしておいしく焼く秘密

IoT／センサ／アクチュエータ／M to M／スマートファクトリー

たこ焼き屋チェーンを経営する企業では、この冷凍たこ焼きを製造する工場でも最新IT化を推し進めています。

たとえば、これまで冷凍たこ焼きの大量生産は担当の従業員が「焼く係」を務めていましたが、最近これらをすべて自動化しました。具体的には、たこ焼きを焼く機械に**温度センサ**や**触覚センサ**を取りつけ、

「今、たこ焼きを焼く機械の表面温度は何度か」
「焼かれているたこ焼きは、どれぐらい硬くなっているのか」

を、リアルタイムにチェックできるようになったのです。

また、たこ焼き自動焼き機では、温度センサや触覚センサの情報に応じて、自動的に火力を調整したり、たこ焼きをひっくり返したりする機能がついています。さらに、火力に異常があると、管理センターのスピーカーでアラームが鳴るようにネットワークで接続・設定してありますので、無人で運転させても大丈夫です。

このように、機械やシステムなどの**あらゆるモノをインターネットなどのネットワークに接続して情報を活用すること**を**IoT（アイ・オー・ティー）**といいます。IoTはInternet of Thingsの略で、直訳すると**「モノのインターネット」**です。

このIoTの代表的な形態は、以下のとおりです。

❶ **入力**：**各種センサ**がさまざまな**情報を収集**する
❷ **処理**：ネットワークを経由して、クラウドサービスなどに送られた入力情報に対し、何らかの処理をする
❸ **出力**：処理されたデータは、ネットワークを経由して**アクチュエータ**に送られ、**現実世界に対してフィードバック**する

IoT

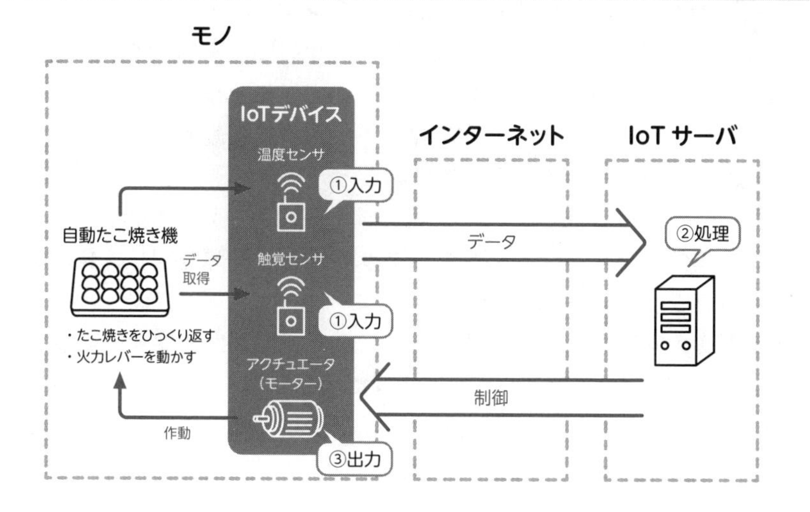

❸のアクチュエータとは、**入力された情報を元に物理的・機械的な動作へと変換する装置**のことです。たこ焼き自動焼き機では、火力の調整装置やたこ焼きをひっくり返す装置、管理センターのスピーカーがアクチュエータにあたります。

また、IoTとほぼ同義の用語に、**機械同士をネットワークで接続し情報をやりとりする M to M**（Machine to Machine）があります。

ここまで見たように、冷凍たこ焼きを作る工場は、工場の中であらゆるモノがつながり、人手をほとんど借りることなく、自律的に生産できます。このようにIoTを活用するなど、**最新ITやネットワークで最適化された工場**を**スマートファクトリー**といいます。

工場のスマートファクトリー化は外国でも進んでいます。特にドイツでは**インダストリー4.0**という国家プロジェクトで、工場のスマートファクトリー化だけでなく、産官学共同で**製造業全体の革新**を目指しています。

なお、「インダストリー4.0」は、P.153で説明する**「第4次産業革命」**そのものを指す言葉として使われる場合もあります。

攻略MEMO　IoTの出題ポイント

IoTシステムの「正しい事例」を選ばせる問題が頻出です。過去に出題されたIoTの事例を紹介しますので、チェックしておいてください。ポイントは、**いままでネットワークに接続すると想定していなかったモノ同士をつなげている**ことです。

- **発電設備**の運転状況を**インターネット経由**で遠隔監視し、発電設備の性能管理，不具合の予兆検知及び補修対応に役立てる
- **飲み薬の容器**にセンサを埋め込むことで、薬局が**インターネット経由**で服用履歴を管理し、服薬指導に役立てる
- デバイスが計測した外気温をサーバへ送り、サーバからの指示でデバイスに搭載されたモータが**窓**を開閉できる

工場の生産スピードを改善するために最適な方法とは

TOC（制約理論）

生産方式の工夫や最新IT化により、冷凍たこ焼きを焼き上げる工程では、目標どおり大量生産ができるようになりました。しかし、焼き上げたたこ焼きを冷やす工程で時間がかかってしまいます。冷やした後、袋詰めする作業は大量に処理できるのですが、どうしても冷やす工程で時間がかかるため、焼き上がったたこ焼きをすぐに袋詰めすることができません。

このように、前後の工程の処理能力がいかに大きくても、間の工程の処理能力が小さいと、結局、**全体の生産能力（スピード）は、小さい処理能力に応じたもの**になってしまいます。このことを**TOC**（Theory Of Constraints：**制約理論**）といいます。TOCでは、**「工程全体の中で、足を引っぱっている部分を集中的に改善しろ」**と教えています。

たとえば、この工場では、焼き上がったたこ焼きに冷たい空気を送る装置を設置することで、冷やす時間を大幅に短縮できるようになりました。

TOC（制約理論）

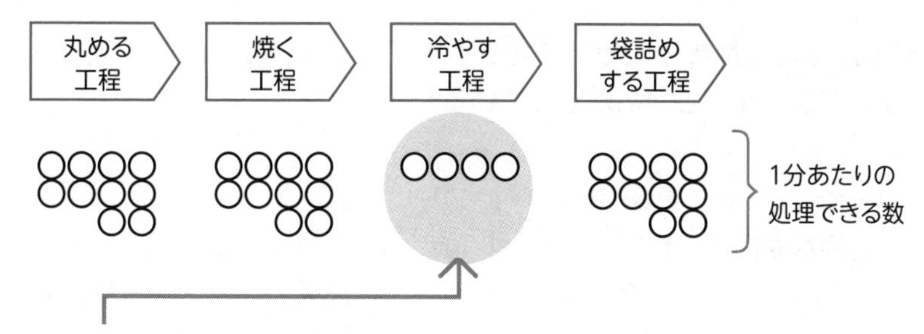

周りの工程が1分あたり10個処理できても、たった1つでも1分あたり4つしか処理できない工程があると、たこ焼きの製造量は「1分あたり4個」になってしまう

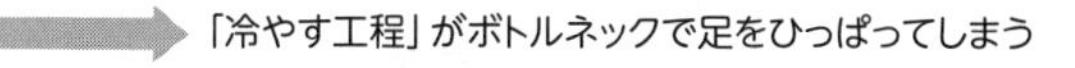

「冷やす工程」がボトルネックで足をひっぱってしまう

「冷やす工程」のスピードを集中的に改善すれば、改善した分だけ全体のスピードも向上する

海外事業を成功させるには

OEM ／ CSF（重要成功要因）

海外でも評判の冷凍たこ焼きは、あるヨーロッパの国の食品企業であるオクトパス社から、「冷凍たこ焼きをオクトパス社のブランドで売りたい」と言われました。

もし、オクトパス社のブランドで冷凍たこ焼きを販売すると、たこ焼き屋チェーン企業のブランドは広がりません。しかし、その国でオクトパス社の知名度はバツグンなので、販売量は大幅に増えることが見込まれます。

そうしたことを考慮した結果、たこ焼き屋チェーンの企業では、オクトパス社のブランドのついた冷凍たこ焼きを日本の工場で生産し、同社に卸すことになりました。このように、**提携した相手先のブランドで商品を製造すること**を、**OEM**（Original Equipment Manufacturer）といいます。

また、オクトパス社との提携は、たこ焼き屋チェーン企業にとって、本格的な海外展開の第一歩です。そのため、なんとしても今回の OEM 事業を成功させなければなりません。たこ焼き屋チェーン企業の開発担当者は、オクトパス社の本社に行き、同社の販売担当の役員と打ち合わせをしました。

すると、オクトパス社の役員はこう断言しました。

「今回の冷凍たこ焼きの販売が成功するかどうかは、ヨーロッパの人向けの味付けができるかどうかにかかっている」

このように、「ある事業（プロジェクト）が成功するかどうか」が決まるような**重要な要因**を、**CSF**（Critical Success Factor：重要成功要因）といいます。もちろん、打ち合わせが終わった後、開発者は日本へ帰り、最重要課題として「ヨーロッパの人向けの味付け」の実現に取り組みました。

冷凍たこ焼きのパック内容量を200gちょうどにするには

管理図

たこ焼き屋ネットショップで販売している「冷凍たこ焼き」は、1パック200g入りです。つまり、包装ビニールの重さを除いて、内容量を200gちょうどにしないといけません。

しかし、「冷凍たこ焼き」に限らず、どんな商品でも多少の誤差はつきもの。そこで198g～202g（つまり、誤差±2gまで）を**許容範囲**として、その範囲に収まっているか出荷前に検査します。1パックずつ検査するときに役立つのが**管理図**です。

管理図では、**下方限界線**（198g）と**上方限界線**（202g）の間に、**各パックの重量が収まればOK**とします。もちろん、中央値である200gにできるだけ近い値であれば、なおいいです。

限界線を越えなかったとしても、次ページの右側の図のように、いずれかの限界線に近いパックばかり出てきたらどうでしょうか？

図の場合、パック詰めの機械が**少し多めに冷凍たこ焼きを詰めてしまう傾向**にあることがわかりますから、パック詰めの機械の秤が微妙にずれていないかを確認し、調整する必要があります。

以上のように、管理図には、実際に規格外品が出てしまう前に、**全体の傾向から生産品質を維持する機能**もあるのです。

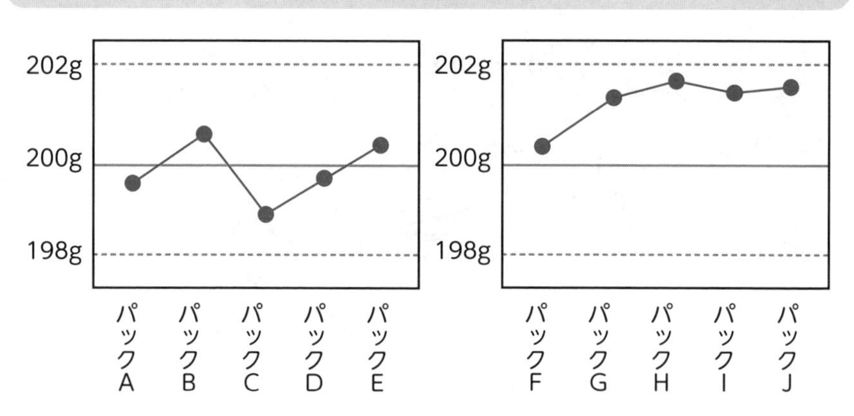

ほかの企業と連携すれば在庫削減や納期短縮ができる

SCM

工場で作られた製品は、**物流部門**で、卸業者や小売業者に配送されます。

たこ焼き屋チェーンでは、多くのスーパーや小売店に冷凍たこ焼きを卸します。取り扱い店舗が多くなると、それぞれの店舗から、急に注文が入ることがあります。そのときに在庫がないと売るタイミングを逃してしまうので、どうしても在庫を多く作ってしまいがちです。しかし、そういうときに限って、注文が入らなくなったりもします。

そのようなムダを最小限にするためには、**小売店やスーパーの日々の販売データを情報システム経由で閲覧**させてもらうのが効果的です。各店舗の在庫量がリアルタイムでわかり「いつごろ注文が来るのか」を予測できるようになります。予測をもとに必要なぶんだけ在庫を保てばコストダウンできますし、コストが下がればスーパーや小売店への卸値だって安くできるようになるでしょう。

以上のように、**企業の壁を越えて在庫情報などを共有**し、コストダウンや納期短縮などを実現することを **SCM**（Supply Chain Management）といいます。日本語では **「供給連鎖管理」** です。

SCM

・日々の販売結果　・メーカーの在庫数
・卸の在庫数など

全体で情報共有することにより、必要最低限の在庫でうまく回るようになる

チェック

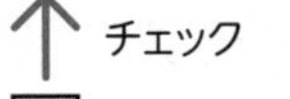

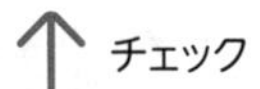

メーカー

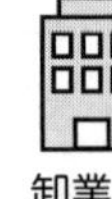
卸業者

小売店

お客様

攻略MEMO　セットで覚える「サプライチェーン／バリューチェーン」

SCMは非常に出題率が高い用語なので、ぜひポイントをおさえましょう。SCMのSCとは「サプライチェーン」のこと。原材料調達～販売までの**商品を供給する、会社同士の鎖**です。

また、サプライチェーンと混同しやすい用語に**バリューチェーン（価値連鎖）**があります。企業活動の「調達／開発／製造／販売／サービス」といった、業務プロセスのどこに**価値やコストがあるのか**を分析し、戦略の有効性や改善の方向性を探る方法論です。

自社経営の農場を低コストで管理できる理由

LPWA／ドローン／AI（人工知能）

ここからは**たこ焼きの原材料**について見ていきましょう。

たこ焼き屋チェーンを経営する企業は、たこ焼きを作るために使う小麦粉やキャベツ、生鮮食料品として販売する野菜や米など、さまざまな農産物を全国各地の自社農園で生産しています。

たとえば、ある地方で広大な面積の水田を運営しています。水田の管理は毎日こまめに水位を計測することが大切です。しかし、広大な水田にある無

数の水位測定地点を、毎日人間が見て回るのはかなりたいへん。

　そこで、たこ焼き屋チェーンを経営する企業は、**水田の水位を確かめるシステム**を作ることにしました。広大な水田の測定地点全箇所に水位測定するセンサを設置し、1日1回センサの情報をネットワーク経由で収集するしくみです。

　当初、センサの情報を収集するネットワークは携帯電話網を使うつもりでした。ところが、携帯電話網はどんなに安くても1契約あたり数百円〜数千円／月。予算オーバーしてしまうため、採用を見送りました。

　その後、採用したのが、**LPWA**（Low Power Wide Area）です。LPWAは**広域で通信できる**無線通信技術の総称で「通信速度は遅いが、**低消費電力**で月々の通信契約料も安価」という特徴があります。

　1日に1回だけ、広大な水田にある無数の測定地点で水位を計測し、その情報を本部に送信するだけですから、送信データ量も小さいですし通信速度は低速でかまいません。さらに消費電力も小さいので、電池交換せずに数年間、利用できます。

　このようにLPWAはコストをかけずに、比較的小さなデータを収集するのに向く通信網なのです。

LPWA

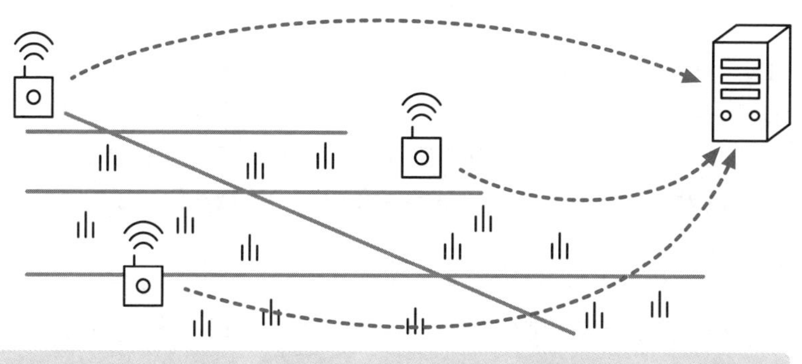

LPWAを使った例：広大な水田の各地にセンサを置き、計測した水位のデータを送信

良い点 広いエリアをサポートできる、省電力で安い　**悪い点** 通信速度が低速

また、別の地方にある大豆の畑では、農薬散布用に**ドローン**を使っています。ドローンとは、**遠隔操作できる無人の航空機**のことです。農薬散布にドローンやラジコンヘリを使うこと自体は、特にめずらしいことではありません。しかし、たこ焼き屋チェーンを経営する企業の農薬散布ドローンは**AI(人工知能)**を使い、「害虫にピンポイントで農薬を散布し、農薬の使用量を抑える」ことができます。

このドローンは高性能カメラと**画像認識のAIが搭載**されています。まず、上空から大豆畑を撮影し、その画像をAIで分析することで、**害虫に食われて変色した葉を特定**します。そして、その葉の近くまでドローンは高度を下げ、ピンポイントで農薬を散布するのです。

攻略MEMO　LPWAとAI関連の用語は高頻出！

ここでは**LPWA**と**AI**が頻出用語です。さらに、AIは現在もっとも注目されている技術の1つのため、次項に出てくるAI関連技術はすべて頻出。意識しながら読んでみてくださいね。

AI（人工知能）の仕組みはどうなっている？

ディープラーニング／ニューラルネットワーク／機械学習／特徴量

前項のドローンで利用されているAIは**ディープラーニング**という技術が使われています。ディープラーニングとは、**人間の脳のしくみを人工的に再現**した**ニューラルネットワーク**を使ったAIの技術です。画像などの**大量のデータを読み込ませる**ことで、**AI自身が対象の特徴を見つけ出す**ことができます。

たとえば、AIに大量の猫の画像を読み込ませると、AIはディープラーニングの技術を使って猫の特徴を理解し、猫の画像を正しく認識できるようになるのです。

このディープラーニングは**機械学習**というAI技術の手法の1つ。一般の機械学習も大量のデータを読み込ませることで、AI自身が学習していく点はディープラーニングと同じです。

それでは、ディープラーニングと機械学習の違いはどこにあるのでしょうか？

最大の違いは「人間の指示がいるかどうか」という点です。たとえば、猫の画像を大量に読み込ませる場合、一般の機械学習では、「(猫の特徴である)耳やヒゲの部分に注目しなさい」と人間が指示をすることで、猫の画像を認識できるように学習します。

この注目する部分を**特徴量**といいますが、ディープラーニングの場合は上記のような**特徴量に対する指示は不要**です。大量の猫の画像を読み込ませるだけで、AI自身が猫の特徴に気づき、猫の画像を認識できるようになります。

このようなことから、「ディープラーニングは機械学習の進化形」と考えてもよいでしょう。

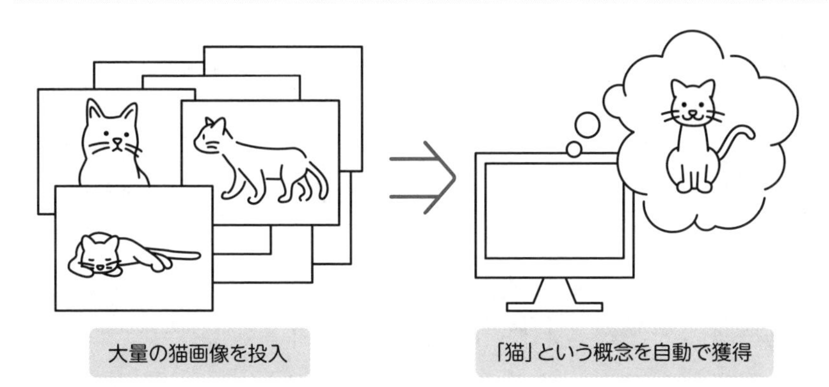

AIがいま注目されている理由

教師あり学習／教師なし学習／強化学習／ルールベース

機械学習には、ディープラーニング以外にも、さまざまな種類があります。それが、次の3種類です。1つずつ確認していきましょう。

✅ **教師あり学習**	**正解となるデータを大量に与えて**、それを AI が学習するタイプのもの。売上などの予測や、手書き文字の認識などが得意です。
✅ **教師なし学習**	特に**正解となるデータは与えられず**、AI は入力されたデータの構造や特徴などを分析します。大量データを**類似グループに分類**すること（クラスター分析、顧客セグメンテーション分析など）が得意です。
✅ **強化学習**	与えられる**「報酬」**が最大となるよう、**AI 自身が試行錯誤しながら行動や意思決定**していく手法です。対局ゲームや自動運転、建築物の揺れ制御などで活用されます。

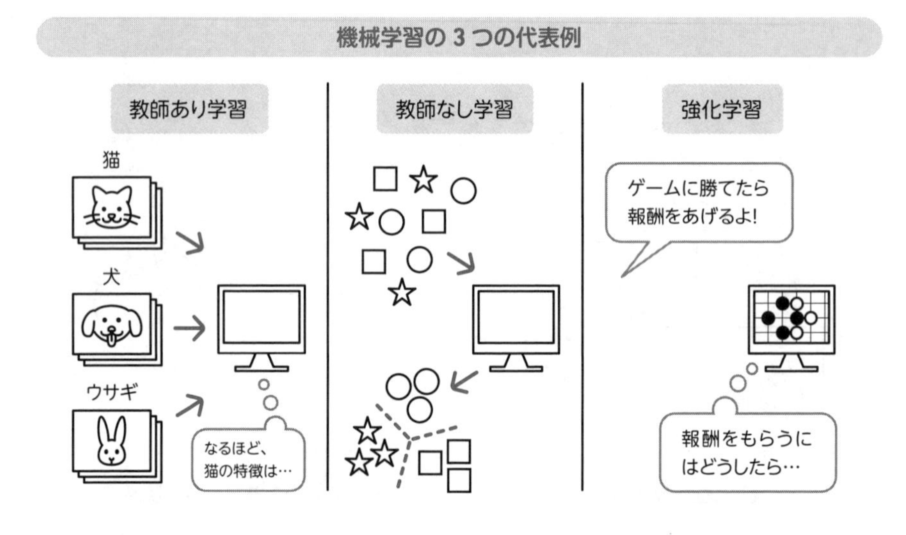

このように、ひと口に AI と言っても、いろんなタイプがあります。そんな AI 技術は、現在ブームになっていますが、なぜこんなに注目を浴びているのでしょうか？　これは次の 3 点が理由です。

❶ 機械学習やディープラーニングの登場
➡ 人間がすべてを教えこまなくても**大量のデータを与えれば、AI が自分自身で学習できるようになった**ため

❷ コンピュータの処理能力が飛躍的に向上
➡ 限られた時間で大量のデータを学習できるようになった

❸ インターネットの隆盛
➡ 大量の学習用データ（画像など）がかんたんに手に入るようになった

特に❶の「最新の AI は自分自身で学習できるようになった」点は大きいです。というのも、昔の AI は「AI」として機能させるために、**すべての判断（ルール）を人間が教え込まなければならない**という現実がありました。

これを**ルールベース**の AI といいます。単純なゲームぐらいなら、すべてのルールを教え込むことができますが、複雑な事象を判断させようとすればするほど、教えるべきことが膨大になります。その結果、いつまで経っても使えるようにならない！　という弊害が発生していました。

自動運転のような複雑な判断ができる AI が実用化できたのは、**AI 自身がルールを学習できるようになった**からなのです。

食品の原材料がどこで獲れたかわかれば安心

トレーサビリティ／IC タグ

以前、外国産の牛肉やウナギを国産と偽るなど、食品の産地偽造事件が多発しました。たこ焼き屋チェーンでは、日本近海のタコを扱っていることを消費者に証明して安心していただくために、タコの獲れた地域をたこ焼き屋店内に掲示するようにしました。

それだけではなく、タコが水揚げされた港から、どういう経路を通って、その店まで運ばれたのかがわかるように、**履歴を残すしくみ**を導入しました。

たとえば、九州の港で水揚げされたタコは、大きなプラスチック製の箱に入れられますが、その箱には IC チップがついており、そのチップの中に「○

月×日、△△港より出荷」という情報が、港のある市場ですぐに書き込まれます。その後、トラックで関東にある冷凍倉庫に運ばれますが、そこでも「○月△日、関東冷凍倉庫に入庫」という情報が書き込まれるのです。

このようにしておけば、いよいよ冷凍倉庫から各チェーン店に配送するときに、それぞれのタコが「いつどこで獲れたもので、いつから倉庫に入っているか」がきちんと証明できますよね。

このように、企業が原材料の産地・出荷日・運搬ルートなどの**履歴をきちんと追跡できるしくみ**を**トレーサビリティ**といいます。トレースとは**「追跡する」**という意味です。

また、トレーサビリティを実現するために情報を書き込む**IC チップ**を、**IC タグ**または**RFID**（Radio Frequency Identification：電波による個体識別）といいます。じつは、Suica や PASMO、ICOCA などの交通系 IC カードにも、IC タグが使われています。なるほど、改札口で「ピッ！」と一瞬で情報を書き込めるわけですから、トラックで入庫するときにもかんたんにトレーサビリティが実現できるはずですね。

たこ焼き屋チェーンにはさまざまな形態がある

フランチャイズチェーン／ロジスティクス

たこ焼き屋チェーンでは、自社直営のたこ焼き店のほか、**フランチャイズチェーン**（**FC**）展開もおこなっています。

フランチャイズチェーンとは、**独立した個人などに加盟店**になってもらい、店舗の営業権やブランド、ノウハウなどを提供する代わりに、加盟店から一定のロイヤリティ（対価）を受ける形式です。コンビニなどでもよく使われる契約です。

たこ焼き屋チェーンでは、特に「直営店の多い地域」で FC 加盟店を募集しています。というのも、毎日トラックで店舗に原材料などを配送するとき、店舗がある程度まとまった地域にあると、効率的に配送できるからです。

このように、**効率的に物流をおこなうこと**を**ロジスティクス**と呼びます。ロジスティクスとは、もともとは**兵站**（へいたん）（戦争の前線に、物資を補給すること）の意味。それがビジネス用語として、企業の流通に使われるようになりました。

攻略MEMO　セットで覚える「ロジスティクス／SCM」

ロジスティクスは、SCM（→ P.069）と似たイメージを持つかもしれません。しかし、SCM は**「企業間連携の最適化」**なのに対して、ロジスティクスは**「社内の物流等の最適化」**です。対比して覚えましょう。

スマートな会計を実現する「バーコード」とは？

POS レジ／ JAN コード／ QR コード

コンビニやスーパーで商品を買うと、商品のバーコードを読み取り機で「ピッ！」と一瞬で読み取るので、買い物が速くできて便利ですよね。

バーコード読み取り機がついたレジを **POS（ポス）レジ**といいます。POS レジのない店舗で大量に商品を買うと、レジの担当者が 1 つずつ確認しながら金額を打ち込んでいくので、とても時間がかかります。

このように便利なバーコードですが、正式名称は **JAN（ジャン）コード**といいます。JAN コードには、標準的な 13 桁のバージョンと、短縮形の 8 桁バージョンの 2 種類があり、どちらにも以下の 4 つの情報が入っています。

- **国コード**：あらかじめ決まっています
- **メーカーコード**：公的機関が各メーカーに割り当てます
- **商品コード**：各メーカーで自由に決定できます
- **チェックディジット**：チェック用の数字

驚くかもしれませんが、じつは**「価格」に関する情報は入っていない**のです。価格はメーカーで決めるものではなく、お店が最終的に値引きなどを検討して決めるからです（本など、一部例外はあります）。また、JAN コードはメーカー出荷時点ですでに印刷してあるため、価格の情報を入れることはできないのです。

では、どうやって価格がレジに表示されるのでしょうか？

じつは、お店の裏側にあるコンピュータに、**「それぞれの商品と価格を一覧にしたデータベース」**が入っているのです。POS レジで JAN コードを読み取った瞬間に、ネットワーク回線を通じて、お店の裏のコンピュータに入っている「商品と価格の一覧表」から価格を読み取り、レジに表示させます。

このように、IT の進展あってこそ、コンビニやスーパーのレジは便利になったのですね。

さらに、最近ではスマホのキャッシュレス決済などで **QR コード**（Quick Response）がよく使われます。

JAN コードは世界共通のバーコードなので便利ですが、標準タイプで扱えるデータは 13 桁と、表現できるデータ量はあまり大きくありません。一方、QR コードは**縦横 2 次元の方向に情報を持たせたバーコード**で、数字以外にも英字や漢字なども扱え、情報量の多い漢字の場合でも 1,800 文字以上のデータを保持できます。つまり、扱えるデータ量は **JAN コードより、QR コードが圧倒的に多い**のです。

QR コードには 3 隅に位置検出マーカーがあるため、**360 度どの角度からでも検出可能**というのもポイント。逐一スマホの向きを変えなくてもいいので、非常に便利ですよね。

JAN コードや QR コードは、以上のような細かい点がよく問われるので要チェックです。

バーコードと QR コード

CHALLANGE! **最速アウトプット ○×問題**

Q1 令和4年度 問31 改題

コールセンタの顧客サービスレベルを改善するために，顧客から寄せられたコールセンタ対応に関する苦情を分類集計する。苦情の多い順に，件数を棒グラフ，累積百分率を折れ線グラフで表し，対応の優先度を判断するのに適した図は管理図である。

Q2 令和3年度 問11 改題

RPAの特徴の1つとして，新しく設計した部品を少ロットで試作するなど，工場での非定型的な作業に適していること等が挙げられる。

Q3 平成29年度秋期 問17 改題

コンカレントエンジニアリングとは，製品の企画，設計，生産などの各工程をできるだけ並行して進めることによって，全体の期間を短縮する手法のことである。

Q4 令和2年度 問24 改題

CADの導入効果の1つに，データを再利用して作業を効率化しやすくすることが挙げられる。

Q5 令和3年度 問35 改題

ある製造業では，後工程から前工程への生産指示や，前工程から後工程への部品を引き渡す際の納品書として，部品の品番などを記録した電子式タグを用いる生産方式を採用している。このような生産方式をかんばん方式という。

Q6 令和2年度 問8 改題

電力会社において，人による検針の代わりに，インターネットに接続された電力メータと通信することで，各家庭の電力使用量を遠隔計測するといったことが行われている。この事例のように，様々な機器をインターネットに接続して情報を活用する仕組みをOEMという。

Q7 令和 4 年度　問 22　改題

SCM システム構築の目的は，商品の生産から消費に関係する部門や企業の間で，商品の生産，在庫，販売などの情報を相互に共有して管理することによって，商品の流通在庫の削減や顧客満足の向上を図ることである。

Q8 令和元年度秋期　問 21　改題

ディープラーニングとは，大量のデータを人間の脳神経回路を模したモデルで解析することによって，コンピュータ自体がデータの特徴を抽出，学習する技術のことである。

Q9 令和 4 年度　問 24　改題

「録音された乳児の泣き声と，泣いている原因から成るデータを収集して入力することによって，乳児が泣いている原因を泣き声から推測する」という AI 活用のケースは，強化学習の事例の 1 つである。

Q10 令和 4 年度　問 20　改題

JAN コードと QR コードにおいて，それぞれの表現できる最大のデータ量は同じである。

【解答】

A1 ：×　正しくは、**パレート図**（→ P.050，068）

A2 ：×　RPA は定型的な作業に向く。工場の現場では使われない（→ P.057）

A3 ：○（→ P.058）

A4 ：○（→ P.059）

A5 ：○（→ P.061）

A6 ：×　正しくは、**IoT**（→ P.064，067）

A7 ：○（→ P.069）

A8 ：○（→ P.072）

A9 ：×　正しくは、**教師あり学習**（→ P.074）

A10：×　QR コードのほうが大きい（→ P.078）

1-03
データやシステムを活用して企業をよりよい方向に導く

従業員の仕事の最後は、全社的な業務をおこなう**社内部門**を見ていきます。具体的には、

- ビッグデータを分析する**研究開発部門**
- 資産を管理する**経理部**
- 人を育てて活かす**人事部**
- すべてのデータを経営に活かす**経営企画部**

です。どれも名前は聞いたことがあっても、具体的な業務内容を知らない部門もあるでしょう。
「これらの部門は何のために、どんな仕事をしているのか？」
それを意識するだけで、必要な知識がしっかり身に付きますよ。

膨大なデータを扱える新時代になった！
ビッグデータ／データサイエンス／データサイエンティスト

ここまで見てきたように、たこ焼き屋チェーンを経営する企業には、**日々膨大な量のデータ**が集まります。たとえば、次のようなデータがありましたね。

- 工場にある、たこ焼き自動焼き機の**各種センサからリアルタイムに得られるデータ**
- 日本中に何百店舗もある、たこ焼き屋のレジから集まる**POS 情報**
- マーケティングのためにSNSから集める**データ量の大きい画像・動画・音声**

従来、社内に集まるデータは、「このデータの中には、こんな情報が含まれているよ」と、事前に定義していました。このように整理されたデータを**構造化データ**と呼びます。あらかじめデータを構造化することで「データベースに正しく情報を格納できる」などのメリットがあるのです。

しかし、最近集まるデータは、さきほど挙げたように、量が膨大であったり、リアルタイムに更新されたり、さまざまな形式だったり、という理由で構造化されていない、**生のデータ**（**非構造化データ**）です。これでは、今までのデータベースシステムのままだと、取り扱うことが難しくなってしまいます。非構造化データのように、**従来の定型的なデータベースでの管理が難しい巨大なデータ**を総称して**ビッグデータ**といいます。

現在、ビッグデータに注目が集まっているのは、「コンピュータ処理能力の向上」「ネットワークの高速化・大容量化」「ハードディスクの大容量化」などにより、**ビッグデータを分析できる**ようになったからです。そのため、たこ焼き屋チェーンの企業では、

「たこ焼き自動焼き機の不具合の兆候を見つけるには、どのデータを分析すればよいか」
「SNSのクチコミを、どのように分析したら、新製品開発に役立つヒントが得られるか」

などの研究を、**研究開発部門**で実施しています。

この研究のように、**データ分析に関する学問分野**のことを**データサイエンス**、**データ分析を専門にする技術者**を**データサイエンティスト**といいます。

データから有益な情報を抽出しよう

データマイニング／テキストマイニング

たこ焼き屋チェーンの企業に勤務するデータサイエンティストは、どのようにして**データを分析**しているのでしょうか？

たとえば、店舗で売れたレジの販売情報を集計すると、次のような意外な法則が見えてきました。

「金曜日の夜はチーズたい焼きが多く売れる」

これをふまえて、金曜日限定でチーズたい焼きを安く売り出せば、大ヒットになりそうですよね。このように、**大量のデータから、ある法則性を発見すること**を**データマイニング**といいます。「マイニング」とは発掘という意味。まさにデータという鉱山から、お宝を発掘するようなイメージでとらえてみてください。

また、前項で挙げた「SNSのクチコミ分析」では、コンピュータを使って大量のSNS上のつぶやきを単語単位に区切り、それぞれの単語の出現頻度・相関など、さまざまな角度から分析します。このように、**大量の文章（テキスト）を分析する**ことで、価値ある情報を抽出する技術を**テキストマイニング**といいます。

今後、ビッグデータをいかにうまく分析して活用できるかが、国家や企業が成長する1つのカギになるでしょう。

なお、データ分析関連では**データマイニング**が頻出ですが、以下2つの用語もよく出題されますので、おさえておきましょう。

✓ データウェアハウス	日常業務で利用しているデータベースから取り出したデータを整理して、大量に保存し、意思決定に使うシステムです。直訳すると、**データの倉庫**。
✓ BI	Business Intelligenceの略。データウェアハウスなど**大量のデータを分析するためのツール群**のこと。ビジュアル表示で意思決定を支援するなどの特徴があります。

ソフトウェアは購入よりレンタルのほうが安いことも

ASP ／ SaaS ／ PaaS ／ IaaS

システムというものは、使うときには姿は見えません。しかし、じつは**経理部門**で、情報「資産」として管理されています。ただ、すべてのシステムを自社開発しているわけではありません。

たこ焼き屋チェーン店なら、独自の要素が多いネットショップのシステムはシステム業者と協力して自社開発する必要がありますが、各部門で使っているシステムはさほど特殊なものでなくても大丈夫だったりします。

たとえば、経理部で利用する経理ソフトは、**市販のパッケージソフト**でまったく問題ありません。最近では、毎月利用料を払えばインターネット経由で利用できる経理ソフトもあります。パッケージソフトは購入するときに大きな金額を支払う必要がありますが、毎月利用料を払う形態ならば気軽に導入できますし、定期的にバージョンアップする必要もありません。ネットの速度も高速になったので、十分レスポンスよく使えます。

このように、**ネット経由でソフトウェアをレンタルする方式**を、**ASP**（Application Service Provider）または**SaaS**（サース）（Software as a Service）と呼びます。ASP と SaaS は厳密には違う意味もありますが、IT パスポート試験では違いを問われることはないので、セットで覚えておきましょう。

また、これらのように、以前は手元のコンピュータで管理・利用していたようなソフトウェアやデータなどを、**インターネットなどを通じてサービスを受ける形で、好きなときに利用できること**を**クラウドコンピューティング**といいます。「ネットの先は雲（クラウド）に包まれたようになっていて、細かく意識しなくても大丈夫」というイメージです。

SaaS はクラウドコンピューティングの中でも、「用意されたソフトウェア」そのものを利用できるサービスですが、ほかにも、

「ハードウェアや OS、DB システムなどの**ミドルウェアはクラウド側**で用意するから、その環境で動作する**ソフトウェアはユーザー企業側**で用意してね」
「**ハードウェアと OS まではクラウド側**で用意するから、**ミドルウェアやソフトウェアなどはユーザー企業側**で好きなものを自由につかってね」

というクラウドコンピューティングの形態もあります。

前者を**PaaS**（パース）、後者を**IaaS**（アイアース）といいます。SaaS → PaaS → IaaSの順に、できることの自由度は広がりますが、ユーザー企業側でやることは多くなるのです。

攻略MEMO　「○ aas」とはなに？

「○ aas」（as a service）は**サービスとしての○**という意味。ソフトウェアや実行環境やITインフラを、**インターネット上で貸すサービス**、というイメージです。

この項で紹介したもの以外にも、DaaS（→P.298）やMaaS（→P.380）も同じ考え方ですね。

「企業がサーバを持つ」といってもさまざまな形態がある

ハウジング／ホスティング／オンプレミス

たこ焼き屋チェーンのネットショップに欠かせないのが**サーバ**。直訳すると「奉仕する人」という意味で、アクセスしにきてくれたお客様に画面データを送信するなど、**利用者の要求にあわせて、なにかを提供するためのコンピュータ**のことです。

しかし、そのサーバを本社ビルの中に設置していると、時々地震が起きたり、ウイルスに感染しそうになったりと、いろいろ不都合が起こります。もちろん、バックアップは取っていますが、一度でもサーバが動かなくなると、お客様に迷惑をおかけしますし、信用問題になってしまいます。

このような問題を解決するために、プロのIT企業が運営する「データセンター」というところへサーバを預ける方法があります。**企業が自社のサーバを専門の業者に丸ごと預けて**システム運用を委託することを**ハウジング**といいます。

また、中〜小規模のシステムの場合、企業は自社でサーバを購入するのではなく、**専門業者のサーバの一部を間借りすること**があります。これは**ホス**

ティングといいます。企業じゃなくても、個人でレンタルサーバを借りてWeb サイトやブログを運営する、といったケースも「ホスティング」になるのです。

なお、サーバなどのコンピュータを**自社の設備で運用する**ことは**オンプレミス**といいます。

以前は「コンピュータを自社の設備で運用すること」はあたりまえのことで、特に呼び名はありませんでした。しかし、現在ではクラウドコンピューティングやハウジング、ホスティングなど、さまざまなサーバ運用の形態が出てきました。それらと区別するために、自社運用のことを「オンプレミスという名前にしよう」ということで生まれた、比較的新しい呼び方なのです。

ハウジング／ホスティング／オンプレミス

ハウジング	ホスティング	オンプレミス
専門業者	専門業者	自社
自社のサーバ	専門業者のサーバ	自社のサーバ

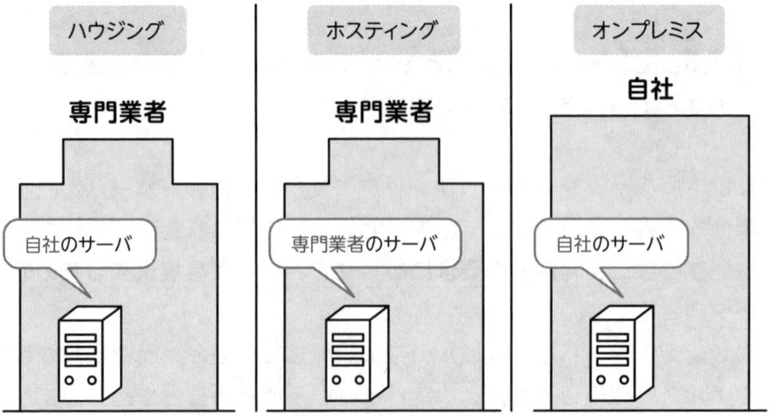

さて、ここまでオンプレミスから各種クラウドコンピューティング、ハウジング、ホスティングまで、さまざまな形態が出てきましたので次の図のとおり比較表でまとめました。

ホスティングなどの比較表

	オンプレミス	ハウジング	ホスティング	Iaas	Paas	SaaS
設置場所	自社	提供業者	提供業者	提供業者	提供業者	提供業者
ネットワーク	自社	提供業者	提供業者	提供業者	提供業者	提供業者
サーバ（所有権）	自社	自社	提供業者	提供業者	提供業者	提供業者
OS	自社	自社	提供業者	提供業者または自社	提供業者	提供業者
ミドルウェア	自社	自社	自社	自社	提供業者	提供業者
アプリケーション	自社	自社	自社	自社	自社	提供業者

この中で気になるのは、

「ホスティングとIaaSって同じなの？」

ということだと思います。

ざっくり言ってしまえば、これら2つは、提供する要素はほぼ変わらないのですが、IaaSは**仮想化**というしくみを使って、最初に契約したCPU性能が足りなくなった場合、ユーザーの要求に応じて**すぐにCPU性能をアップさせる**（**スケーラビリティ**）などのサービスが優れています。一般に、ホスティングでは、そのような柔軟な対応は難しいものです。

なお、「仮想化」の詳細についてはP.324を参考にしてくださいね。

攻略MEMO　ハウジングとホスティングの覚え方

ここで挙げた中では、特に**ハウジング**と**ホスティング**が頻出です。それぞれの定義が選択肢として並ぶ出題もありますので、混同しないように覚える必要があります。覚え方は以下のとおり。

- **ハウジング** → サーバを預ける**家（ハウス）**を借りる
- **ホスティング** → **ホステル（宿泊施設）の部屋**を間借りする

優秀な社員を増やす「育成」の工夫

OJT ／ Off-JT

優秀な従業員が増えるほど、企業は成長していきます。従業員の教育・研修を担当するのが、**人事部**です。

では、企業はどのように、従業員を教育しているのでしょうか？

まず思い浮かぶのは「職場で、先輩が後輩を指導する」ことでしょう。このやり方は、実務に関する知識やノウハウを実践的に教えられるため、昔からよくおこなわれています。これは**職場で教える**という意味で、**OJT**（On The Job Training）と呼ばれます。たこ焼き屋チェーンの場合、新入社員はお店の現場で先輩からたこ焼きの焼き方を習いますが、これがまさにOJTですね。

ただし、OJTは職場の仕事に関連するものだけになってしまい、「ある知識体系全体を効率的に身につける」には不向きです。このような目的ならば、集合研修などに参加するほうが効率的です。このように、**職場を離れる研修**を**Off-JT**（Off The Job Training）と呼びます。たこ焼き屋チェーンのお店に配属される新人は、帳簿をつけるのに簿記を勉強しますが、これは研修センターに集まって研修を受けるので、Off-JTにあたります。

社員教育にもITを使えば、さらに効率的！

e-ラーニング／アダプティブラーニング／ CDP

Off-JTで、いくら「体系的な学習をするため」といっても、毎回研修センターに集合するのはたいへんそうですよね。

そこで現在、**e-ラーニング**が注目を集めています。e-ラーニングとは、**パソコンやモバイル端末を使い、インターネットなどを通じて、場所を選ばずに学習できるしくみ**です。自宅や職場の自席で空いた時間に学習できます。

このように非常に便利なe-ラーニングですが、メリットばかりではありません。直接、対面で知識やノウハウを教えるものではないため、どうしても**内容が画一的になりがち**です。リアルな研修であれば、生徒がきちんと理解しているかをチェックしながら、講師は講義を続けることができます。しかし、一般的なe-ラーニングはパソコンなどを使って講義の映像やテキスト内容を流すことが中心で、生徒の理解度を考慮できません。

そこで最近は、**生徒の習熟度に合わせて学習内容やレベルを調整できる**e-ラーニング教材も出てきました。学習の進み具合や問題の正答率をもとにした学習理解度のデータを残し、それらを分析して、各生徒に最適な学習シナリオを作成します。このように、**1人ひとりの生徒に学習内容を最適化していく考え方**を**アダプティブラーニング**といいます。

アダプティブラーニング

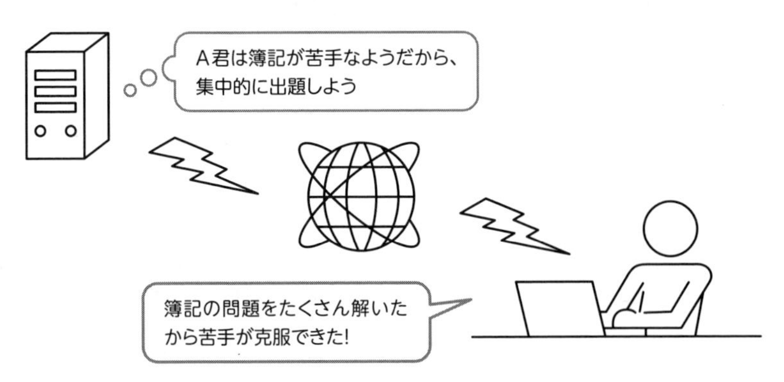

さらに、**長期的な視点で、従業員の能力開発プログラムを検討し実行**していくこともあります。これを**CDP**（Career Development Program）と呼びます。

ベテランや師匠が、若手に「自ら考えさせる方法」も有効

コーチング／メンタリング

たこ焼き屋チェーンを展開する企業では、退職した元社員が若手社員をサポートする制度も用意されています。

たとえば、若手社員が自らよく考え、そして目標に向かって行動をとってもらうために、元社員が若手社員の話をよく聞いたり、相手が自分で考えるような質問をしたりするといったものです。

この元社員の役割は、**スポーツのコーチ**に似ている部分もありますので、このような**コミュニケーション型サポート**を**コーチング**といいます。

また、「コーチング」に似た用語で**メンタリング**という用語もあります。こちらは、「メンター」と呼ばれる経験豊かな先輩が、若手の後輩などと定期的にコミュニケーションをとり、対話やアドバイスによって若手の**自主的な成長を支援**します。

どちらもほとんど同じ意味合いですが、コーチングが**「職業上の成長中心」**というニュアンスがあるのに対し、メンタリングは**「職業も含めた人生全体のキャリアを対象」**というニュアンスがあります。

仕事も「遊び感覚」で楽しめば、ラクして成果が上がる

ゲーミフィケーション

さらに、たこ焼き屋チェーンの企業では、社員のやる気を引き出す制度を設けました。各部門の責任者が毎月、その部門で一番がんばった社員を選び、表彰する制度です。表彰された社員は、「お祝いカード」と呼ばれるカードを責任者からもらいますが、そのお祝いカードが5枚貯まると、会社から金一封がもらえる制度になっています。

この制度は、**あたかもゲームの世界でポイントを集める**ような面白さがあるため、社員はみなお祝いカードをもらおうと、楽しみながらモチベーションを高く持って仕事に従事しています。

このように、仕事やサービス、コミュニケーションなどに**ゲームの要素**を取り入れ、参加するメンバーの**集中力ややる気を高める手法**を**ゲーミフィケーション**といいます。

「この会社にずっと勤めたい！」と思ってもらうには

ワークライフバランス／メンタルヘルス

このようにして企業は従業員を育てていきますが、せっかく育てた従業員が辞めてしまうのはもったいないですよね。これまで、特に女性は、結婚・出産などを機に、育児と仕事の両立が難しくて会社を辞めてしまうことが少なくありませんでした。

そこで、**仕事と生活のバランス**をとって、みんなが安心して働ける環境にしよう、という取り組みが活発化しています。これは**ワークライフバランス**と呼ばれます。

さらに、社会が複雑化し、社内でもさまざまなことに悩む人も増えています。従業員が元気で働くためには、体だけでなく、**精神面でも健康であることが大事**という**メンタルヘルス**の考え方も脚光を浴びています。

多様な価値観のある会社が成長する

ダイバーシティ

前述のとおり、たこ焼き屋チェーンを展開する企業は、育児をする社員にも配慮した環境も用意しています。そのほかにも、外国人や企業を退職した高齢者など、**さまざまな背景を持つ多様な人材**を採用し、活躍してもらうことを心がけています。

このような考え方を**ダイバーシティ**といいます。もともとダイバーシティは、社会的に少数派の方の職業機会を広げる、という意味がありました。しかし、現在のように顧客のニーズが多様化している状況では、**社員も多様化している環境のほうがさまざまな市場ニーズに柔軟に対応できる**ことがわかってきました。そのため、さらに多くの企業がダイバーシティの考え方を取り入れるようになったのです。

最近では「ダイバーシティ」からさらにふみこんだ**D＆I**という言葉が注目されています。これはダイバーシティ＆インクルージョンの略で、日本語では**多様性と包摂**（受け入れること）と訳されます。D＆IはITパスポートの出題範囲外ですが、このような用語が登場するくらい「ダイバーシティ」は社会的にも経済的にも重要視されているのですね。

攻略MEMO セットで覚える「ダイバーシティ／SDGs」

ダイバーシティやD&Iのような考えかたは**SDGs**（→ P.152）につながります。SDGsとは**持続可能な世界**を実現するための国際的な**17の目標**のこと。この目標にダイバーシティが含まれます。

従業員1人ひとりの才能を活かす会社は強い

タレントマネジメント／HRTech

たこ焼き屋チェーンを展開する企業の経営者は、**「人材の適材適所」**をモットーにしています。

たしかに、営業センス溢れる社員を事務系に回すと、本人も肌に合わずに辛いかもしれませんし、会社としての見えない損失が発生するかもしれません。逆に、分析や調査が好きな社員は、営業職より新商品開発職のほうが向いているかもしれませんね。

人間の「能力・資質・才能」などのことを、英語でタレントといいますが、スキルや保有資格、経験値、本人の向き不向きなどを**人事管理の項目として一元管理**し、組織全体で**戦略的に適材適所を実現する手法**を**タレントマネジメント**といいます。

この「タレントマネジメント」は人工知能（AI）を利用すれば、短時間で効果的に適材適所の配置案を作成できそうですね。

現在、タレントマネジメント以外にも、採用・育成・評価・給与計算など、**人事に関する幅広い業務**において、AI・クラウド・ビッグデータなど、**最新のテクノロジの活用**が進んでいます。このことを**HRTech**（エイチアールテック）といいます。HRTechとは、**H**uman **R**esource（**人的資源**）と**テクノロジ**を組みあわせた造語です。

攻略MEMO　**「○○ Tech」の用語**

最近ではさまざまな業界や業務で、最新 IT 技術を使ったサービスが生まれており、その多くが「○○ Tech」と名付けられています。上記の HRTech 以外にも、前節では金融サービスとテクノロジを組みあわせた **FinTech**（→ P.045）がでてきましたね。

ほかにも、**教育系**（Education）の最新 IT を活用したサービスは **EdTech**（エドテック）と言ったりします。

会社で取り扱う情報を一元管理して全体を見渡せるように

ERP ／ EA ／エンタープライズサーチ

ここまで見てきたように、企業は以下のような多くの情報を扱います。

- 売上や利益・費用に関する**「財務」**情報
- **「人事・組織」**に関する情報
- **「生産」**に関する情報
- **「販売や顧客」**に関する情報

それぞれの情報をそれぞれの部門が管理するのは当然ですが、それだけでは十分ではありません。というのも、企業が正しい経営を進めるためには、「ヒト」「モノ」「カネ」「情報」といった**経営資源をトータルで見ていく**必要があるためです。

そのような視点で、経営者をサポートするのが**経営企画部**です。そして、**企業の全情報を見て経営資源を最適化したり、経営の効率向上に活かす活動**を **ERP**（Enterprise Resource Planning）といいます。日本語に訳すと、**企業資源計画**。また、企業内のさまざまな情報を一元的に管理することができるソフトを **ERP パッケージ**と呼びます。経営企画部の担当者は ERP パッケージから得られた情報をもとに、経営者に日々報告をします。経営者はそうした情報を、経営の意思決定のための判断材料にするのです。

00 勉強前
01 ストラテジ
02 マネジメント
03 テクノロジ
04 記憶術
05 計算問題
06 直前＋本番

ERP

また、企業の業務や情報システムを**理想像**（あるべき姿）にするような**改善活動**も重要です。

そのための手法として、**EA**（Enterprise Architecture）があります。EAでは、業務とシステムの構造を、ビジネス・データ・アプリケーション・テクノロジの**4つの体系**で分析します。そのうえで､現状の姿（**As-Is モデル**）とあるべき姿（**To-Be モデル**）を設定し、両者を比較する**ギャップ分析**をとおして課題を明確にし、改善活動につなげます。

EA

現状の姿（As-Isモデル）
ビジネス
データ
アプリケーション
テクノロジ

差異を分析
（ギャップ分析）

あるべき姿（To-Beモデル）
ビジネス
データ
アプリケーション
テクノロジ

このように、企業内には多種多様な情報があふれています。こうした情報をGoogle検索のように、サッと探し出せたら便利そうですよね。そんなときに使うのが、**エンタープライズサーチ**。組織内部にあるさまざまな資料や情報の中から、必要なものを見つけるための**企業内検索エンジン**です。

ちなみに、**ERP**と**EA**、**エンタープライズサーチ**の3つは、いずれも「エンタープライズ」という言葉からはじまっていますが、日本語では**「全社的＝企業全体の」**の意味。

会社全体に関わる重要用語で、どれもITパスポート試験で頻出です。

攻略MEMO　ERPの出題ポイント

ERPのERは**「エンタープライズ・リソース → 企業全体の資源 → 経営資源」**とおさえましょう。また、出題キーワードは**「企業の基幹業務」「情報を一元管理」「経営資源の最適化」**です。これらの言葉が問題文に出てきたら、ERPを思い出してくださいね。

CHALLANGE! 最速アウトプット ○×問題

Q1 令和元年度秋期　問 23　改題

統計学や機械学習などの手法を用いて大量のデータを解析して，新たなサービスや価値を生み出すためのヒントやアイディアを抽出する役割をデータサイエンティストという。

Q2 平成 21 年度秋期　問 6　改題

サービス提供事業者が，利用者の通信機器やサーバを自社の建物内に設置し運用するサービスをハウジングサービスという。

Q3 平成 31 年度春期　問 30　改題

自社の情報システムを，自社が管理する設備内に導入して運用する形態をホスティングという。

Q4 令和 4 年度　問 4　改題

ニューラルネットワークとは，IT の活用によって，個人の学習履歴を蓄積，解析し，学習者一人一人の学習進行度や理解度に応じて最適なコンテンツを提供することによって，学習の効率と効果を高める仕組みのことである。

Q5 平成 31 年度春期　問 3　改題

購買，生産，販売，経理，人事などの企業の基幹業務の全体を把握し，関連する情報を一元的に管理することによって，企業全体の経営資源の最適化と経営効率の向上を図るシステムは ERP である。

【解答】

A1　：○（→ P.082）
A2　：○（→ P.085）
A3　：×　正しくは、**オンプレミス**（→ P.085，086）
A4　：×　正しくは、**アダプティブラーニング**（→ P.072，089）
A5　：○（→ P.093）

1-04

会社のリーダーである経営者が知っておくべきこと

従業員の次は**経営者**です。会社のリーダーである経営者の仕事は「会社を操縦すること」。会社を操縦するポイントに、以下の７つがあります。

❶ 従業員をまとめるために、**会社の方向性**を示す
❷ 方向性に沿った**作戦（戦略）**を練る
❸ 作戦に合わせて**組織を設計**する
❹ 組織に作戦を実行させながら、うまくいかない点を**修正**していく
❺ **利益**を生み出す
❻ 利益以外にも、**さまざまな目標**を達成する
❼ 会社を**さらに成長**させる

この流れにあわせて、経営者の仕事を眺めていきましょう。

「信念」「存在意義」が人をまとめるエンジンとなる

経営理念

事業の経営者に必要なのは、**従業員や多くのお客様に応援してもらう**こと。ただ、「お金儲けがしたい」とばかり考えている経営者を応援したいとは思いませんよね。従業員も、尊敬できる人の下で働きたいはずです。

人をまとめ、企業が成長するエンジンとして、**経営者の信念や企業の存在意義**（その企業は、社会のために何をしようとしているのか）が必要です。このような**企業活動の指針となる考え**を**経営理念**と呼びます。たとえば、「お客様においしいものを食べてもらい、より多くのお客様の笑顔を増やしたい」といったものが挙げられます。

戦略とは「戦いを略す」こと

経営者は、**経営理念をベース**に**経営戦略**を立てます。では、「戦略」とは具体的にどのようなものだと思いますか？

言葉は難しそうですが、本質はかんたん。

「いかに戦わずに目的を達成するか」
「いかにラクして勝つか」

ということです。

たとえば、たこ焼き屋チェーンが新規店舗の出店を考えているとします。すでにライバル店がチェーン展開している場所は激しい競争となり、どんなにがんばって経営しても売上はそんなに上がらないかもしれません。一方で、まだたこ焼き屋チェーンが１つもない地域に出店したら、そんなにがんばらなくても、売上が上がる可能性がありますよね。

戦略には、「最初の目のつけどころがいいと、あとあとラクになる」という性質もあるのです。

言いかえると、経営戦略とは**企業の理想像**（**経営ビジョン**といいます）を達成するために「具体的になにをやるのか」ということを**長期的な期間で考える計画**のことです。ラクラク達成できる経営戦略を考えたいものですね。

ここまでをまとめると、経営理念～経営戦略には、以下のような関係性があります。

経営理念～経営戦略の関係性

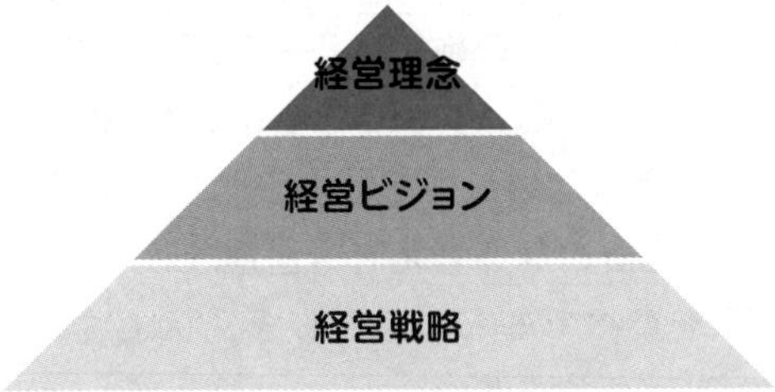

経営理念
経営ビジョン
経営戦略

自社の強みを、世の中の追い風にぶつける
SWOT分析

あるたこ焼き屋チェーンの経営者が、創業したときのお話です。

彼は起業したいと思っていましたが、特に優れた技術があるわけでも、資金が豊富にあるわけでもなく、「どんな仕事をしようか」と迷っていました。

ですが、よく考えると、自分の田舎は港町であり、自分には知り合いの漁師から安く海産物が手に入るという**「強み」**がある、と気づきました。そして、ちょうどそのころ、世の中ではお好み焼き屋など、焼き物のチェーン店が人気を博していました。そこで経営者は、**自分の強みを世の中の流れ**（チャンス＝**機会**）と連携させて、たこ焼き屋を興すことを決めたのです。

このように、自社の強みと弱みを分析し（**内部分析**）、また、世の中の機会と脅威も分析し（**外部分析**）、その結果**「自社の強みを、世の中の機会にぶつける」経営戦略を発見する方法**を**SWOT分析**（スウォット）といいます。

	プラス面	マイナス面
内部環境	強み（Strength）	弱み（Weakness）
外部環境	機会（Opportunity）	脅威（Threat）

攻略MEMO　SWOT分析の出題ポイント

SWOT分析は頻出であり、事例問題が出題されることもあります。下の問題を一緒に考えてみましょう（平成30年度春期　問17）。

ある業界への新規参入を検討している企業がSWOT分析を行った。分析結果のうち，機会に該当するものはどれか。

ア　既存事業での成功体験　　イ　業界の規制緩和
ウ　自社の商品開発力　　エ　全国をカバーする自社の小売店舗網

答えはイです。機会とは、自社の「外部環境」のうち、チャンスになるもの。ほかの選択肢は、自社が持つ強み（内部要因）ですね。

ライバル企業にラクして勝つためには

3C分析

SWOT分析以外にも、経営戦略を発見する方法はあります。

すでにライバル企業が存在する場合、できるだけラクして勝つ戦略を立てるためにはどうすればいいでしょうか？

まず、ターゲットである**お客様のことを徹底的に調べる**ことが必要です。ライバル以上にお客様を知り、ライバルよりお客様に好まれる味つけのたこ焼きを提供できれば有利ですよね。

続いて、**ライバルを徹底的に研究**します。ライバルの弱い部分などを見つけて、そこを攻める戦略ができれば、なおいいです。

さらにSWOT分析と同様、**自社の強み**も分析する必要があります。

以上のように、シンプルに**お客様**（**C**ustomer）・**競合他社**（**C**ompetitor）・**自社**（**C**ompany）の3つを徹底的に分析するだけでも、有効な戦略が見えてきます。このような分析手法を、それぞれの文字がいずれもCであることから、**3C分析**と呼びます。

「儲けるしくみ」を、どうやって考える？

ビジネスモデルキャンバス／デザイン思考

SWOT分析や3C分析で詳細調査を完了したら、**ビジネスモデル**を考えなければなりません。ビジネスモデルとは、日本語で言えば**「儲けるしくみ」**。ざっくり言えば、

「だれに、どのような価値を提供すれば、儲けることができるのか」

ということです。

このビジネスモデルを**直感的に検討できる**のが**ビジネスモデルキャンバス**というツールです。ビジネスモデルキャンバスは1枚の紙を**9つのエリア**に区切って、儲けるしくみの各要素を検討します。

ビジネスモデルキャンバス

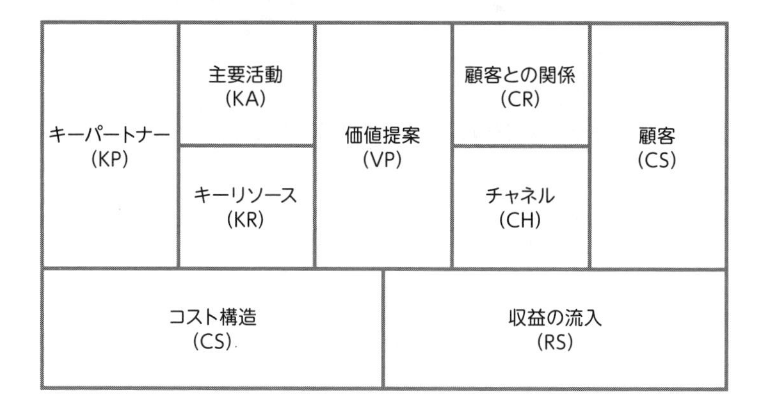

この９つの要素を埋めるだけで「儲けるしくみ」の全体像が完成します。

たこ焼き屋チェーンを展開する企業は、経営会議でビジネスモデルキャンバスを使いながら、新事業の構築を検討しています。

その際、たこ焼き屋チェーンの企業幹部は、**デザイナーのような創造的な観点**から問題を考える思考法を実践しています。具体的には、**ユーザーが本当に求めているものは何かを追求**したり、できるだけ常識にとらわれないように**仮説を立て検証**したりすることを重視しています。

このような思考法を、**デザイン思考**といいます。

新しい製品の考え方

プロダクトライフサイクル／PPM

少し前までは、パソコンや薄型テレビが大人気で売れ続けていました。しかし、いつまでも同じ製品が売れ続けることはありません。必要とするところにひととおり行きわたると、売上の成長は止まります。現在では、スマートフォンが大きく売上を成長させていますが、近い将来、成長が止まる時期が来るはずです。

このように、製品にも、「その製品が誕生して、市場で成長して、あるとき、成長が止まり、いつか後継商品の前に姿を消す」という**人間の一生に似たサイクル**があります。これを**プロダクトライフサイクル**と呼びます。

プロダクトライフサイクル

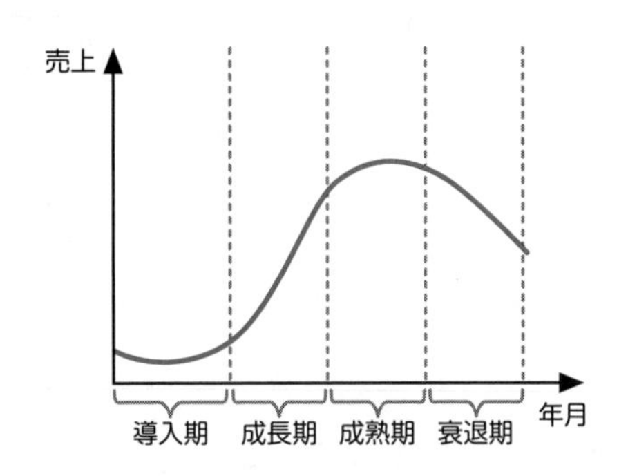

「ある商品がいつか市場から消えてしまう」のは世の定めですが、企業は売れ筋の商品がなくなったら、新しい商品を育てていかなければなりません。たこ焼き屋チェーンなら、新しく出店し続けても、いつか市場が飽和しますし、いつ消費者から飽きられるかわかりませんよね。そのために、**新たな成長事業を探す**必要があるわけです。

このようなときに利用するのが **PPM（プロダクト・ポートフォリオ・マネジメント）**。PPM では、商品を次のように位置付け、自社のそれぞれの商品が図の中のどこに位置するか分析し、**投資の配分を判断**するのです。

- 現在の売れ筋 → **カネのなる木**
- 「市場は成長中」で、将来の売れ筋にしたい商品 → **花形**
- 「市場は成長中」だが、当社のシェアはまだ高くない商品 → **問題児**
- 市場の成長も鈍く、当社のシェアも低い商品 → **負け犬**

PPM は毎回のように出題されますので、しっかりおさえてくださいね。

PPM

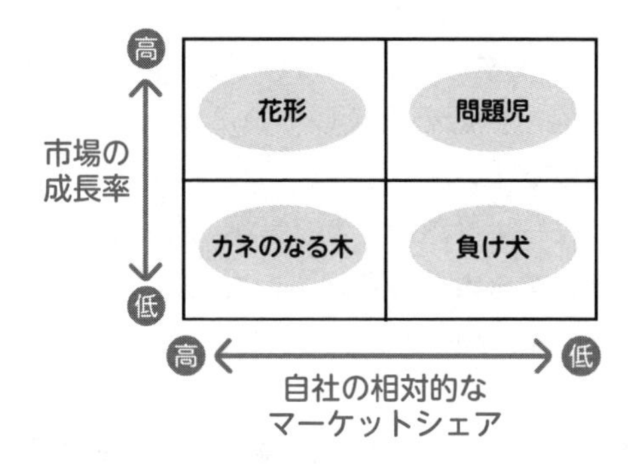

攻略MEMO　**セットで覚える「プロダクトライフサイクル／PPM」**

じつは、プロダクトライフサイクルとPPMは深い関係にあります。

- **成長期**：PPMの「花形」「問題児」
- **成熟期**：PPMの「カネのなる木」
- **成熟期～衰退期**：PPMの「負け犬」

というのが一般的です。そして市場が成長期にある**「花形」「問題児」には投資を続け**、今後市場の成長が見込めない**「カネのなる木」「負け犬」には投資をしない**、と判断するのが経営戦略の定石です。このように、つながりを意識すると覚えやすいですよ。

技術開発にも、どこに集中すべきか意思決定が必要

技術ポートフォリオ／特許ポートフォリオ

「もっとふんわり焼ける小麦粉の品種を作れないものか？」
「さらにおいしいたこ焼き専用ソースを開発できないものか？」

激しい競争にさらされている企業にとって、**継続的に新しい技術を開発すること**は不可欠です。

前項のPPM（プロダクト・ポートフォリオ・マネジメント）は、「どんな事業に対し、どのように経営資源を投入していくか」という方法論でした。企業が開発する技術も同じです。

「あれもやりたい」「これもやりたい」と、開発したい技術は山ほどあるでしょうが、研究予算も研究する人材も有限。きちんと分析して、**将来の見込みのあるものに集中**することが必要です。このような考え方を**技術ポートフォリオ**といいます。

下記は技術ポートフォリオの一例です。縦軸に**技術の重要性**、横軸に**自社の技術水準**とした**マトリックス**に、自社で開発中の技術をマッピングしています。こうして見ると、それぞれの技術の位置づけがハッキリしますよね。

技術ポートフォリオ

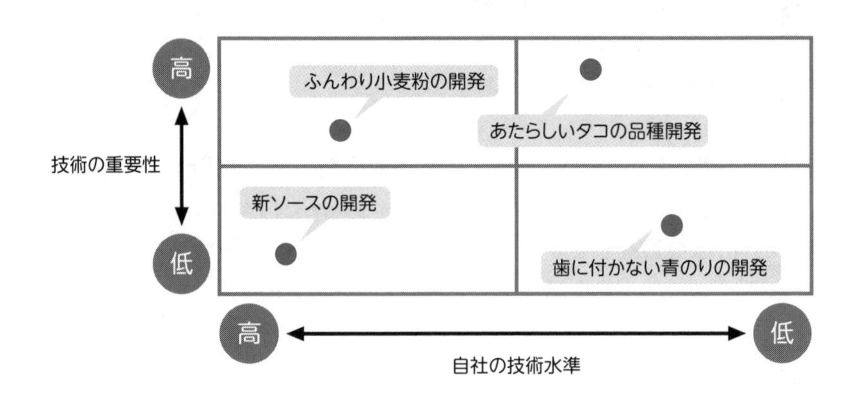

また、企業が保有したり出願中の特許も、きちんと整理したり分析したりすることは重要です。

そのような特許について、**事業への貢献度や複数特許の相乗効果、将来どのような分野で役立ちそうかなどを分析するために作られる**のが**特許ポートフォリオ**です。

攻略MEMO 「○○ポートフォリオ」の用語

ITパスポートは**「○○ポートフォリオ」**という用語が頻出です。ポートフォリオはどういう意味でしょうか？

ポートフォリオとは「書類入れ、書類カバン」。転じて、**さまざまな要素を入れるもの**、という意味で多くの業界で使われます。

たとえば**金融業界**のポートフォリオは**投資家が持つさまざまな金融資産の総称**です。投資家は、成長性が高い資産や安全性が高い資産など、さまざまな種類の資産に**分散投資**して、**安全に、かつ大きく資産を増やす**ことを狙っています。

PPMや技術ポートフォリオ、特許ポートフォリオも考え方は同じ。1つの事業（商品、技術、特許）だけだと、いつダメになるかわからないし、もし失敗したら一巻の終わりです。そこで、**複数の事業をバランスよく保有**して、**長期に渡り安定的に成長させたい**、と考えるわけです。

技術の未来を予測するには人間関係が邪魔になる

技術予測手法／デルファイ法

では、「将来有望な技術」は、どのように予測するのでしょうか？

最も確率が高そうに思えるのが、**複数の専門家の意見を集約すること**でしょう。ですが、ただ単にみんな集まって議論する手法には問題があるのです。というのも、顔が見える状態で意見を言い合うと、参加者のみなさんが

（あの先生の意見には反対できないなぁ……）
（部長の話に合わせておこう……）

など、純粋にみなさんが独自で考えた予測を言いにくい状態になりがちだからです。本当につまらないことですが、それが実情です。そのため、

❶ 各専門家から**匿名でアンケート**を取る
❷ そのアンケートの**集計結果を添付**して、ふたたび各専門家からアンケートを取る

という作業を繰り返すことで、変な人間関係に左右されず、**技術予測の結果を確度の高い方向に集約**させることができます。この手法を**デルファイ法**といいます。名前の由来は、神託（神のお告げ）で有名な古代ギリシャの神殿があった土地から来ています。

また、技術予測手法の１つに**技術ロードマップ**もあります。

技術ロードマップは、**縦軸に「対象となる技術」を、横軸に「時間」を配置し、それらの技術の将来動向や実現時期などを時系列に表したもの**です。

技術ロードマップのレベル感は千差万別で、いち企業レベルから国家や政府レベルまで、さまざまなものがあります。

企業レベルの技術ロードマップは、技術ポートフォリオと同様に「自社の集中すべき技術」を判断するためにも使えますから、技術者だけでなく経営者も理解しておく必要があります。

ビジネスや技術に勝る企業が、陥りやすいワナがある

イノベーションのジレンマ

たこ焼き屋チェーンを展開する企業のたこ焼きは、日本でNo.1のシェアを占めています。そのぶん、お客様からの期待も大きく、たこ焼き屋チェーンの企業はお客様からの声を積極的に収集し、たこ焼きの味や感触をさらに改善しようと常に研究しています。

ひと言で言えば「顧客志向」なのですが、じつは、いきすぎた顧客志向には注意が必要です。

たとえば、テレビがまだブラウン管の時代、シェアNo.1のソニーは、「トリニトロン」という、すばらしいブラウン管の技術を持っていました。ソニーはトリニトロンの技術をさらに高めるべく注力しましたが、世の中は液晶テレビの時代に入ってしまいました。その結果、トリニトロンの技術にこだわりすぎたソニーは液晶テレビ市場への参入が遅れてしまったのです。

このように、シェアの大きい企業が既存商品（技術）の改良にこだわりすぎて、**革新的な商品（技術）の開発に遅れをとってしまう現象**を**イノベーションのジレンマ**といいます。

「あえて特許をとらない」という戦略もある

特許戦略／MOT（技術経営）

たこ焼き屋チェーンの企業は、おいしいたこ焼きを作る技術に関して、いくつも特許を取っています。しかし、社内で開発した技術のすべてを特許申請しているわけではありません。特に、「独自の味を出す技術」は**特許をとらず、あえて社外秘**として隠しています。

なぜ、あえて特許を取らないのでしょうか？

答えは、特許を申請すると、「その技術を公開しなければならない」からです。

「公開されても、特許が取れればいいんじゃない？」

と思うかもしれません。たしかに特許を取れば、「その技術は独占的に自社だけが利用できる」と国が認めてくれます。しかし、こっそりマネされてしまうかもしれません。また、特許は諸外国ではあらためて取得しなおす必要があり、日本で特許を取っただけだと、海外の企業にマネされるおそれもあるのです。

このように、**特許を取るか取らないか**も、どっちが得か考えて戦略を練ります。これを**特許戦略**といいます。

さて、ここまで、技術開発に関するトピックスをいくつか見てきましたが、いずれも、技術をきちんとマネジメントして、収益（経済価値）に結び付ける手法です。これらを使いこなし、**技術を戦略的に育てていく経営**のことを**MOT**（Management Of Technology：**技術経営**）と呼びます。

組織体制のメリットとデメリットを把握して最適なものを選ぶ

ゼロから創業したたこ焼き屋も、チェーン展開すると従業員が増えます。ある程度従業員が増えると、役割分担をして分業し、効率を高めることが必要です。

そのために重要なのが、**経営戦略に従って組織を設計する**ことです。たとえば生産部、マーケティング部、経理部などと**部門を分けた職能別組織**体制にした場合、「マーケティング部が日々の販売戦略に従って生産量を細かく注文すると、生産部が反発する」など、**部門間の壁**ができてしまうことがあります。

そのような壁を壊す手段の1つが**プロジェクト組織**。たとえば新製品を開発するときに、**各部門から数名ずつ選抜したプロジェクトチーム**を作り、部門を超えて議論したり、仕事を一緒に進めたりするのです。プロジェクトが終了した後も、一度打ち解けた彼らがそれぞれの部門に戻ることで、部門間の架け橋になります。

職能別組織／プロジェクト組織

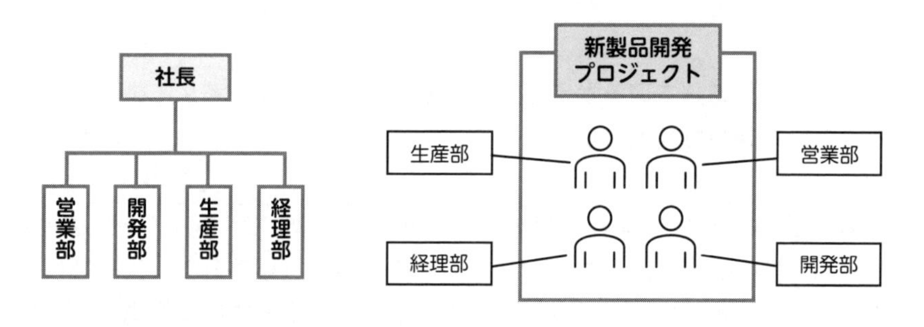

たこ焼き屋チェーンが「将来、お好み焼き屋チェーンも展開したい」と考えた場合は、たこ焼き事業とお好み焼き事業がそれぞれ、まとまりをもって

活動したほうが効率的です。そういった場合に用いられるのが**事業部制組織**。事業部制組織は、**事業部ごとに大きな権限を与え、時に競わせる**ことで、よい結果を狙う側面もあります。

事業部制組織

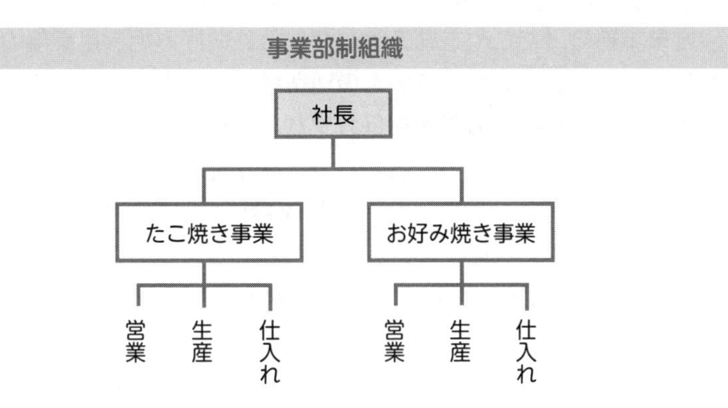

事業部制組織をさらに進めたものが**カンパニー制**。1つの企業内の事業部などを、**あたかも独立した会社**（カンパニー）のように責任と権限を大きく委譲して運営している組織体制のことです。

そして、カンパニー制をさらに推し進めて、本当に**別会社にしてしまったもの**が**持ち株会社**制度です。持ち株会社とは、その名のとおり、「株を持っている会社」のこと。実際に事業をする会社の株を管理し、企業グループ全体の戦略を策定するなどの役割を持つことが一般的です。

カンパニー制／持ち株会社

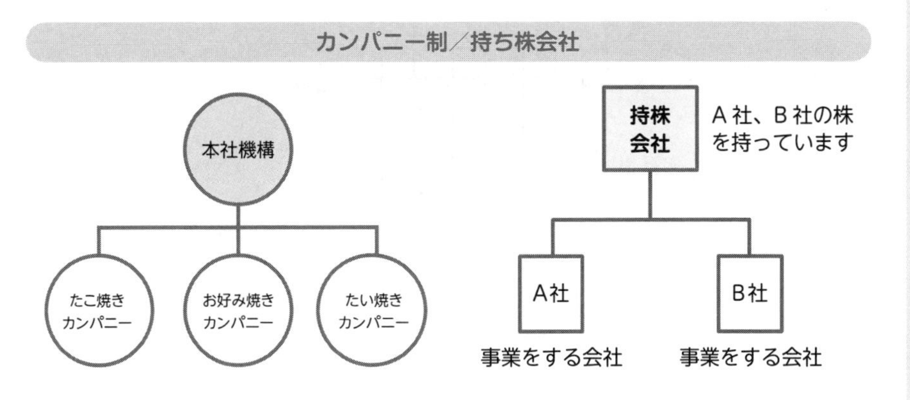

以上のように、「事業部制 → カンパニー制 → 持ち株会社」と、どんどん各事業の独立性が高まっていきます。しかし、各部門の独立性を重んじる形態は、それぞれの組織に仕入れ部門を設置するなど、**機能（職能）の重複**が見られ、必ずしも効率的ではない部分もあります。

さらに各事業間で、お客様の取りあいになる可能性もあります。たとえば、たこやき事業部の「たこやき味スナック」と、お好み焼き事業部の「お好み焼き味スナック」は、スナック好きの消費者を奪いあうでしょう。

このように、**同じ系列の事業部（カンパニー）同士でお客様を取りあうこと**を**カニバリゼーション**といいます。カニバリゼーションを直訳すると「共食い」の意味。まさに「お互いのお客様を食いあう」状態ですね。単純に、各部門の独立性を高めればいい、というものでもなさそうです。

そこで、「各組織の独立性」と「組織の効率的運用」を別の形から検討したものがあります。それが**マトリックス組織**と呼ばれるものです。マトリックスは「行列」という意味ですが、それが転じて**「縦横につながった格子状になったもの」**と覚えてください。縦軸に商品別・横軸に機能別など、**網の目のように指揮命令系統が張り巡らされた組織**です。情報伝達がスムーズにおこなわれる一方、1人ひとりの部下からみれば、上司が2人いるので、異なる指揮命令が出ると混乱することがあります。

マトリックス組織

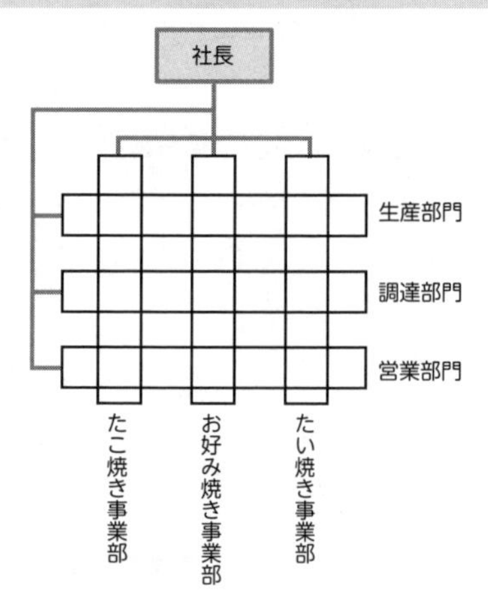

このように、各組織形態は、メリットとデメリットがあります。それぞれの経営環境に合わせて、最適なものを選択するのです。

よりおいしいたこ焼きを焼くためには？

PDCA

たこ焼き屋チェーンに新しく配属された従業員が、早くおいしいたこ焼きを焼けるようになるためには、コツがあります。

❶ どのようにたこ焼きを焼くか、きちんと**手順を確認**する
❷ **実行**してみる
❸ うまくいかなかった点を**反省**し、次回焼くときの手順を修正する
❹ **修正した手順**を実行してみる

このように**計画し、実行し、まずい部分があったら改め、修正した計画を再度実行**するのです。このことを **PDCA** と呼びます。

PDCA は経営の基本ですが、従業員もおこなうべき、**すべての業務の基本**でもあります。また、試験では分野を問わず、**さまざまな用語と関連して出題される**ので順番をしっかりおさえておきましょう。

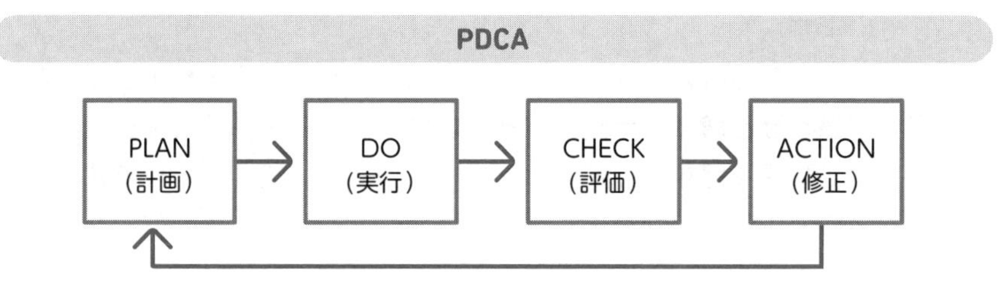

「儲け」と「赤字」の境界線はどこにある？

以下のような場合、たこ焼きをいくら売ったら利益が出るでしょうか？

- **屋台を1ケ月10万円で借りる**
- **たこ焼きを1箱500円で売る**
- **たこ焼き1箱を作るのにかかる材料費などは300円**

計算はかんたんです。たこ焼き1箱売ると、**200円の利益**（500円－300円）が出ますから、「10万円の屋台の賃貸料を払うために、何箱売ればいいか」を考えればいいのです。

10万円÷200円＝500箱

つまり、**500箱×500円＝25万円**分売れば、屋台の賃貸料を回収できます。

これ以上売れば黒字（利益）になるし、**これ以下しか売れなければその分赤字**です。この500箱のラインを**損益分岐点**と呼びます。

屋台の賃貸料は、たこ焼きを何個売ろうが変わらないので、**固定費**と呼びます。**「固定的にかかる費用」**という意味です（実際には、固定費には人件費なども含まれますが、ここでは単純に考えるため、屋台の賃貸料だけを対象にしています）。

一方、たこ焼きの材料費などには、小麦粉や生ダコが含まれますが、これを**「売れば売るほど増える＝変動する」**という意味で**変動費**と呼びます。

固定費と変動費を足すと**総費用**になります。意味は文字どおりですね。総費用は、次のグラフで表されます。

総費用

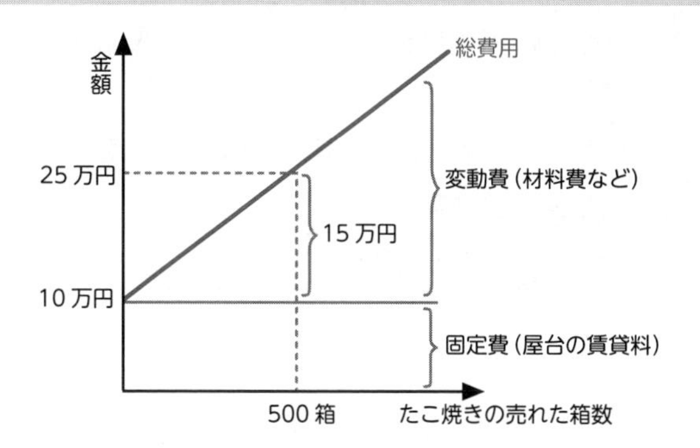

これに対し、たこ焼きの売上のグラフを重ねてみましょう。

すると、下図のようになります。たしかに、ちょうど **25 万円**（500 箱分）売り上げたときに、**売上＝総費用**となっているのがわかりますね。

損益分岐点分析

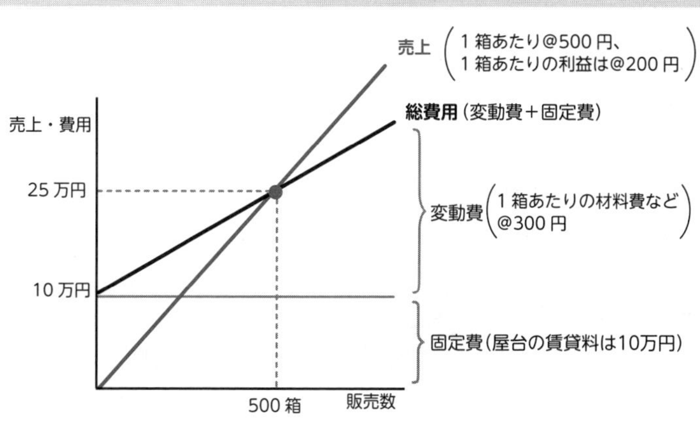

損益分岐点分析の問題は、ほぼ毎回出題される頻出問題です。第 5 章「計算問題」でも説明しますが、まずは本項で説明した内容を、しっかりおさえてください。

損益分岐点	赤字でも黒字でもない、**利益が 0 円の売上高**（または販売数量）
固定費	売上高や販売数量に関わらず**一定額の費用（建物の家賃、人件費など）**
変動費	売上高や販売数量に比例して**増減する費用（材料費など）**
総費用	**固定費＋変動費**
利益	**売上－固定費－変動費**

会社の家計簿は、利益が 5 つもある

損益計算書

前項で「黒字か赤字か」の計算方法はわかりました。とはいえ、商売は 1 回何かを売って終わり、というわけではありません。企業では毎日毎日、物を売ったり材料を仕入れたりしています。

家庭では、家計簿を使って 1 ヶ月単位で黒字か赤字かを集計しますよね。一方、企業の場合は、**1 年間のトータル**で黒字（**利益**）か赤字（**損失**）かを集計します。

企業は、売上を上げるために多くの従業員が働いており、彼ら・彼女らの生活の糧となる給料も支払わなければなりません。そのため、家庭以上に、収支をきちんとチェックするのが大事になります。

企業にとっての家計簿、それが**損益計算書**と呼ばれるものです。名前は難しそうですが、まずは、

❶たこ焼きを売って儲けた**「売上」**から

❷小麦粉や生タコの仕入れ・従業員の給料・店舗の家賃などの**「費用」**を引いて

❸**「利益（または損失）」**を計算する

というもの、とざっくりとらえてみてください。

損益計算書

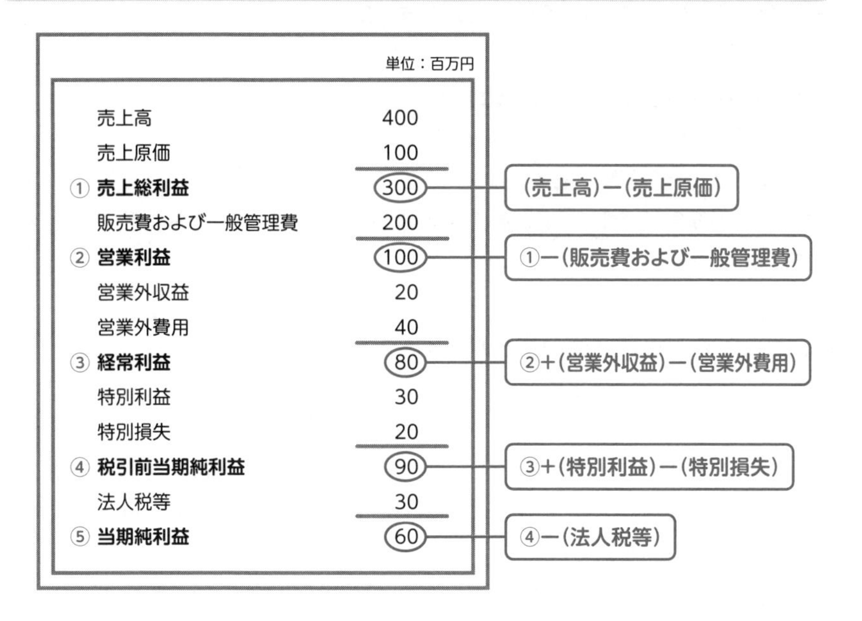

ちょっと気をつけないといけないのが、上図のように、利益（または損失）は**全部で 5 種類もある**点です。5 つの利益を順に説明します。

●競争力は「①売上総利益（粗利益）」でわかる

売上総利益は**粗利益**ともいいます。**売上の総合計**から、製品の製造に直接かかった**売上原価**だけを引いた利益です。たこ焼き屋チェーンの企業の場合、小麦粉やタコなどの材料費が、売上原価の代表ですね。

売上総利益＝売上−売上原価

この売上総利益が少ないと、そもそも「企業として、力がないんじゃないの？」ということになります。**「企業の競争力」**を表す利益です。

●本業の儲けは「②営業利益」に表れる

営業利益とは、**売上総利益**から、**発生した費用全体**を引いたものです。この費用とは、本社の家賃やセールスマンの給料などのことで、**販売費および一般管理費**、略して**「販管費」**といいます。

営業利益＝売上総利益－販管費

「営業」という言葉がわかりにくいですが、**本業の利益**（たこ焼きチェーンを経営する企業であれば、たこ焼きなどの商品を売って得た利益）ととらえてください。

●借金をする側と貸す側の格差が「③経常利益」から見える

会社の利益は、何かを作って売るだけでなく、お金を貸して**もらった利息**によっても生まれます。そのような利益を**営業外収益**と呼びます。

逆に、会社がお金を借りたりして、その結果**支払った利息**を**営業外費用**と呼びます。たしかに「営業外（本業以外で、ほぼ毎年定期的に計算できる）」の収益・費用ですね。

営業外収益から**営業外費用**を引いた数字を**営業利益**に加減したものを**経常利益**と呼びます。"計上"という言葉と読みが同じことから、区別するためによく「ケイツネ」と呼ばれたりします。

経常利益＝営業利益＋営業外収益－営業外費用

だいたいにおいて、プラスの資産の多い会社は経常利益が多く、借金の多い会社は経常利益が少なくなります。「リッチな会社はよりリッチに、プアな会社はよりプアに」ということですね。

●「④税引き前当期純利益」と「⑤当期純利益」

さらに、経常利益から、災害による損失や、資産の売却益など、**その年だけたまたま発生した利益や損失**（**特別利益 特別損失**と呼びます）を加味すると**税引前当期純利益**になります。

そこから法人税を引いたものが**（税引き後）当期純利益**となります。

利益に関する問題は、特に出題されやすいので、次ページの図中にあるとおり、ゴロ合わせで**ウ・エ・ケイ・マエ・ジュン**と覚えましょう。

5つの利益

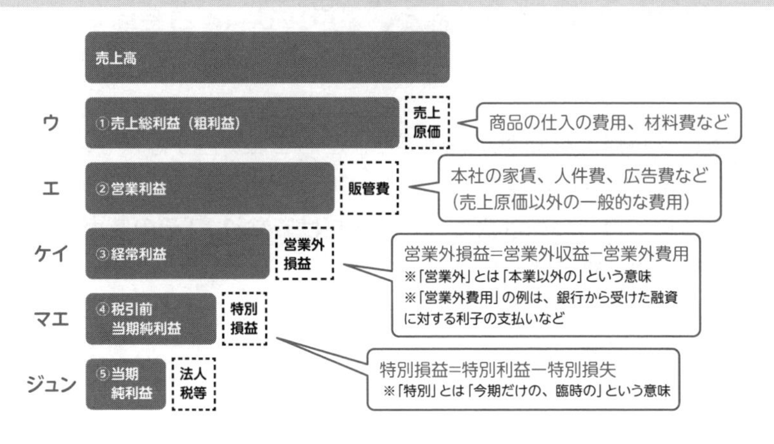

攻略MEMO　5つの利益のゴロ合わせ

「ウ・エ・ケイ・マエ・ジュン」は、意味のない単語で覚えにくいですよね。そこで、以下の文章を読んでみてください。

> 数年前に解散した男性5人組スーパーアイドル。彼らの中で人気バツグンだったメンバーが前本潤ことマエジュン。解散後、マエジュンは芸能界から姿を消していたが、ついに再始動する時が来た。東京ドームのソロコンサートで芸能界復帰が決まったのだ。
>
> いよいよ復帰コンサート当日。ドームに訪れた大勢のファンは、マエジュンの登場を今か今かと待ちわびながら、中央のステージ横の出入口を凝視していた。
>
> そのとき、なんと天井からロープを使って、マエジュンが下りてくるではないか。これにはすべてのファンが度肝を抜かれた。思わずファンの一人が叫ぶ。
>
> **「上けぃ、マエジュン！」**

スーパーアイドルが上から登場するシーンを目に浮かべ、「上けぃ、マエジュン！」と3回唱えてみてください。2度と忘れることはないでしょう。

会社が調達してきたお金と、運用しているお金は一致する

貸借対照表

家庭では、毎月の家計簿が黒字だと、どんどん資産が貯まります。一方、赤字が続くと、家庭の資産がなくなったり、借金が膨らんだりします。

このように、**毎月の家計簿では、収支だけでなく、「その時点で財産がどれぐらいあるか」も重要**です。

企業において家計簿にあたるのは損益計算書でしたが、**企業の財産状況を示すのが貸借対照表**です。

貸借対照表

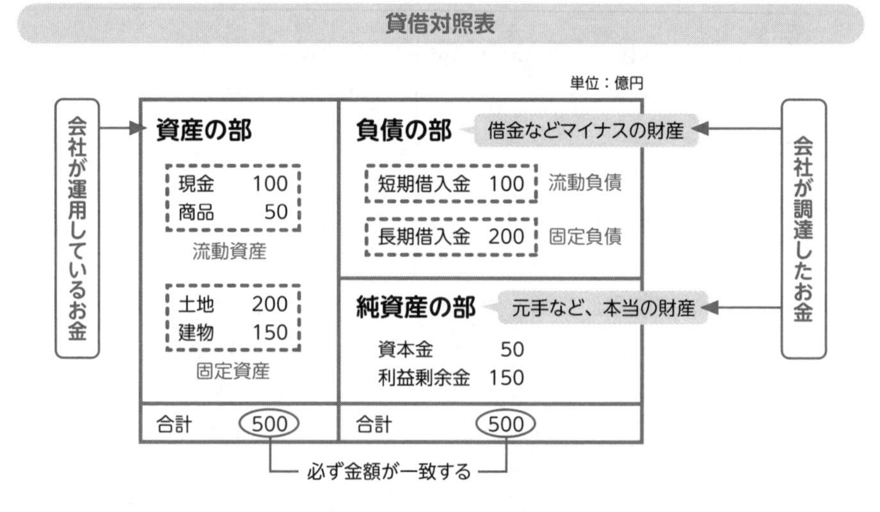

貸借対照表は**左側と右側**に分かれています。それぞれ次のような意味です。

- **左側** → 会社がお金をどのように**運用**しているのか
- **右側** → 会社がどのようにお金を**調達**してきたのか

調達してきたお金＝運用しているお金、となるため、**左側と右側の数字は**

必ず一致します。

表の左側は、**資産の部**と呼ばれます。**企業の保有しているプラスの財産**がここにすべて書かれます。

一方の右側は**負債の部**と**純資産の部**に分かれます。負債は**会社の借金**、純資産は会社が事業を始めるにあたって用意した**元手**と**毎年の利益の積み重ね**の合計です。純資産のことを**自己資本**という場合もあります。

毎年の損益計算書で利益が出れば、そのぶん、**自己資本が大きくなる**（財産状況が良好な企業になる）というわけです。

手持ちの資金が足りているかどうかは要確認

キャッシュフロー計算書

以前､たこ焼き屋チェーンを展開する企業は､冷凍たこ焼きがブームになったときに､小麦粉などの材料をバンバン購入し､どんどん冷凍たこ焼きを作って、スーパーなどの得意先に販売しました。

ですが、商品の売上が絶好調にも関わらず、手持ちの現金や預金が足りなくなって、従業員の給料の支払いなどが遅れそうになったことがありました。なぜなら、企業対企業の取引では、「商品を販売しても、支払ってもらうのが翌々月」ということがよくあるためです。

そこで、**手持ちのキャッシュを常に確認できる手段**が必要です。それが**キャッシュフロー計算書**です。

さて、ここまで以下の 3 種類の計算書類を見てきました。

❶ 損益計算書
❷ 貸借対照表
❸ キャッシュフロー計算書

これらをまとめて、**財務諸表**と呼びます。財務諸表はほかにもあるのですが、これら 3 つが最も重要です。

会社の目標はどのように決められ、どのように評価されるのか

バランススコアカード／CSF／KPI

経営者の仕事は、どのように評価されるのでしょうか？

まず思いつくのは**売上や利益**ですよね。これらは財務諸表に載っています。経営者の通信簿のようなものです。

ですが、よく考えてみると、売上や利益は「過去の経営の結果」です。いくら財務諸表に書かれた数字がすばらしくても、現在まさに進行中の業務がマズくて顧客に迷惑をかけていたり、新しく入ってくる社員をきちんと教育しなかったりすると、将来会社が傾くことになりかねません。

このような理由で、「過去の経営がうまくいったかどうか」の結果である**①売上・利益**と、

- 現在進行中の経営がうまくいっているかどうか？
  - ➡ **②顧客の評価**
  - ➡ **③社内業務プロセスの評価**

- 将来の経営がうまくいくかどうか？
  - ➡ **④学習と成長への評価**（従業員にどれぐらい教育しているかなど）

以上、**4つの視点からチェックしようという考え方**が出てきました。それらを見るツールが**バランススコアカード（BSC）**と呼ばれるものです。

バランススコアカード

過去の経営の結果

財務の視点

<評価指標>

・売上高
・経常利益
・キャッシュフロー等

現在の経営がうまくいっているかどうかの指標

顧客の視点

<評価指標>

・リピート率
・顧客満足度
・顧客訪問数等

業務プロセスの視点

<評価指標>

・新製品の設計にかかる時間
・不良品率
・商品の原価率等

将来の経営がうまくいくかどうかの指標

学習と成長の視点

<評価指標>

・従業員満足度
・1人あたりの教育費用
・従業員提案数等

ご覧のように、バランススコアカードでは売上・利益の数字以外にも、さまざまな指標を確認します。これらの指標には**CSF**（Critical Success Factors：**重要成功要因**）または**KPI**（Key Performance Indicators：**重要業績評価指標**）が使われます。

どちらも「成功するための重要な指標」ですが、CSFは**定性的な指標**（質的な指標で、数値にできないもの)、KPI は**定量的な指標**(数値で表すもの)という点が違います。

たとえば、目標が「今期の売上高 10%アップ」のとき、CSF と KPI は以下のようになるでしょう。

CSF の例:新規顧客開拓
KPI の例:新規顧客訪問数 500 社、提案機会獲得 20%、うち成約率 25%、など

CSF と KPI の出題頻度は高いため、それぞれの違いを理解し、混同しないようにしましょう。

攻略MEMO バランススコアカードの出題ポイント

バランススコアカードの問題は、いくつかの評価指標を挙げて**「○○の視点に関する指標はどれか」**などの問題が出題されます(例:市場占有率は「顧客の視点」に関わる、など)。本項の図中で挙げた、それぞれの視点に対する指標は、チェックしておいてくださいね。

企業を大きくする 4 つのパターン

アンゾフの成長マトリクス

たこ焼き屋チェーンは、創業当初は 1 店舗でたこ焼き屋を経営していましたが、事業がうまくいくにつれ、店舗を関東一円に広げました。最近ではネットショップを始めて、冷凍たこ焼きをネットで全国に販売しています。

企業が成長するパターンはほかにもいろいろありそうな気がしますが、じつは基本的な形は 4 パターンだけ。それが、アンゾフという人が提唱した**成長マトリクス**です。

次の図のように「製品」と「市場」という軸を取り、**4 象限のパターン**にまとめています。

たこ焼き屋チェーンの場合は、1店舗から関東一円に店舗を増やしたことは**「新市場開拓戦略」**、ネットショップで商圏を全国に広げたことも**「新市場開拓戦略」**といえます。

ネットショップの運営が安定化した段階で、冷凍たこ焼き以外の食品の取り扱いを始めることは、**「新製品開発戦略」**に当たるわけです。

成長マトリクス

	既存製品	新規製品
既存市場	市場浸透戦略	新製品開発戦略
新規市場	新市場開拓戦略	多角化戦略

商品開発の「想い」をネットでアピールして資金を集める

クラウドファンディング

たこ焼き屋チェーンを展開する企業の**商品企画部**では、新型コロナウイルスの感染防止として、自宅でたこ焼きが作れるホットプレート開発の企画を検討しました。

しかし、社内で検討したところ、必要な売上をあげることが難しそうだということで、企画が保留になってしまいました。

企画の保留に納得できない商品企画部の担当者は、「感染症対策のために必要な事業である」というポイントを、もっと多くの消費者に知ってもらうことができれば、きっと売上も上がるはずだ、と考えました。

そこで担当者は、インターネットを使って、より多くの消費者にプロジェクトの意義を訴え、プロジェクトの資金提供を募集することにしました。

このように、**多くの消費者にインターネット経由で資金調達を求める手法**

を**クラウドファンディング**といいます。

　クラウドとは「群衆」、ファンディングは「資金調達」の略であり、１人ひとりの消費者がわずかな金額から資金提供できることが特徴です。

　また、クラウドファンディングで実施されたプロジェクトが成功した場合、消費者に対して提供した金額に応じて、さまざまなリターンを用意していることが一般的です。

クラウドファンディング

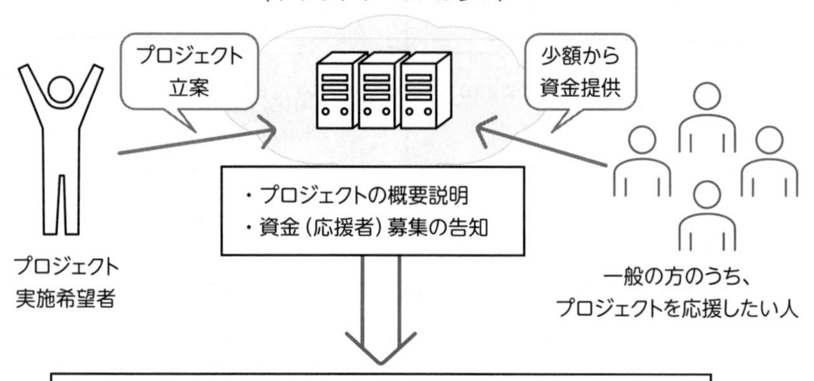

CHALLANGE! 最速アウトプット ○×問題

Q1 令和元年度秋期　問 7　改題

事業環境の分析などに用いられる 3C 分析とは，「顧客，競合，自社」の三つの観点から分析するものである。

Q2 令和 4 年度　問 10　改題

特許ポートフォリオとは，企業が保有や出願している特許を，事業への貢献や特許間のシナジー，今後適用が想定される分野などを分析するためにまとめたものである。

Q3 令和 3 年度　問 23　改題

プロダクトポートフォリオマネジメントの四つの領域のうち，市場シェアは低いが急成長市場にあり，将来の成長のために多くの資金投入が必要となる領域のことを花形という。

Q4 令和元年度秋期　問 11　改題

優良な大企業が，革新的な技術の追求よりも，既存技術の向上でシェアを確保することに注力してしまい，結果的に市場でのシェアの確保に失敗する現象をイノベーションのジレンマという。

Q5 平成 31 年度春期　問 14　改題

技術に立脚する事業を行う組織が，技術がもつ可能性を見極めてイノベーションを創出し，経済的価値の最大化を目指す経営の考え方を MOT という。

Q6 平成 25 年度春期　問 22　改題

構成員が，自己の専門とする職能部門と特定の事業を遂行する部門の両方に所属する組織は，事業部制組織である。

Q7 令和元年度秋期　問 17　改題

営業利益を求める計算式は，（売上高）－（売上原価）である。

Q8 令和 4 年度　問 19　改題

バランススコアカードの業務プロセス（内部ビジネスプロセス）の視点に基づく戦略テーマの例として，「売上高の拡大」が挙げられる。

Q9 令和元年度秋期　問 11　改題

KPI とは，情報システム戦略において定義した目標の達成状況を測定するために，重要な業績評価の指標のことである。

【解答】

A1　：○（→ P.100）

A2　：○（→ P.104）

A3　：×　正しくは、「問題児」（→ P.102）

A4　：○（→ P.106）

A5　：○（→ P.107）

A6　：×　正しくは、**マトリックス組織**（→ P.109，110）

A7　：×　設問の計算式は、**売上総利益（粗利益）**を求めるもの（→ P.115）

A8　：×　売上高の拡大は、「財務の視点」に基づく戦略テーマ（→ P.121）

A9　：○（→ P.121）

1-05

経営者の責任がわかれば、株式会社のしくみが見えてくる

会社は利益を上げるためにさまざまな活動をおこないます。とはいえ、会社自身が活動できるわけではありません。会社の代理人、そして脳みそとして必要になるのが、**経営者**です。

会社の代表選手は「株式会社」。これを理解するためのポイントは、たったの２つです。

❶ **株式会社は「株主の持ち物」である**

➡ 株主が出席する **「株主総会」** が一番大事な会議である
➡ 会社の中身はヒト・モノ・カネ・情報である
➡ 株主への報告が重要である
➡ 株主から株を買い取れば、企業買収である

❷ **株式会社にはさまざまな「義務」がある**

➡ 会社には **「法令を守る義務」** がある
➡ 会社には **「社会的な責任」** がある

この２つのポイントを意識して本節を読み進めれば、株式会社のことや、経営者が会社の代理人としておこなう仕事がかんたんにイメージできるでしょう。

出資を元手にビジネスをするのが「株式会社」

もともとは自己資金で始めた事業でも、経営が軌道に乗り、チェーンの店舗を２つ３つと増やす際には、自分の持っている資金だけでは足りません。

出資者を募ったり、**銀行に借入**を申し込んだりする必要があります。

出資を元手にしてビジネスをする会社の中でも代表的なものが**株式会社**です。そもそも、**出資**は株主が以下の2つの目的でおこなうものです。

- 出資した会社が儲けた結果、**配当をもらう**ため
- 出資した会社の株の価格が高くなって、出資した金額より**高い価格で売り払う**ため

法律上、株主からの**出資を返済する義務はありません**。たとえ事業が失敗したとしても、出資したお金は戻ってきません。そのぶん、会社にお金を出資している株主は、会社の中で一番地位が上。お金だけ出して、経営を社長に任せているようなものなのです。

ただ、会社を任せているとはいえ、まったく報告や確認をしなくていいわけではありません。そこで、原則として**年に一度株主総会**をおこないます。株式会社にとって、株主総会は、最も重要な会議（**最高意思決定機関**）なのです。

株主は経営を社長に任せているので、株主総会では「日々の経営戦略の執行」については決議しません。その代わり、社長を始めとした**役員の選任・退任**などについて決議します。このように、株主はオーナーで、社長は経営をする形を**「所有と経営の分離」**と呼びます。

ちなみに、出資と違い、たとえ事業に失敗しても返済する必要があるのが、銀行からの**借入**です。

経営者は4つの資源を株主から預かっている

経営資源

地球上では、海や山から採れる食料のほか、石油や石炭、金属など、さまざまな資源が取れます。空気や水だって資源ですし、地球を構成するものはすべて「資源」です。

じつは企業にも、**経営資源**という考え方があります。文字どおり「**企業を経営するために必要な資源**」という意味ですが、言い方を変えれば、「経営

者が株主から預かっているもの」です。具体的には、以下の4つが挙げられます。

- **ヒト**：従業員
- **モノ**：設備や原材料、商品
- **カネ**：現金や預貯金
- **情報**：稼ぐのに必要な情報やさまざまなノウハウ

企業の関係者に情報を公開することが必要

ステークホルダー／ディスクロージャー

残念ながら、すべての企業が成功を収めることはありません。うまくいかない会社は、やがて潰れてしまいます。それは仕方のないことですが、企業が潰れると、出資している株主だけではなく、お金を貸している銀行などの債権者、材料の提供や販売に協力してくれている取引先、そして従業員も困ってしまいますよね。

そういった**企業の浮き沈みに深く関係する方々**のことを**ステークホルダー（利害関係者）**といいます。

ステークホルダー

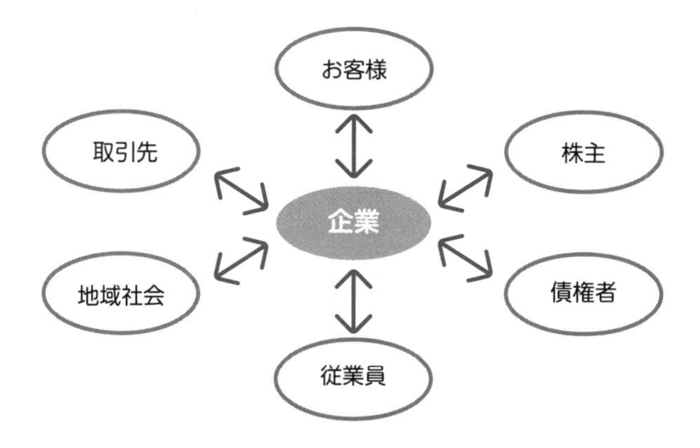

経営者は、企業の経営成績や売上・利益などの情報を提供することで、無用な心配をできる限り減らすようにしなければなりません。そのような**情報を開示する**ことを**ディスクロージャー**といいます。

統合して大きくなることでより効率的に

規模の経済／M & A／TOB／垂直統合

もし、1箱だけたこ焼きを作るとしたら、材料のタコを小さな切り身で購入しないと、あまりが出てしまって不経済ですよね。逆に、千箱や万の単位で大量生産すると、材料のタコも大量に仕入れますから、割引して購入しやすくなります。つまり、たこ焼き1箱あたりの材料費は安くなります。

このように、同じ商品を作るのなら、大量に生産するほうがコストを下げることができます。このことを、**大規模に生産したほうが経済的**という意味で**規模の経済**といいます。

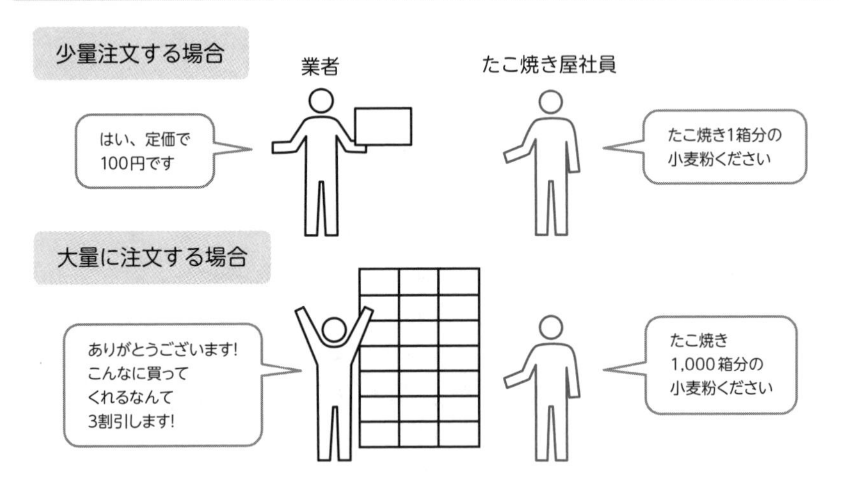

規模の経済を実現する手法の１つが**企業買収（M & A）**（Mergers and Acquisitions：**合併と買収**）です。たとえば、業界No.1のたこ焼き屋チェーンが、規模の小さいたこ焼き屋を手に入れば、さらに大量生産できて、「たこ焼き１箱あたりのコストがさらに下がる」という計算が成り立つのです。

企業買収とは、かんたんに言えば、ある企業が**別企業の株式の過半数**を手に入れること。つまり、買収した企業は、買収された企業の大株主になります。買収された企業の経営者は、買収した企業の管理下に置かれます。

M & Aは、どのようにおこなわれるのでしょうか？

基本的には、買収する企業が、買収される側の企業の株主に「**株を売ってくれ**」と働きかけます。この際によく使われる手法が**TOB**（Take Over Bid：**公開株式買付け**）。買収する企業が、多くの株主に**株式市場外**（つまり直接交渉する形）で「株を売ってほしい」と働きかけるのです。

このとき、買収される側の企業の経営者は株主に「TOBに応じないでくれ」と訴えるなど、買収する側とされる側の経営者同士で争いになることも。

また、M & Aの中には、大手のメーカー（製造業）が、**より顧客に近い卸売業や小売業の会社を買収するケース**もあります。一般に、メーカー⇒卸⇒小売⇒顧客という流れを川に見立てて、メーカーを「**川上**」、小売りを「**川下**」と呼び、**ある製品における川上の企業と川下の企業が合併する**ことを**垂直統合**と呼びます。

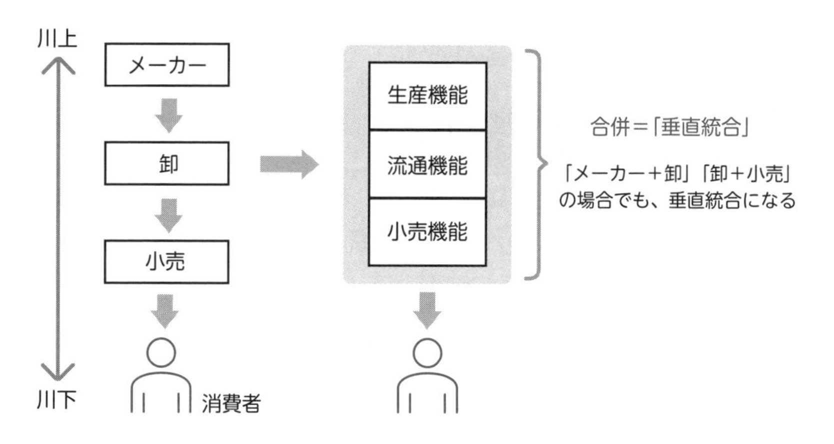

攻略MEMO **「企業間の連携」に関わる用語は頻出！**

経営戦略のなかでも、「企業同士を連携させる」戦略は効果が大きいもの。そのため、ここで扱った内容は試験でもよく出題されます。

この項の**「M & A」「TOB」**、後述する**「アライアンス」「コアコンピタンス」「アウトソーシング」**は特に頻出度が高いです。しっかりチェックしておきましょう。

「上場」のしくみ

株式公開／有価証券報告書

前項で「**株式市場**」という言葉が出てきました。正確には「**証券取引所**」というところで多くの会社の株が売買されていることをいいます。株が売買されるには証券取引所に登録されている必要がありますが、証券取引所に登録している会社は一体何社ぐらいあると思いますか？

答えは約 3,845 社です。一方、日本国内に会社は約 367 万社（個人事業を含む）です。なんと証券取引所に登録されている会社は全体の 0.1％ほどしかないのですね。

あなたがよく知っている、全国的にも有名な大手企業の多くは**証券取引所に登録**しています。このことを**上場**といいますが、なぜ、大手企業ばかり上場をするのでしょうか？　じつは、上場するには、

「ある程度以上の売上や利益がある」
「会社の業務がきちんと管理されている」

などの条件を満たす必要があります。日本国内にある会社の多くは中小企業ですから、上場したくてもできないのです。それでは、上場した大企業にはどんなメリットがあるのでしょうか？　具体的なメリットとしては、次のようなことなどがあります。

- **資金の調達**がしやすい（多くの人々が自社の株を売買してくれるから）
- 企業の**知名度や信頼度**が上がる
- それにともない、**人の採用がしやすくなる**
- 創業者の株も市場で売れるので、**創業者が株を売ってお金持ちになれる**

ただし、残念ながらメリットだけではありません。未上場会社であれば知名度や信頼性がいまひとつのため、株主は創業者や知人（縁故）程度に限られることがほとんどです。そのため、TOB（公開株式買い付け）を敵対企業がしようとしても、応じる株主が少ないのが現状でした。ですが、公開企業になると、不特定多数の株主が市場で株式を購入するので、TOBに応じる人も多く出てきます。つまり**買収されるリスクが高くなる**のです。

そのほかにも、

- 不特定多数の株主に配慮した経営をしなければならない
- 業績が悪いと、株主総会で退任させられたり、責任を追及されたりする

などのデメリットもあります。

また、株主だけでなく、上場企業は毎年、**証券取引所にも財務諸表などの経営関係書類を提出**しなければなりません。これを**有価証券報告書**といいます。

以上のように、上場するとさまざまな「縛り」が発生します。これを嫌って、大企業でもあえて上場をしていない会社も存在します。

他社と上手に役割分担すれば強みを発揮できる

アライアンス／コアコンピタンス／アウトソーシング／ファブレス

M＆Aは「複数の企業が1つになる」ということで、手続きや準備も非常に大がかりになりますし、TOBのようにトラブルや軋轢も起こります。そのため、実際には企業統合しなくても、**複数の企業が連携し、お互いの強みを補い合う**ことがよくあります。これを**アライアンス**（**協業**の意）と呼びます。企業の経営者も、統合よりもアライアンスのほうが、よほど気がラクです。

たとえば、製品の設計・開発に強い企業ならば、生産をほかの企業に任せてしまうほうが効率的でしょう。そこでアップルは、iPhone や iPad の企画や開発に集中し、生産を海外のメーカーに委託しています。そのような**自社の強み**を**コアコンピタンス**（**中核能力**）と呼びます。

コアコンピタンスに特化した企業は、**その他の業務を外部の企業に委託**することになりますが、そのことを外部（**アウト**）の資源（**ソース**）に発注する、という意味で**アウトソーシング**と呼びます。

特に、**モノを作るための工場を持たないこと**を**ファブレス**といいます。**ファブ**＝工場、**レス**＝なしと覚えましょう。

コアコンピタンス／アウトソーシング／ファブレス

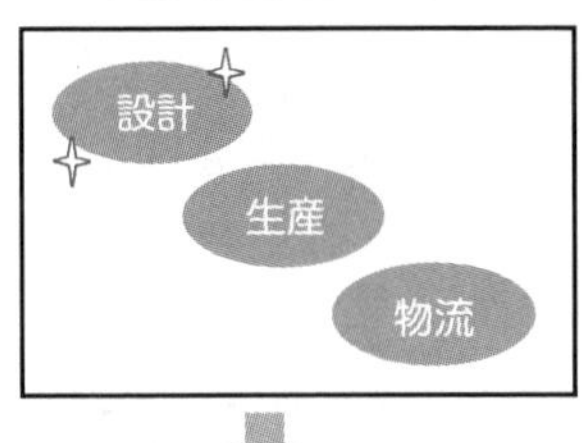

① あるメーカーは、製品の「設計能力」にすぐれていました。これをコアコンピタンス（企業の中核能力）といいます。

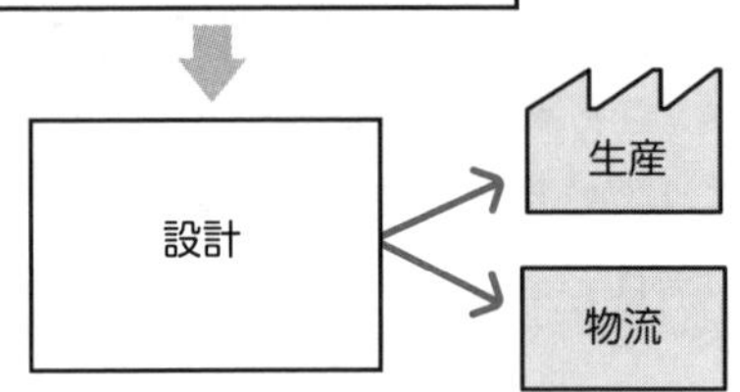

② このメーカーは、コアコンピタンス以外の機能である「生産」と「物流」を外部の企業に委託することにしました。これをアウトソーシングといいます。

③ このメーカーのように、自社で工場（生産機能）を持たず、設計や開発に特化することをファブレスといいます。

攻略MEMO　セットで覚える「アウトソーシング／クラウドソーシング」

アウトソーシングと似た用語に、**クラウドソーシング**があります。クラウドソーシングとは、**ネット等を通じて不特定多数の法人または個人**（群衆＝クラウド）に募集をかけ、適切だと判断した者に業務を委託する手法のこと。**不特定多数から選ぶ**点が、特定の企業・個人と取引するアウトソーシングと異なります。

さまざまな組織がアイデアを出しあえば、革新性が高くなる

オープンイノベーション

たこ焼き屋チェーンを経営する企業の場合は、自動運転の配達車の開発で提携している大手自動車メーカーなど、多くの企業と提携をしています。

P.072 のピンポイントで農薬を散布するドローンに搭載した AI も、AI 技術に強みを持つベンチャー企業と共同で研究開発した成果です。

このように、**さまざまな組織が連携し、知識やノウハウ・技術を出しあうことで革新的な商品やサービスを生み出す取り組み**を**オープンイノベーション**といいます。

まったくの無名だが、優れた技術を持つベンチャー企業を発掘する方法

ハッカソン

たこ焼き屋チェーンを経営する企業と提携したベンチャー企業は、大学院で AI を専攻していた学生が 1 年前に起業したばかりの会社であり、非常に先進的な研究をしていました。しかし、まだ実績がないため業界内ではまったくの無名でした。それでは、たこ焼き屋チェーンの企業は、どこでベンチャー企業と知りあうことができたのでしょうか？

じつは、たこ焼き屋チェーンの企業は以前から**「AI 技術にくわしい新進気鋭の企業と提携したい」**と考えていました。そこで、人工知能分野をテーマにした**ハッカソン**を開催したのです。ハッカソンとは、プログミングを表す「**ハック**」と、「**マラソン**」の 2 語を組みあわせた造語であり、

「エンジニアやデザイナーなどからなる複数のチームが、あるテーマのもと、マラソンのように長時間に渡って集中的に作業して、それぞれの技術や成果を競いあう技術イベント」

のことです。

たこ焼き屋チェーンの企業は、自社と共同開発できる有望なAI技術ベンチャーを見つけるべく、賞金付きでハッカソンを開催しました。そこで優勝したのが、今回提携したベンチャー企業だったのです。
ハッカソンの開催には多額の費用がかかりましたが、結果的に農薬をピンポイントで散布するドローンが開発できたので、大成功といえるでしょう。

ベンチャー企業には、乗り越える壁がたくさんある

魔の川／死の谷／ダーウィンの海／キャズム

AI技術に強みを持つベンチャー企業は、とても優秀なAI専攻の学生が興した会社です。そのため、ハッカソンですばらしい成果を残し、たこ焼き屋チェーンの企業の目に止まりましたが、それまでの道のりは決して平坦なものではありませんでした。ベンチャー企業がどんな苦難の道を歩んできたのか、見ていきましょう。

そもそも、学生社長は「AIを活用した画期的なサービス」のアイデアがあって会社を興しました。そこで、まずはAIの基礎研究からはじめたのですが、この研究を、サービスにつながる**開発段階**になかなか進めることができませんでした。**基礎研究から開発段階へ進むことができず、単なる研究で終わってしまう**ことを**魔の川（デビルリバー）**といいます。
その後、学生社長はやっとの思いで開発段階に進んだものの、今度は資金や人材が足りず**正式なサービス**としてリリースできない壁にぶつかってしまいました。このように、ベンチャー企業が資源（カネやヒトなど）の不足で、**商品化・サービス化できないこと**を**死の谷（デスバレー）**といいます。
たとえ死の谷を乗り越えて商品・サービス化できたとしても、顧客に認識してもらい**購入・売上**につなげなければなりません。これもまた、ベンチャー企業にとっては高い壁で**ダーウィンの海**といいます。
さらに、正式に発売した商品・サービスは一部の情報感度が高い層やマニア層には受けても、一般の層には受け入れてもらえず、売上が伸びないケースも多くあります。このように、**情報感度が高い層やマニア層への普及と、一般層への普及の間にある大きな壁**を**キャズム**といいます。

これまで苦労してきたベンチャー企業でしたが、今回たこ焼き屋チェーンの企業と提携したことで、人材や資金面の援助を受けられることになりました。なんとか危機を乗り越え、一層、飛躍してほしいものですね。

魔の川、死の谷、ダーウィンの海

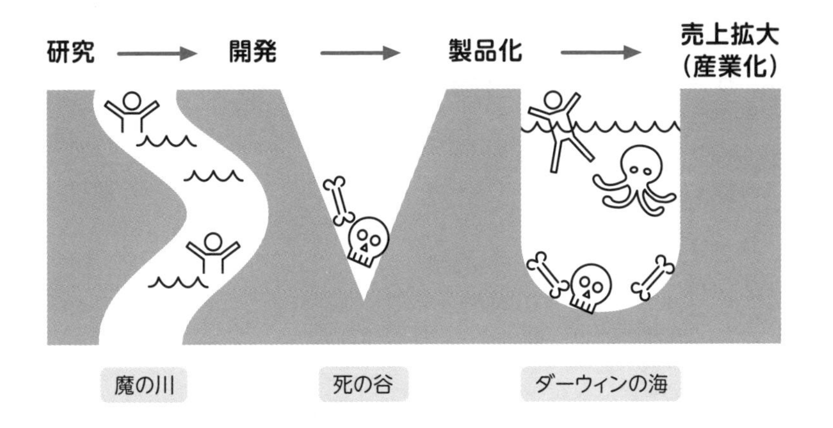

攻略MEMO　ベンチャー企業に関わる用語

わが国ではベンチャー企業の育成を重点施策としているため、ベンチャー企業に関わる用語の出題率が高くなっています。**「ハッカソン」「死の谷」「ダーウィンの海」**を特におさえておきましょう。

また、ベンチャー企業に関わる用語として、**VC（ベンチャーキャピタル）**があります。VCは、未上場かつ将来有望な**ベンチャー企業に出資**し、そのベンチャー企業が成長して上場したときに株式を売却して利益を得ることを狙う**投資会社や組織**のことです。

法律を守らない企業はたくさんのリスクを抱える

コンプライアンス／コーポレートガバナンス

ここからは、**企業が守るべき法律**について見ていきます。企業が守る法律は多岐に渡りますが、ザックリと分類すれば次の8つです。

❶ PL法（製造物責任法）
❷ 産業財産権、著作権（知的財産権）
❸ 不正競争防止法
❹ 労働関連法規・取引関連法規
❺ 派遣契約と請負契約
❻ 個人情報保護法
❼ マイナンバー
❽ セキュリティ関連法規

次項から、1つひとつおさえていきましょう。

それにしても、「法律を守る」なんて最低限のことができない企業も多いですよね。賞味期限切れの物を出荷したり、産地を偽装したことが発覚して、マスコミや国民から責められる企業も多くありました。しかも、社員だけではなくて、経営者が「ズルをして儲けよう」とするケースもあります。そのようなことが発覚した場合、顧客はもちろんのこと、株価が下がって、株主にも迷惑がかかります。

このようなリスクを発生させないためにも、企業や経営者は「法律を守る」ことを徹底しなければなりません。**企業が法令を遵守する**ことを**コンプライアンス**といいます。また、**経営者が道を踏み外さないよう企業を守るしくみ**は**コーポレートガバナンス（企業統治）**といいます。

攻略MEMO　法務関連は頻出用語だらけ！

企業が存続するためにもっとも基本となるのは法令順守。しかし世の中、不正行為で会社が傾くケースが後を絶ちません。そんなこともあってか、法務（法律）関連の用語は頻出なものばかりです。

この項で学んだ**「コンプライアンス」「コーポレートガバナンス」**をはじめ、**本文中で挙げた法令8分類すべてが頻出**です。

読者の方の中には「法律用語は難しいから苦手」と感じる方も多いと思いますが、頻出用語が多いということは、やればやるだけ得点源になるということ。法務が得意分野になれば合格ラインに大きく近づきますよ。

消費者を守るために不注意や怠慢は許されない！

PL法（製造物責任法）

たこ焼き屋チェーンでは、たこ焼きを販売するとき、容器に「原材料で使われているもの」が記載されたシールを貼っています。最近、小麦粉や卵にアレルギーを持つ子どもが増えたことが大きな理由ですが、じつは**消費者保護**のためにできた法律に対応する目的もあります。

というのも、この法律ができる前は、「メーカーが製造した製品のせいで消費者が被害を被った場合、メーカーの過失（不注意や怠慢でミスを起こしたということ）を証明できなければ、メーカーは責任を問われない」という考え方だったのですが、新しい法律では「**消費者が被害を受けた場合、メーカーは過失の有無に関わらず、責任を負う**」という考え方に変わったからです。そのため、たこ焼き屋チェーンでは、より徹底的に「アレルギーのある方は、食べないように」と呼びかける必要があるのです。

この法律が**PL法（製造物責任法）**（Product Liability）です。

商品名を勝手にマネされないためには登録が必要

商標権／意匠権／特許権／実用新案権／産業財産権

たこ焼き屋チェーンは、タコのイラストを使ったキャラクターで、「元祖大江戸たこ焼き」のような商品名（**商標**）を使い商売をしています。たこ焼き屋チェーンが繁盛すると、ライバル店がそのキャラクターや商標をマネて、あたかも系列店のようにふるまい、自社の売上を上げようとしました。

味つけやサービスで正々堂々と勝負するならともかく、人気店のキャラクターや商標をマネしてお客様をだまそうなんて、ずるいやり方ですよね。

そのような不当な商売を抑えるために、以下の権利があります。

- **商標** → **商標権**で保護される
- **商品やキャラクターのデザイン** → **意匠権**で保護される

ただし、モノマネ商品を売っても、必ずしも法律違反になるとは限りません。**発明を保護する**のは**特許権**ですが、これは**特許庁に出願し、審査されてはじめて発生する権利**だからです。前述した「商標権」「意匠権」、そして、**物品の形状や構造または組みあわせの考案**が対象の**実用新案権**も、特許庁への出願が必要です。**特許権・意匠権・商標権・実用新案権の4つ**を**産業財産権**と呼びます。

攻略MEMO　産業財産権に有効期限はあるの？

特許権、実用新案権、意匠権、また後述で解説する「著作権」には**有効期限（保護期間）があります。**たとえば、特許が切れた発明はだれでも無償で使うことができます。そのほうが、世の中のためになりそうですよね。

一方、**商標権だけは、定期的に更新すれば期限が切れることはありません**。たとえば、「ソニー」という商標の有効期限が切れてしまうと、世の中混乱してしまうからです。

個人の作品や表現を尊重する権利

著作権

他人のブログに書いてある文章を、そのままコピーして自分のブログに貼り付けると法律違反になることをご存知でしょうか？

文章などの「表現」によって創作されたものは、**著作権**で保護されます。無料で読めてだれでも見ることができるとはいえ、ブログに書いてある文章も「表現の１つ」ですから、当然保護する必要があるのです。

しかし、権利を保護するために、いちいち国や行政に申請していられませんよね。そのため、著作権は申請や登録しなくても、個人が表現したものに、**自動で発生する**のです。ここが、著作権と産業財産権（意匠権／商標権／特許権／実用新案権）の大きな違いです。産業財産権と著作権は、あわせて**知的財産権**と呼びます。ここで一度関係を整理しておきましょう。

知的財産一覧

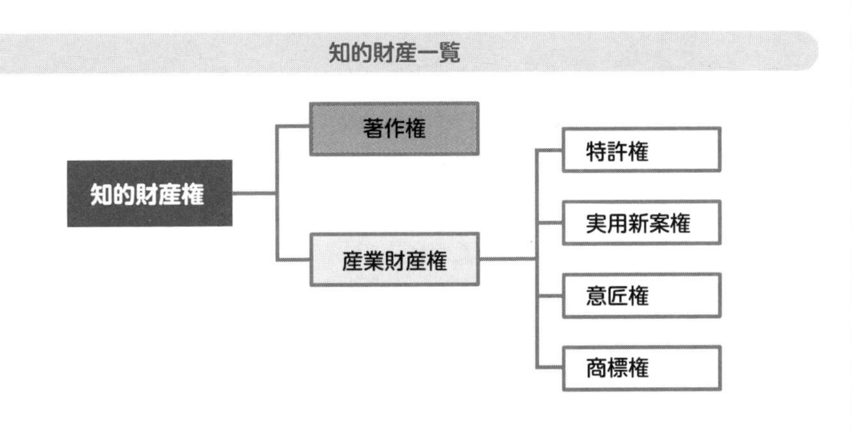

ブログの文章だけでなく、だれかが書いたプログラムも「表現の１つ」なので、著作権が発生します。ですから、他人が書いたプログラムを勝手に盗用してはいけません。ただし、**単なるアイデアやプログラム言語そのもの**は、個人の表現ではないので、**著作権の対象外**です。

この「著作権の保護対象か？」という点は、よく出題されます。ざっと代表的なものを見ておきましょう。

- **著作権の保護対象になるもの（著作物）**
  - ➡ 本（文章）、学術（論文）、美術作品、写真などのほか、プログラム、操作マニュアル、無償で使えるフリーソフトウェア、など

- **著作権で保護されないもの**
  - ➡ アルゴリズム、プログラム言語、プロトコル（規約）、など

それでは、上記に挙げたような他人の著作物は、断りなく使用してはいけないのでしょうか？　基本的には許可なく使ってはいけませんが、下記のケースであれば使用してもいいことになっています。

- **私的利用**（テレビ番組を録画して家族とだけ見るなど）
- **教科書や入試問題**への掲載
- 正しいルールを守ったうえで、自分の著作物のなかで**引用**

攻略MEMO　著作権の出題ポイント

「著作権」はほぼ毎回必ず出題される超重要事項です！　著作権単体で出題されることもあれば、産業財産権と絡めて出題されることも。特に特許権とは比較して出題されがちなので、下記の点をチェックしましょう。

- 特許権を取得するためには**出願と登録**が必要だが、**著作権はどちらも不要**
- 偶然内容が似たものが作られた場合、著作物は**両方に**著作権が認められる。特許権は**先に出願したほう**に認められる
- 特許権は**高度な発明**のみに認められる。著作権は**オリジナルなもの**であれば認められる（新規性などは問われない）

ライバル社と正々堂々競い合うための法律

不正競争防止法／営業秘密／NDA

たこ焼き屋チェーンの企業は、冷凍たこ焼きやソースの製造方法、スーパーへの売り込み方など、独自のノウハウを多く持っています。

これらが他社へ流出しないよう、たこ焼き屋チェーンでは情報管理に気をつけていますが、そもそもライバル会社がこのような**業務上の秘密**（**営業秘密**といいます）を盗むのは法律違反です。社内で取り扱っている情報なら、なんでもかんでも「営業秘密」ではなく、次の3要件を満たすものです。

- 秘密の情報として管理されているもの
- 事業において有用な情報
- 公然と知られていない情報

営業秘密は大切なものですが、他社に公開しなければならないときもあります。じつは、一部のソースの製造を他社に業務委託しているため、営業秘密であるソース製造方法を教える必要があったのです。

そのような時は、**NDA**（Non-Disclosure Agreement）を締結します。NDAは**秘密保持契約**のことで、**秘密情報に対する守秘義務に合意してもらう契約**のことです。

また、営業秘密を盗み取ることを禁じる法律が**不正競争防止法**です。

不正競争防止法では、ほかにも「**他社に類似したWebページアドレスを取得して、他社にとってマイナスになるような情報を発信し、他社に損害を与える**」ような行為も禁止しています。

正々堂々とした企業間の競争が求められているのですね。

攻略MEMO　不正競争防止法の出題ポイント

不正競争防止法で禁止されているものを列挙します。

- **営業秘密を不正に取得**すること
- 他社の**模倣商品（デッドコピー）を取り扱う**こと
- 他社の**商品名・社名・ロゴマーク等と似たものを使用**すること
- **コピープロテクト**（勝手にコピーされるのを防ぐシステム）を外す装置を取り扱うこと

立場の弱い労働者や請負会社を守れ！

労働基準法／下請法

　あなたがたこ焼きを買うとき、お金を渡して商品を受け取りますよね。たこ焼き屋が「500円でたこ焼きを売りたい」と思い、あなたが「500円で買いたい」と思った場合、商売は成立します。

　おおげさに聞こえるかもしれませんが、これは1つの売買「契約」です。原則として、契約の内容は**当事者同士が自由に決められる**ことになっています。「いくらで買おうが、いくらで売ろうが、お互いが納得していれば他人は関知しない」というわけです。

　ですが、**企業と労働者の雇用契約**の場合は事情が異なります。大きな組織である企業に比べて、1人ひとりの労働者のほうが、圧倒的に立場が弱いためです。そのため、**労働者の権利を守る法律**があります。それが**労働基準法**です。最低賃金や労働時間、残業時間や休日出勤の上限や割増賃金の率を法律で決めて、立場の弱い労働者を守っています。

　一方、会社そのもの、経営者（社長）、会社のために部下に仕事を命じる部長や課長などの管理職（管理監督者）など、**労働者を使用する立場の人**を**使用者**といいます。**使用者に労働基準法の規制はかからない**ため、時間外の割増賃金や労働時間の上限などの定めはありません。といっても、部長や課長などの管理職（管理監督者）は労働者でもありますから、ほかの労働者と同様に守られる権利もあります。

また、この使用者と労働者の関係と同じようなことが「**親会社と下請け会社**」の関係にもいえます。親会社からの仕事に大部分を依存している下請け会社は、親会社からの値下げ要求などを、なかなか強い態度で拒絶できません。親会社から見放されると、仕事がなくなるからです。

そのような**立場の弱い下請け会社を守るための法律**として**下請法**があります。

自社以外から労働力を手に入れるためには

派遣契約／請負契約

たこ焼き屋チェーンをより広く展開するためには、**自社の社員以外**にも人が必要になってきます。そのために採用するのが**派遣社員**です。

たとえば人事部で働く派遣社員は、**人事課長の指示に従って仕事をする**のは正社員と変わりませんが、**お給料は派遣会社からもらう**点が異なります。派遣社員、派遣会社（派遣元）、たこ焼き屋チェーンを展開する会社（派遣先会社）には、次の図のような関係があるのです。

派遣契約

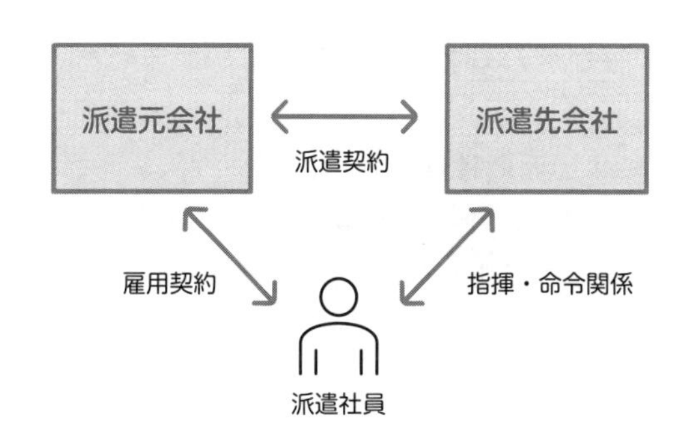

また、たこ焼き屋チェーンでは、お店に貼るポスターやチラシなどは自社で制作せずに、**外注**に出しています。最終的にどんなポスターやチラシを作りたいかは、打ち合わせで外注業者と調整しますが、外注業者のデザイ

ナーや編集者に**細かく仕事の仕方を指示することはありません**。たこ焼き屋チェーンとしては、きちんと打ち合わせどおり、ポスターやチラシを作ってもらえばそれでいいからです。外注業者からみれば、「完成させる責任」はありますが、仕事の進め方は、自分たちの思いどおりにできるわけです。

このような契約形態を**請負契約**といいます。

攻略MEMO 派遣契約の出題ポイント

「派遣契約」の出題は、派遣先企業が派遣社員に対して「やっていいこと／ダメなこと」がよく問われます。ポイントをまとめましたのでチェックしてくださいね。

- 派遣社員を**自由に選べない**
  ➡ **派遣社員に必要なスキル**の指定はできますが、事前に履歴書の提出を求めたり、事前面接をしたり、年齢や性別を指定したりすることはできません（**紹介予定派遣**であれば、事前面接や履歴書提出などが認められます）。

- **二重派遣**の禁止
  ➡ たとえば、派遣元A社から派遣先B社に紹介された派遣社員を、**B社が別のC社に派遣**してはいけません。

- 派遣先企業による**派遣社員の雇用**はOK
  ➡ 派遣社員が派遣元会社を退職した後、派遣先企業はその派遣社員を直接雇用できます。

「派遣先でプログラムを作った」著作権を持つのはだれ？

すこし前に「プログラムにも著作権はある」と学習しましたね。

自社内で作成したプログラムの著作権の帰属先（だれが著作権を持つの

か）は**自社**になります。これは、まあそうだろうな、という話ですね。
それでは、派遣契約と請負契約を絡めて考えてみましょう。

「もし派遣先でプログラムを作ったら？」
「もし発注されて（請負で）、プログラムを作ったら？」

その場合は、それぞれ**派遣先会社、請負会社に著作権が帰属**します。
これは丸暗記する必要はありません。そもそも著作権とは「創作物を保護する権利」ですので、**「だれが主体となって創作物を作成したのか？」**を考えれば大丈夫。
派遣社員は派遣先会社の指揮命令に従ってプログラムを作ったのですから、**派遣先会社**（の上司）が主体となりました。また、請負会社はプログラムの開発を請け負った（委託された）のですから、**請負会社**の人たちが自分達で創意工夫してプログラムを完成させた、ということになります。
とてもシンプルでわかりやすいですよね。

お客様1人ひとりからいただいた「個人の情報」を守る

個人情報保護法／個人情報取扱事業者／匿名加工情報

たこ焼き屋ネットショップは、商品を購入したお客様に配達するために、**お客様の名前や住所**を登録してもらっています。この時、「登録された名前や住所は、商品の配達の目的のみ利用します」と、お客様向けに表示しています。お客様としても、たこ焼き屋ネットショップに登録した個人情報が別の会社に流れたりすると気持ち悪いですから、たこ焼き屋ネットショップが**個人情報の利用目的をきちんと提示**してくれるのは助かりますよね。
じつは、このようなことは法律で定められています。それが**個人情報保護法**であり、消費者個人の権利を守るために、個人情報を取り扱う事業者の義務などが定められています。
では、たこ焼き屋企業が守るべき、お客様の「個人情報」とはなんでしょうか？　個人情報とは、**生きている個人に関する情報**で、**本人を識別できる情報**のことです。また、**ほかの情報とカンタンに照合することで個人を識別**

できる情報も含みます。ですので、個人情報は氏名、住所、生年月日、電話番号、メールアドレス、顔写真や声（本人を特定できる場合）など……。思ったより守らなくてはいけない「情報」は多いのですね。

これら**個人情報を1件でも取り扱う事業者**はすべて**個人情報取扱事業者**となり、個人情報保護法に従わなくてはなりません。

具体的には、下記のようなルールを守ります。

- 個人情報を取得するときは、**利用目的の通知または公表**が必要
- **利用目的の範囲内**で利用する
- 本人から同意を得ずに**第三者に提供しない**
- 本人から開示・修正・削除の請求があった場合、**適切に対応する**

ただし、国の機関・地方公共団体・独立行政法人など公的な機関は個人情報取扱事業者には含まれないので注意してください。おもに、**民間の事業者**が対象になります（また、報道機関が報道の目的で扱う個人情報は適用除外です）。

ところで、最新IT社会の現在では、ビッグデータに含まれる大量の個人情報を分析すれば、ビジネスや政治など、さまざまな分野で有効に活用できそうです。しかし、個人情報保護法では、「収集した個人情報は、個人に提示した利用目的以外の用途には使わない」という義務があるので、ビッグデータといえども、勝手に利用するわけにはいきません。

そこで登場したのが、**匿名加工情報**です。匿名加工情報とは、**個人情報の一部を加工することで、個人を特定できない状態に変換**したものです。匿名加工情報であれば、**利用目的を明示しなくても利用**できます。

攻略MEMO　個人情報保護法の出題ポイント

個人情報の「第三者提供」は深く問われることがあるので、注意してください。

- **親会社やグループ会社**も「第三者の扱い」となるため、個人情報を渡すには本人の同意が必要
- **外部の業務委託先**に渡す場合は本人の同意を得る必要はないが、**委託先を監督する義務**がある
- **人の生命や財産に危険が迫っている**場合は、本人の同意はなくてもよい
- **警察への捜査協力**や、**反社会的勢力に関する情報の共有**も本人の同意がなくてもよい

個人情報の中でも厳しく取り締まっている番号

マイナンバー／マイナンバー法

2016年から利用開始された**マイナンバー**は、私たちの日常に浸透しましたね。マイナンバーは国民1人ひとりに対応する**12桁の番号**であり、**社会保障・税・災害対策の目的で利用**されます。

マイナンバー法では、マイナンバーの取り扱いルールなどが規定されていて、ほかの個人情報と違い、**たとえ本人の承諾があってもマイナンバーを目的以外で使うことは禁止**されています。

マイナンバーを含む個人情報を**特定個人情報**といいますが、これは違反時の罰則も個人情報保護法よりも厳しくなっており、それだけ大切な情報というわけです。

なお、市町村に申請すると、身分証明やさまざまなサービスに使えるマイナンバーカードをもらうことができます。

セキュリティ関連法規をまとめておさえよう

不正アクセス禁止法／ウイルス作成罪／プロバイダ責任制限法

たこ焼き屋ネットショップにあなたが会員登録していたとします。もし、そのIDとパスワードをだれかが盗み、不正アクセスしてショッピングした場合、登録してあるあなたのクレジットカードから引き落とされてしまうでしょう。実際に引き落とされたらまちがいなく犯罪ですが、仮に引き落とされなくても、他人のIDでアクセスしただけで犯罪なのです。

そのような「**他人のIDやパスワードを不正に利用する**」などの行為はもちろん、実際に被害がなくても、**利用しただけで罰せられることを定めた法律**が**不正アクセス禁止法**です。

また、**悪用目的にウイルスを作成したり提供したりすることも違法**です。このことは**ウイルス作成罪（不正指令電磁的記録に関する罪）**という法律で定められています。

ウイルス作成罪では、作成や提供だけでなく、**取得や保管**しているだけでも罪に問われますので、仮にネットでウイルスを見つけても面白半分でウイルスを扱うことはやめましょう。

いまやだれでもブログやSNSで情報発信できる時代です。なかには、他人の悪口など名誉をき損するような情報を書く人も現れます。あなたがそのような被害を受けた場合、できるだけ早く削除してもらいたいでしょうし、犯人（情報発信者）を知りたいと思いますよね。

一定の条件を満たせば、**インターネット接続業者（プロバイダ）**が、あなたの要求に応じて**情報を削除**しますし、発信者の意見を聞いたうえで**発信者の情報の開示**もできます。そして、**プロバイダはそのことに関して法的に責任を取らされることはありません。**これは**プロバイダ責任制限法**という法律で定められています。

攻略MEMO **不正アクセス禁止法の出題ポイント**

セキュリティ法規の中で頻出なのが**「不正アクセス禁止法」**。具体的には「不正アクセス禁止法で、規制される行為はどれだ？」といった形で問われるパターンが多いです。下記ポイントをおさえて、取りこぼさないようにしましょう！

- 許可なく、**他人のID／PW（パスワード）を利用してアクセスする**こと（**なりすまし**）
- 他人のID／PWを、**不正アクセスする目的で取得・保管する**こと
- 許可なく、**他人のID／PWを第三者に教える**こと
- **セキュリティホール（システムのセキュリティ上の弱点）をついてアクセスする**こと

なお、不正アクセス禁止法の対象になるコンピュータは、**ネットワークに接続されたもの**に限ります。ネットワークに接続していない他人のコンピュータに直接ログインしても、不正アクセス禁止法の禁止行為ではありません（別の法律違反になる可能性はあります）。

企業には社会的な責任がある

CSR／社会的責任投資／SDGs

私たちは、この国の主権者ですが、権利だけでなく「勤労の義務」や「納税の義務」を負っていますよね。これは、同じ国に住む以上、みんなで助け合わなければならないためです。

世の中に存在する企業も、「**社会的な存在**」として義務を負っています。具体的には「**法律を守ること**」という最低限のことから、**雇用を生むこと**、**地域に貢献すること**、という一般的なこと、**世の中の福祉や文化に貢献すること**、のように高い目標までさまざまなものがあります。それらをまとめて**CSR**（Corporate Social Responsibility：**企業の社会的責任**）といいます。

企業の社会的責任

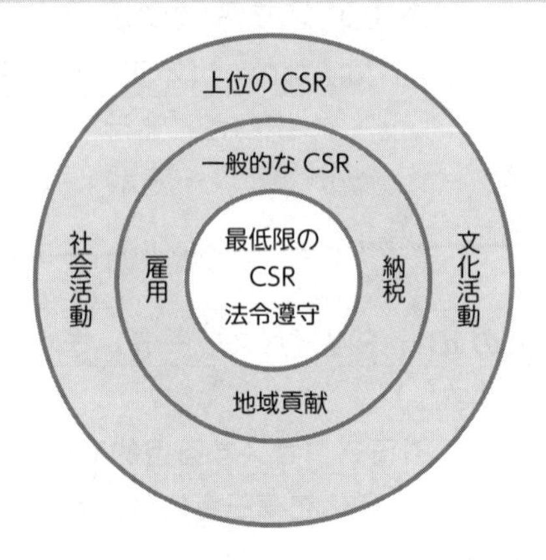

そして、私たちが会社の株を買うなら、ちゃんと**CSR を果たしている企業の株を買って応援**したいですよね。このような投資のことを**社会的責任投資（SRI）**（Socially Responsible Investment）といいます。

さらに、世界中の国や人々が連携して、世界がより良くなるように活動することも大切です。このような取り組みを **SDGs** といいます。SDGs とは、Sustainable Development Goals の略で、2015 年に国連サミットで採択されました。「貧困をなくそう」「人や国の不平等をなくそう」など、**17 個の大きな目標を 2030 年までに解決**することを目指しています。

たこ焼き屋チェーンの企業がデジタル企業へ変革した理由

第 4 次産業革命

たこ焼き屋チェーンを経営する企業は、もともと現在の社長がはじめた屋台のたこ焼き屋が創業です。それが一代で「日本で一番、店舗数が多いたこ焼き屋」にまで成長したのですから、相当なやり手ですね。

しかし、たこ焼き屋の社長は、焦りを感じていました。というのも、現在では多くの企業が経営に IT を活用していますが、現社長は IT がまったくわからなかったからです。そのため、たこ焼き屋チェーンの企業も数年前までは、本社事務職の社員でもほとんどパソコンを使わないようなIT活用の遅れた企業でした。

しかし、最近では**第4次産業革命**という最新IT活用の流れにより、多くの企業が徹底的にITを活用して大きく成長しています。そこで、現社長は、

「よし、うちの会社も、最新ITを徹底活用して、生まれ変わるぞ！」

と決意し、ここまで見てきたような、さまざまな改革を実現したのです。

その結果、たこ焼き屋チェーンの企業は古いアナログ体質から、**最新のITを活用するデジタル企業へと変革**できました。

ところで、第4次産業革命とは「4回目の産業革命」という意味ですが、あなたは過去に起こった3回の産業革命がどのようなものかご存知でしょうか？　これまで起きた産業革命は、以下のとおりです。

- **第1次産業革命**：18世紀末の水力・蒸気機関による機械化
- **第2次産業革命**：20世紀に入ってからの電力と分業制による大量生産
- **第3次産業革命**：20世紀後半に始まったコンピュータオートメーション

第4次産業革命は、これらに続く大きな変革で、おもなトピックは**AI**（人工知能）、**ビッグデータ**、**IoT**です。

これらの用語について「なんだか難しそう」と感じていた方も多いのではないでしょうか。しかし、本章で説明したように、たこ焼き屋チェーンの企業の具体的な取り組みとして押さえることで、それぞれの概要やしくみを直感的にイメージできたと思います。

第4次産業革命の関連事項は、今後ITパスポート試験で頻出の分野になりますので、ぜひ得意分野にしてくださいね。

攻略MEMO　注目用語「マスカスタマイゼーション」

第4次産業革命（インダストリー4.0）で特に注目されている取り組みに**マスカスタマイゼーション**があります。

これは、**顧客ごとに異なる仕様の商品を、最新ITやネットワークで最適化された工場（スマートファクトリー）で生産することにより、低コスト＆短納期かつ大量生産できる**、というもの。たとえば、自動車の製造ラインで車を大量生産しつつ、ギリギリのタイミングまで顧客の要望をネットワーク経由などで受け付け、ボディーカラーやオプションを変更することが可能になりました。

このことで、大企業であっても、**1人ひとりの顧客ニーズに細かく対応**できる**ワントゥーワンマーケティング**が実現できるようになったのです。

以上が「ストラテジ分野」の全体像です。「企業活動全体」というと漠然としたイメージがありますが、分けて見ていけば、それぞれの必要性やしくみに納得できるのではないでしょうか。

次章は「マネジメント分野」です。システム開発や運用の流れを、ざっくりと眺めていきましょう。

CHALLANGE! 最速アウトプット ○×問題

Q1 平成28年度秋期　問12　改題

M＆Aとは，自社に不足している機能を企業買収などによって他社から取り込み，事業展開を速めることである。

Q2 平成24年度春期　問17　改題

外部の専門業者にその企業にとって中核でない業務を委託することによって，企業本来の業務に人員をシフトすることができるのは，アライアンスの効果の1つである。

Q3 令和元年度秋期　問19　改題

ハッカソンとは，特定の目的の達成や課題の解決をテーマとして，ソフトウェアの開発者や企画者などが短期集中的にアイディアを出し合い，ソフトウェアの開発などの共同作業を行い，成果を競い合うイベントのことである。

Q4 令和3年度　問7　改題

データベースの操作マニュアル，およびプログラム言語は，どちらも著作権法によって保護の対象に成り得る。

Q5 平成21年度春期　問9　改題

インターネットで公開されている技術情報を印刷し，部外秘と表示してファイリングした資料は，不正競争防止法における営業秘密に該当する。

Q6 平成26年度春期　問11　改題

労働基準法は，従業員の賃金や就業時間，休暇などに関する最低基準を定めた法律である。

Q7 令和元年度秋期　問1　改題

労働者派遣法に基づき，A社がY氏をB社へ派遣することとなった。このとき，A社とY氏との間に労働者派遣契約関係が成立する。

Q8 令和 3 年度　問 30　改題

同僚が席を離れたときに，同僚の PC の画面に表示されていた，自分にはアクセスする権限のない人事評価情報を閲覧したことは，不正アクセス禁止法で定める禁止行為にあたる。

Q9 平成 24 年度秋期　問 22　改題

CSR とは，企業活動において経済的成長だけでなく，環境や社会からの要請に対し，責任を果たすことが，企業価値の向上につながるという考え方のことである。

【解答】

A1　：○（→ P.131）

A2　：×　設問の内容は、**アウトソーシング**の効果（→ P.134）

A3　：○（→ P.135）

A4　：×　マニュアルは著作権法の保護対象だが、プログラム言語は対象外（→ P.142）

A5　：×　設問の資料は、公然と公開されている情報のため、**営業秘密**ではない（→ P.143）

A6　：○（→ P.144）

A7　：×　正しくは、A 社と B 社との間に成立する（→ P.145）

A8　：×　他人の ID とパスワードを使ったわけではなく、また、アクセス制御機能で制限されているコンピュータにアクセスしたわけでもないため、**不正アクセス禁止法**の禁止行為は該当しない（→ P.151）

A9　：○（→ P.151）

CHAPTER 02

プロジェクトの流れをおさえれば「マネジメント」がざっくりわかる

現代社会において、企業内はもちろん、電車の運行や飛行機の管制塔などの交通関連、銀行などの金融関連、医療の現場など、あらゆる場所で情報システムは活躍しています。その情報システムをうまく作り､運用していくために必要なのが**「マネジメント」**です。

マネジメント分野攻略のカギは、ずばり**「システムの企画〜開発〜運用に関する流れ」**をおさえること。まずは、システム開発全体の流れをざっくりと把握しましょう。あとは流れの中でおこなわれる個別事項なので、全体の流れが把握できていれば、覚えるのは難しくありません。

2-01

たこ焼き屋ネットショップのシステム開発の流れをおさえる

「たこ焼き屋チェーンのネットショップはどのように開発・運用されていくか？」という具体例から、**システム開発の流れ**を見ていきましょう。以下の3点を意識しながら見ていくと、全体像がかんたんにつかめますよ。

- 「何を作るか」を決めるには、**利用者と開発者のコミュニケーション**が大事
- **大きいこと**（全社的なこと）から、**細かいこと**へと順に決定していく
- 開発後は、**小さい部分から**順次確認していき、最後に**全体**を確認する

「機能」を決めるのは二の次

まずは「どんなものを作るか」を決めないと、開発は始まりません。たこ焼き屋ネットショップの場合、まずどんなことを決めると思いますか？

じつは、いきなり「ネットショップの機能」を決めるのではありません。というのも、企業や経営者にとっては、「ネットショップがどんなすばらしい機能を持っているか」よりも、

「当社の経営戦略にマッチしているか？」
「目標となる利益を上げてくれるのか？」

といったことのほうが大事だからです。

たとえば、非常に高機能ですばらしいネットショップを作るのに1億円かかるとします。一方、ネットショップからの売上が毎月20万円だったら、1億円を回収するのに40年以上かかってしまいますよね。実際には、システムの保守や運営員の人件費などもかかるので、永久に赤字となる可能性が

高いでしょう。企業の判断として、そんな投資をすることはありえません。

つまり、新しいシステムを開発するかどうか決める際、最初におこなうのは**「経営戦略とマッチするか」**を検討することなのです。

だれでもわかる言葉と流れを元に計画を立てる

システムを開発するITエンジニアの専門用語は、利用者や経営者にはわかりにくいものです。かといって、ITエンジニアと利用者や経営者が、細かいところまで意思疎通できないと、利用者や経営者の要望がきちんと伝わらずに、システム開発が失敗する可能性が高くなります。

そのため、ITエンジニアや利用者・経営者が**同じ用語**を使って交渉や取引ができるよう、**共通フレーム（SLCP）**（ソフトウェア・ライフ・サイクル・プロセス）が決められています。共通フレームでは、用語だけでなく、システム開発のプロセスや作業項目なども標準化（規定）されており、だれもが同じ言葉でコミュニケーションできる**「共通のものさし」**になっています。

システム開発の流れは、以下の5つのプロセスがあります。順番も含めてぜひ覚えてしまいましょう！

❶ 企画プロセス
❷ 要件定義プロセス
❸ 開発プロセス
❹ 運用プロセス
❺ 保守プロセス

上から順に、くわしく見ていきます。

企画プロセスでは、「経営上のニーズや課題にマッチした情報システムとは、どんなものか」を考え、**システムのおおまかな全体像**を作ります。これを**システム化構想**と呼びます。

また、システム化する業務や解決したい課題、スケジュール、費用や効果予測などを含め、まずは**ざっくりとした計画を立てる**ことも必要です。これを**システム化計画**と呼びます。

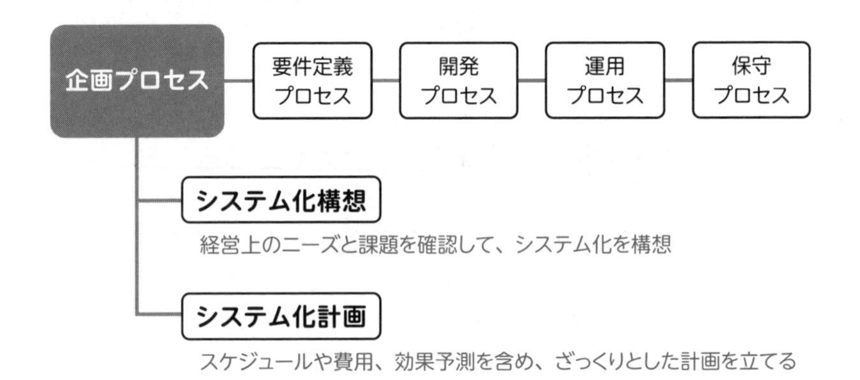

攻略MEMO　企画プロセスの出題ポイント

企画プロセスの出題は、**「システム化構想」**または**「システム化計画」**の定義を問うものがほとんどです。2つの用語をおさえるだけで得点できるなんて、コスパのよい分野ですよね。

「仕事の流れ」は図に描くとわかりやすい

DFD／モデリング

ネットショップを作ろうと思っても、**「そもそも利用する人は、どんなことを、どのような流れでおこなうのか？」**という視点で機能や業務を明確にしないと、何を作ればいいかがわかりません。

しかし、それぞれの業務はお互いに関連しているので、文字に起こしてもちょっとわかりにくいかもしれませんね。

そこで、**業務の流れを「データの流れ」として図に描く**と、わかりやすくなります。この図を**DFD**（データ・フロー・ダイアグラム）と呼びます。

DFD

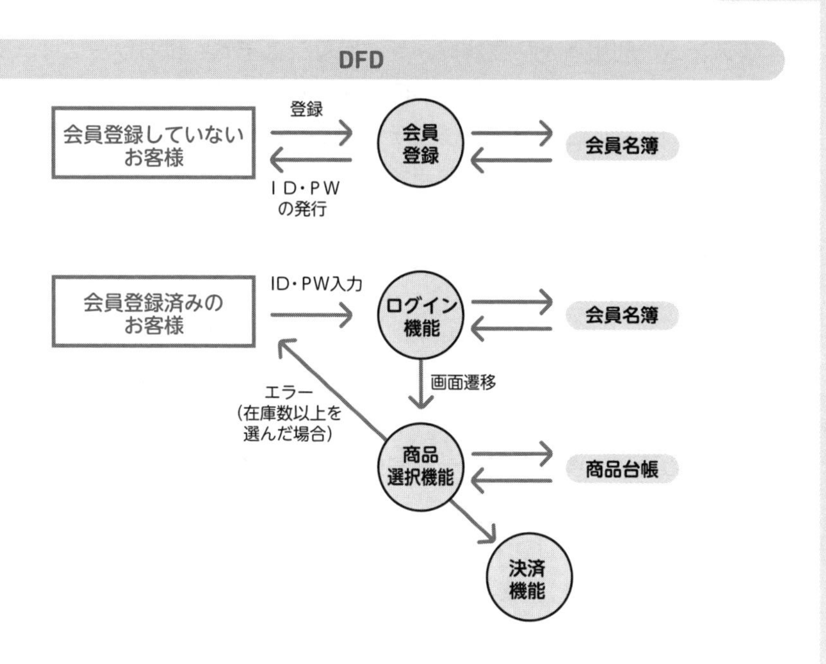

また、**DFDなどを使って業務の流れをシンプルに図解**することを、**モデリング**（業務モデリング／業務プロセスモデル）と呼びます。

攻略MEMO　DFDの出題ポイント

頻出のDFDは**業務上のデータの流れ**と**処理の関係**を表現するツールです。一方、時間の経過、処理の順番、データの構造を表すことはできないので、注意してください。

やりたいことは「要求」、できることは「要件」

要件定義プロセス／業務要件

業務の全体像と流れが見えたら、次は**「どのように業務をシステム化していくのか」**を考えます。これを**要件定義プロセス**と呼びます。

システムの利用者から見れば、せっかくシステムを作るからには、できるかぎりの要望を実現してほしいものですよね。当然「あれもやりたい、これもやりたい」と、さまざまな注文を付けたくなります。

それに対して、システムの開発者は、

「それは本当に必要な機能なのだろうか？」

と一生懸命考えなければなりません。なぜなら、不要な機能が増えるほど、コストも納期もかかりますし、その結果、そもそもの経営戦略にマッチしなくなる可能性があるからです。

利用者の要望を**要求**、**システム開発者が「ここまでが、対応できることです」**ということを**要件**といいます。

要件定義プロセスは、**利用者と開発者がしっかり話し合い**、「どこまで実現できるのか（**要件**）」**をしっかり決める**、大切なところです。ここで決める要件は**業務要件**と呼ばれます。

ちなみに、ここで言う「業務」は、IT パスポート試験では「手作業＋ハードウェア＋ソフトウェア」という前提があります。つまり、**業務要件定義**は**「手作業を減らしたい利用者部門」**VS**「システム化を減らせばラクになる開発部門」**みたいな側面もあるわけです。

要件定義プロセス

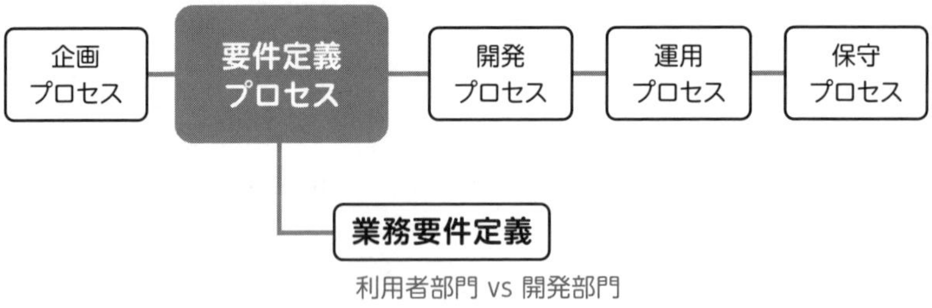

開発を外部のシステム会社に委託するときに必要なもの

RFI／RFP

情報システム部門がない会社はもちろん、情報システム部門がある会社でも、新しく情報システムを作ることが決まった場合、**外部のシステム会社**（ベンダやSIerということもある）に開発を依頼することが一般的です。

開発を外部に依頼する場合に問題となるのは、依頼する側の会社（ユーザー企業）が**IT専門の会社ではない**ということ。そこで最初に、システム開発を依頼する候補のシステム会社に、最新の技術動向などの**情報提供を依頼**します。このことを**RFI**（Request For Information：**情報提供依頼**）といいます。

こうしてユーザー企業は基本的な情報を入手した後、いくつかのシステム会社に対し、**「どのようなシステムを作ればいいか、提案書を出してください」と依頼**します。

しかし、逆にシステム会社は、ユーザー企業が「情報システムを使って何をしたいのか」などはまったくわかりません。そこで、ユーザー企業は、システム会社に**RFP**（Request For Proposal：**提案依頼書**）という文書を渡します。RFPには、以下のようなことが書かれます。

- システム概要
- システム基本方針
- 目的
- 必要機能
- 契約事項
- 予算、など

一般に、RFPは複数のシステム会社に対して渡します。RFPに対して、内容はもちろん、コストや納期なども含めて最もすばらしい提案をしてきた企業にシステム開発を依頼するのです。

RFIとRFP

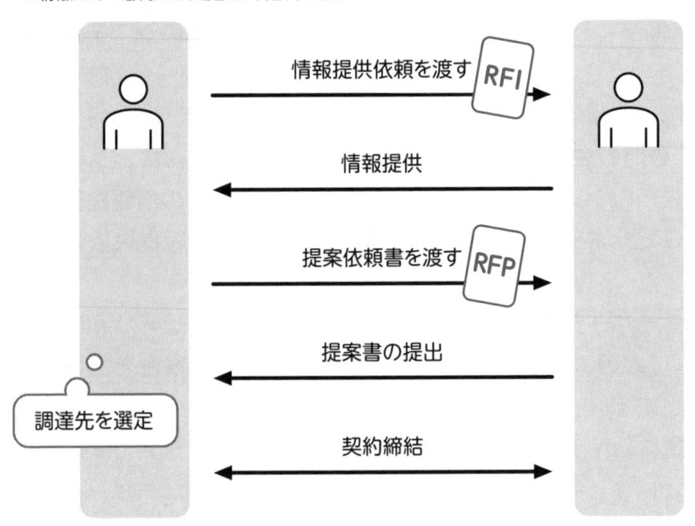

攻略MEMO　セットで覚える「RFI ／ RFP」

RFIとRFPは、どちらも**ユーザー企業から渡す文書**ですが、名前がややこしいうえに頻出。見分けるコツは以下のとおりです。

- **RFI**の**I**は「インフォメーション」で**情報**
- **RFP**の**P**は「プロポーサル」で**提案**

RFI → RFPの順番で、ユーザー企業からシステム会社に渡します。**「情報を貰ってから提案を依頼する」**と3回唱えてマスターしちゃいましょう。

開発プロセスは8つに分けて考える

開発プロセスは、文字どおり、**システム開発において中核**となる部分です。いろいろなことをしなければならないため、次のようにさらに詳細なプロセスに分かれています。

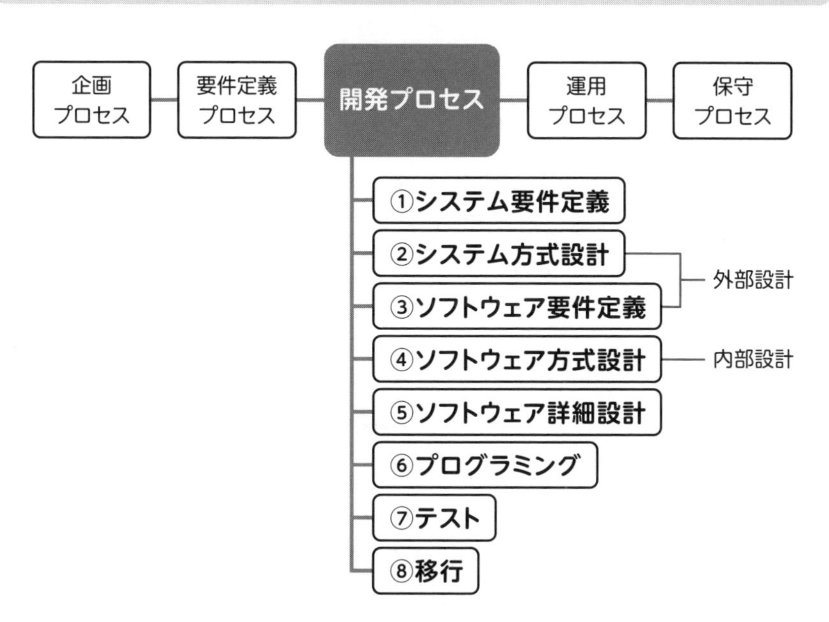

なお、②③を**外部設計**、④を**内部設計**という場合があります。

外部設計とは、「たこ焼き注文画面」や「発送伝票」など、**システム利用者（システムの外部）からも見える**という意味です。

一方の**内部設計**は、**システム開発者にしか見えない（システムの内部）**という意味です。

攻略MEMO　開発プロセスの出題ポイント

開発プロセスでは、**①システム要件定義**、**②システム方式設計**、**③ソフトウェア要件定義**、**⑦テスト**、が頻出です。IT パスポートは、IT エンジニアというより全社会人（ユーザー企業側）を対象とした試験なので、**システムを発注する側として知っておくべきこと**が問われやすいのでしょう。

「要件定義」はあまりにも重要なので 3 種類もある

前項まで「要件定義プロセス」「開発プロセス」と見てきましたが、「要件定義」という言葉が繰り返し出てきたのに気づきましたか？

要件定義とは「できること＝何をどこまでおこなうか」を決める作業です。情報システムには形がないので、関係者がきちんと内容を理解するのが難しい面があります。そこで、以下の流れに沿って、**合計 3 回も要件定義をする**のです。

業務全体 ➡ **システム全体** ➡ **ソフトウェアのみ**

ここでも、「全体から部分を見ていく」という法則が通用します。

まず**業務要件定義**では、**「どのような業務を対象とするか」を合意**します。システム的なことにこだわらず、大きな視点で、

「企業において何を改善するのか？」
「どこの部門の方が、どんな権限を持って利用するのか？」

などを、大局的な見地から決めます。

P.162 でも説明したとおり、業務要件定義では「ユーザーがやりたいことをしっかり聞く」そして「どこまで実現できるか、ユーザーと合意する」ことが大切なのですね。

続く**システム要件定義**では、「ソフトウェアとハードウェアの役割分担」や「稼働時間」「システムの性能（応答時間）」など、**情報システム全体に関すること**を決めます。

システム要件のうち、**業務要件を実現するための要件**を**機能要件**、**それ以外の要件**（ハードウェアの性能、運用時間、セキュリティ対策など）を**非機能要件**と呼びます。

そして最後の**ソフトウェア要件定義**では、**純粋にソフトウェアで実現すること**、たとえば「入力するデータの種類」や「画面や帳票のレイアウト」などを定義します。

攻略MEMO 機能要件と非機能要件の出題ポイント

機能要件と非機能要件は、それぞれの**具体例**が出題されます。代表的なものを見ておきましょう。

●機能要件

- 経理部から依頼のあった**入出力データを取り扱う**こと
- 簿記の仕訳ルールに則った**会計処理が実施できる**こと
- 処理結果に対して**担当部長が確認をおこなう**こと

●非機能要件

- サービス終了後のバッチ処理を5時間以内とすること（**性能要件**）
- トラブル発生による年間停止時間を合計15時間以内とすること（**可用性要件**）
- システムに保存するすべてのデータを暗号化すること（**セキュリティ要件**）

品質のよいネットショップって、どんなもの？

ソフトウェア品質特性

「品質のよいソフトウェアを作ろう！」
と号令をかけるのはかんたんですが、それはなかなかたいへんなことです。

そもそも「ソフトウェアの品質がよい」とはどのような状態でしょうか？

かんたんに言えば、「ソフトウェアの出来がよい」ということなのでしょうが、これではあまりにもボンヤリした表現ですよね。

そこで、ソフトウェアの品質においては、いくつかのポイント（**特性**）ごとにチェックすることで、**客観的に品質の出来を評価**します。これらの特性を**ソフトウェア品質特性**といい、以下のようなものがあります。

●機能性

ユーザーが求める機能がきちんと実装されているか（**＝仕様を満たしているか**）を測定します。たとえば、ネットショップでは、商品選択後に注文できてもキャンセルできなければ、機能性が低い、と言わざるを得ません。

●信頼性

ネットショップが**故障せずに動き続ける**ことや、**誤動作なく正しく動くか**を測定します。たこ焼きとたい焼きを一緒に購入したとき、合計金額がまちがっていたら信頼できませんよね。

●使用性

使いやすいかを測定します。文字が多かったり、ボタンがあちこちにあったりしてわかりにくい画面は、使用性が劣っています。

●効率性

同じ商品を注文するのであれば、短時間で注文完了するネットショップのほうが**効率性**は高いですよね。

文字が大きく読みやすくて、１つの画面に１つのボタンしかないネットショップはユーザーにわかりやすいかもしれませんが、そのために多くの画面に遷移する必要があれば、注文完了までにかかる時間は長くなるかもしれません。その場合、効率性は低くなります。

●そのほか

修正しやすい**「保守性」**、別環境に移植しやすい**「移植性」**があります。

合意した要件を実現するしくみを考える

方式設計

「夏休みに沖縄旅行へ行こう！」

と目標を定めたら、予算内でできるだけ楽しめるよう、宿泊施設や航空機について、いろいろ調べますよね。このように、**要件定義で決めたことをどうすれば実現できるのか**を考えるのが**方式設計**です。

開発プロセスでは、システム要件定義とソフトウェア要件定義で、要件定義が2つあるので、それにあわせて方式設計も**2回**おこないます。

システム方式設計では、「システム要件定義」で決まったことを実現するために、必要な**ハードウェア構成品目**を考えたり、**ソフトウェア構成品目**や、システムで対応しない**手作業にする部分**を明確にしたりします。

ソフトウェア方式設計では、「ソフトウェア要件定義」で決まったことを実現するために、**ソフトウェアの大まかな構造**と、必要とされる**ソフトウェアコンポーネント**（機能ブロック）を明確にします。

攻略MEMO　試験文の表記のゆれ

ややこしい話ですが、ITパスポート試験では「方式設計」を、単に「設計」という言葉で出題される可能性があります。

- システム**方式設計** → システム**設計**
- ソフトウェア**方式設計** → ソフトウェア**設計**

上記のように出題されても焦らず、この項で読んだとおりに解答してくださいね。

開発の流れは「大きい部分を決めてから、小さい部分へ」

たこ焼き屋ネットショップを作る場合、まず全体を以下のような**コンポーネント（部品）**に分割して作っていきます。

❶注文機能
❷決済機能
❸顧客情報管理機能
❹商品情報管理機能
❺注文情報管理機能
❻出荷処理機能

これらのコンポーネントは、それぞれが**さらに細かい部品**（これを**モジュール**と呼びます）から成り立っています。たとえば、❶注文機能は、以下のように分かれます。

(a) ログイン機能
(b) 新規ユーザー登録機能
(c) 商品表示・選択機能

このように、システム開発においては、**システム全体を多くの小さい部品に分割**していき、**部品の最小単位をプログラムとして作成**するのです。

ソフトウェア詳細設計では流れ図でアルゴリズムを考える

「さぁ、次はプログラミング！」

……と焦らないでください。プログラミングして部品（プログラム）を作るのは、プラモデルを作ることと似ています。設計図のとおりに作らないと、うまく仕上がりません。

唯一、プログラミングがプラモデルと違うのは、プラモデルは購入すれば設計図が付いてくるのに対して、プログラミングの場合は**設計図も自分で作らないといけない**点です。正しく動くプログラムを作るには、**プログラムの処理の流れ**（**アルゴリズム**と呼びます）をまとめた**設計図**が必要なのです。

世の中にはたくさんの処理がありますが、じつはどの処理も以下のいずれかのパターンで考えることができます。

- **順次**（順番におこなう）
- **条件分岐**（条件により行動を変える）
- **繰り返し**

たとえば、「たこ焼きを作る」処理は、以下のような流れになります。

❶ 容器に水を入れる → 次に小麦粉を入れる（**順次**）
❷ 小麦粉の入った水をかき回して、小麦粉が全部溶ければ容器を次の工程に回し、まだ溶けていなかったら再度かき回す（**条件分岐**）
❸ 制限時間まで、たこ焼きを何度もひっくり返しながら焼く（**繰り返し**）

文字だけではわかりくいですが、次ページの図のように**流れ図（フローチャート）**を用いて**処理の流れを記す**と、理解しやすくなります。

このような作業をする**開発プロセス**が**ソフトウェア詳細設計**です。

なお、**プログラミングで記述する文章**（プログラム文）のことを、**コード（プログラムコード）**と呼ぶことがあります。そこから、**プログラミングのこと**を**コーディング**と呼ぶ場合もあります。セットで覚えておきましょう。

攻略MEMO　アルゴリズムの出題ポイント

「順次」「条件分岐（選択）」「繰り返し」の処理の流れは、第５章の「擬似言語」で具体的に学習します。ここでは、それぞれの流れをイメージできれば十分ですよ。

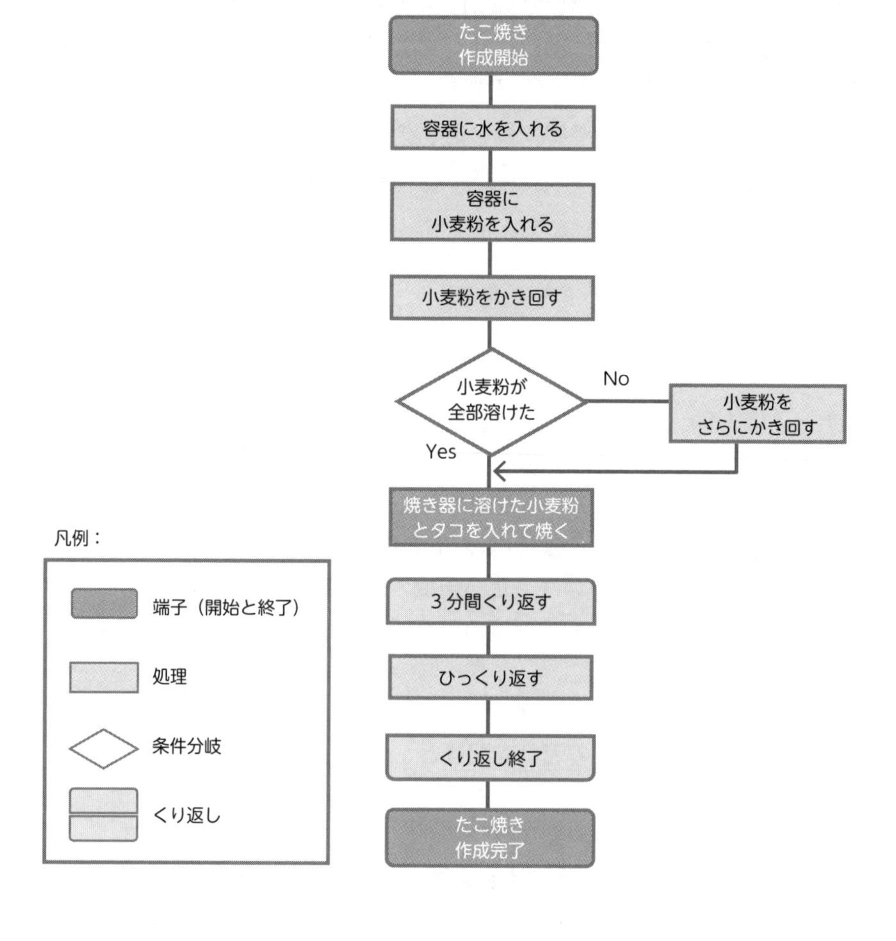

プログラミングより、修正時間のほうが長い？

レビュー／デバッグ

これでようやくプログラミングの開始です。前項の詳細設計図にしたがってプログラムコードを作成するわけですが、いったん書きあげたら、「適切に書かれているか」を**審査・検証する**必要があります。このことを**レビュー（コードレビュー）**と呼びます。**複数人でおこなう場合**は**共同レビュー**です。

レビューの結果、見つかった**プログラムの誤り**（**バグ**）を修正することも必要ですが、なかには、「レビューではバグが発見できなかったのに、なぜか正しくプログラムが動かない……」ということも多々あります。

そういうときは、**1行1行プログラムコードを確認**していくしかありません。そのように、**バグを取り除く作業**を**デバッグ**と呼びます。デバッグ作業はなかなかたいへんで、プログラミングの何倍も時間がかかることもあります。

システム開発とテストはV字の関係になっている

レビューやデバッグが終わると、**部品としてのプログラム**ができあがります。

しかし、「プログラムができれば情報システムは完成」というわけではありません。食品工場で生産が終わったあとに品質検査をするように、プログラムも完成した後は、**品質検査＝テスト**をする必要があるのです。

ここで言う**「品質」**とはなんでしょうか？

ひとことで言えば、**「当初定めた基準から外れていないこと」**です。たとえば、冷凍たこ焼き工場なら、以下のようなことをクリアするのが、品質を確保することになります。

- たこ焼きに異物が混入していないか？
- 形が崩れていないか？

情報システムでは、**要件定義や方式設計で定めたとおりに情報システムが動作**するかを念入りにチェックしていきます。

開発の際は、**全体 → コンポーネント → モジュール**という具合に、**細かく分割してからプログラミング**しました。一方、**テストはこれの逆方向**になります。なぜなら、一度に全体をテストしても、うまく動く可能性が非常に低く、どこに問題があるのかわからないからです。

まずはそれぞれの小さいプログラムが**きちんと当初の計画どおり動くかテスト**し、それからモジュール、コンポーネント、全体、というように、**規模を大きく**していきます。もちろん、各フェーズで不具合が見つかったら、その原因を調べて修正し、再度テストをします。

開発とテストのＶ字関係

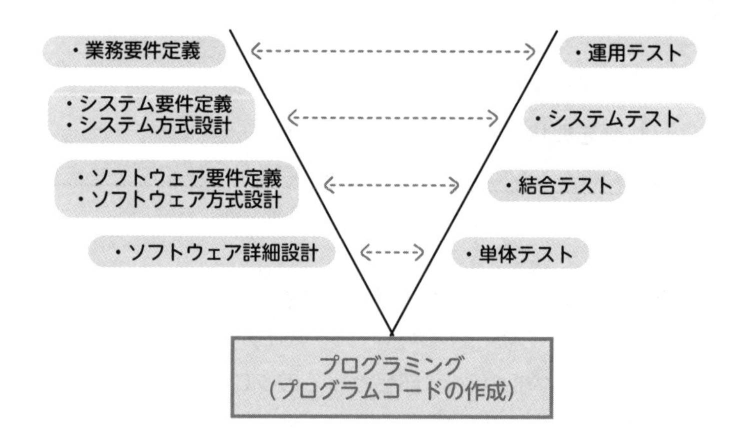

小さなものから大きなものへとテストしていく

単体テスト／結合テスト／システムテスト／運用テスト

テストには大きく分けて**４つの種類**があります。

●単体テスト（ソフトウェアユニットテスト）

テストは小さいプログラムから始めます。たとえば、ネットショップの場合、「ログイン機能」というモジュールがありました。大きいシステムならば多くのプログラマが分業して開発しますが、１つひとつのモジュールは、１人のプログラマが作成します。

そのため、「モジュール機能」のプログラムは、一番くわしい人、つまり**担当したプログラマ自身がテスト**します。これを**単体テスト（ソフトウェアユニットテスト）**と呼びます。単体テストでは、**「プログラムに書かれている処理手順が、すべて正しいか」**をテストします。このようなやり方を、プログラムという**箱の中身をすべて白日の下にさらす**ようなイメージで**ホワイトボックステスト**と呼びます。

ホワイトボックステスト

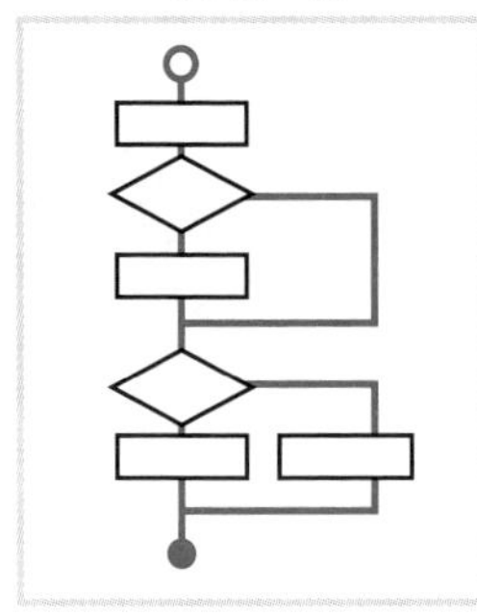

モジュールの内部構造に
着目してテストする

●結合テスト（統合テスト）

続いては「注文機能」のようなコンポーネントのテストです。「注文機能」というコンポーネントは、「ログイン機能」・「新規ユーザー登録機能」・「商品表示・選択機能」という3つのモジュールからできていました。コンポーネントのテストは、**複数のモジュールを結合**（統合）しておこなわれるので、**結合テスト（統合テスト）**と呼びます。

結合テストでは、ホワイトボックステストをしたモジュールを組み合わせるので、ホワイトボックステストはおこないません。**「テストデータをインプットし、予想される結果がアウトプットされるか」**という観点から、**プログラムの内部構造には触れずにテスト**します。このことを**ブラックボックステスト**と呼びます。

ログイン機能であれば、以下などをテストすることになります。

- すでにユーザー登録している人が正しいIDやパスワードを入れた場合、きちんとログインできるか？
- 新規ユーザー登録がきちんとできるか？

結合テストは、開発のソフトウェア方式設計と対応するので、**ソフトウェア方式設計の担当者**がテストデータを作ります。

ブラックボックステスト

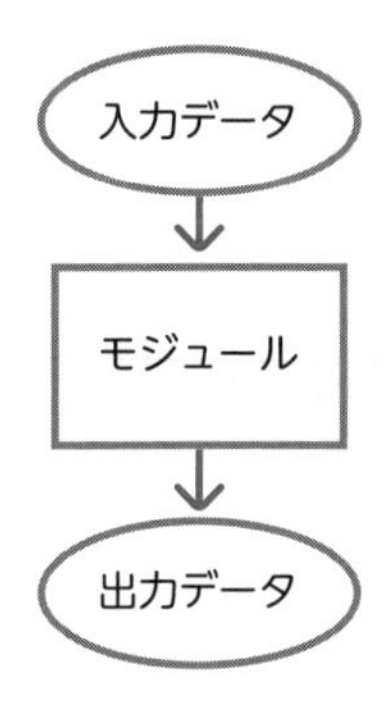

モジュールの内部構造には着目せず、入力データに対して、予想される出力データがでてくるか、という観点でテストする

●システムテスト（総合テスト）

それぞれのコンポーネントが正しく動くことを確認できたら、それらを組み合わせて**システム全体をテスト**します。これを**システムテスト（総合テスト）**と呼びます。

システムテストはシステム方式設計と対応するので、**システム方式設計の担当者**がテストデータを作ります。

●運用テスト

システムテストでテストが終了するわけではありません。情報システムとは、「それを使って、会社の業務がきちんと回るか」が重要なので、最後に日々の運用が回るかを、**利用者の視点からテストする**必要があるのです。これを**運用テスト**と呼びます。イメージとしては、**「実際に仕事で使ってみる」**という感じです。

たこ焼き屋ネットショップの場合は、注文を受ける担当者、工場で生産・配送する担当者、お客様役の担当者が、実際のデータを利用して、ネットショップの業務が問題なく進むのかを見ていきます。

攻略MEMO　テストの出題ポイント

テスト工程は**「結合テスト」「システムテスト」「運用テスト」**が頻出です。あとは「単体テストは**ホワイトボックステスト**の手法を使う」「結合テストやシステムテストは**ブラックボックステスト**の手法を使う」という点だけ、おさえてください。それだけで、応用問題にも対応できるようになりますよ！

テストの完了はどうやって決めるのか

どのテストにおいても、やみくもにテストをするわけではありません。単体テスト～システムテストでは、開発責任者が計画を立て、必要な数だけテストパターンを作ります。

では、「テストパターンの必要な数」はどのように決まるのでしょうか？

たとえば、たこ焼き屋ネットショップでは以下のルールがあるとします。

「同じ製品を10個以上購入した場合、1割引きにする」

この場合、**「9個（以下）注文する」**というケースと、**「10個（以上）購入する」という2つのケースのテストパターン**が必要です。前者には割引が適用されないようにしなければなりませんし、後者には割引が適用される必要があります。このように、**あり得るケースに分類しながらテストパターンを作る**わけです。

一方、**運用テストは利用者が主体**におこないます。運用テストは「新しいシステムを使って業務がうまく回るか」を確認するので、**利用者しかテストパターンを作れない**からです。ネットショップの場合、本物のお客様にテストを頼むわけにはいきませんから、お客様の代わりに、お客様役の社員が運用テストの注文画面から入力します。このようにして**洗い出されたテストパターンを消化した比率**を**テストカバー率**と呼びます。

もちろん、単にテストをこなすだけではなく、「10個以上同じ製品を購入しても、割引が適用されない」などの不具合（エラー）が出れば、開発者に通知して、修正してもらわなければなりません。

システムのエラーは、次の図のように、**テスト開始当初に数多く発生**し、**テストをこなしていくうちに少なく**なります。この**テストの進捗と不具合の件数の関係を表した図**を**信頼度成長曲線（ゴンペルツ曲線）**と呼びます。

信頼度成長曲線（ゴンペルツ曲線）

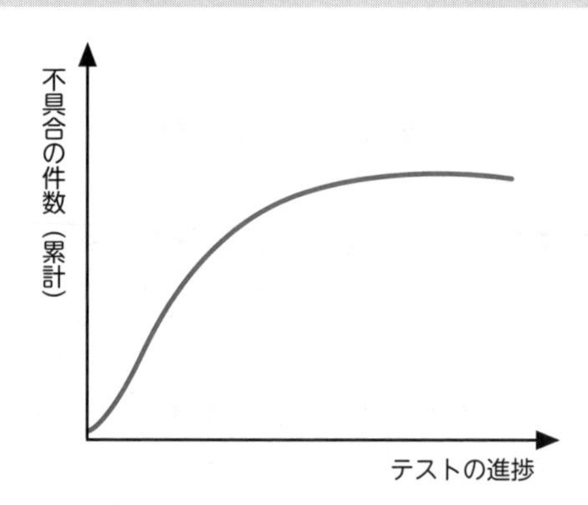

完成した情報システムを受け入れるための手続きとは

テストが完了すれば、次はいよいよシステム開発業者から**ユーザー企業へ情報システムを引き渡す**ことになります。

ただ、システムは規模が大きく、複雑になりがちです。

「ユーザー企業が期待したとおりのシステムになっているか？」
「システムの中に潜在的な障害が潜んでいないか？」

など、トラブルはつきもの。システム開発には何億、何十億円という金額がかかってしまうこともあり、何かあったらたいへんです。

そこで、トラブルがあってもモメごとを最小限に抑えるために、「契約」

という形で、あらかじめリスクや権利などを明文化する必要があります。

では、システム開発の契約はどうなっているのでしょうか？

システム開発の契約は、第１章でも学習した**請負契約**です。請負契約は、「仕事を請け負った業者が自由なやり方で仕事を進めることができる一方、請け負ったモノを完成させて納品する義務を負う」契約でした。

システム開発業者は、たこ焼き屋チェーンを展開する企業とコミュニケーションをとりながらも、基本的に自社のやり方でシステムを開発します。また、システム開発の場合は、**「完成したシステムそのもの」**と**「各種ドキュメント類（仕様書、マニュアルなど）」**を、成果物として納品する義務があります。システム開発において、**情報システムを納品すること**を**ソフトウェア受入れ**といいます。

ソフトウェア受入れでは、「きちんと情報システムが動くか」を、**開発を依頼した企業が確認する**必要があります。そのためには、**システム会社の支援を受けながら、利用者がチェック（テスト）する**必要があります。これを**受入れテスト**と呼びます。実際には前述の「運用テスト」と兼ねている場合も多かったりします。

攻略MEMO　ソフトウェア受け入れの出題ポイント

「ソフトウェア受入れ」や「受入れテスト」はユーザー企業が関わる項目ですので、高頻出の用語です。以下は確実におさえておきましょう。

- **利用者側が主体**となり、**「そのシステムが契約どおり問題なく使えるか」を検証**する
- **開発者側は**利用者マニュアルを作って配布するなど、**受け入れを支援する**

日々の運用や保守がなければ、安心してシステムを使えません

無事ソフトウェア受入れが完了すると、いよいよシステムの運用が始まります。運用開始後は必要に応じて、**ソフトウェア保守**をすることになります。

運用プロセスと保守プロセス

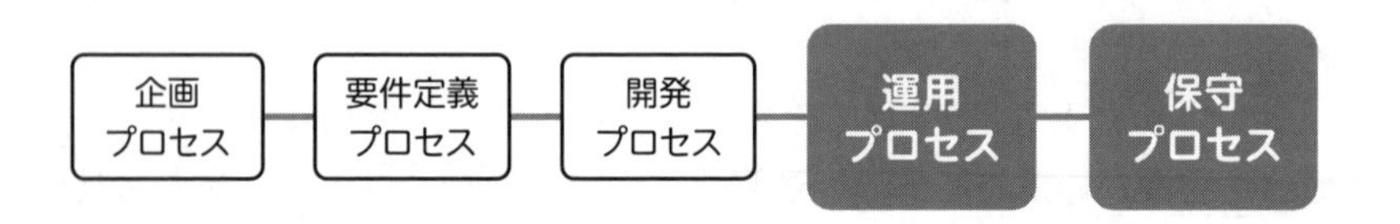

運用プロセスや保守プロセスは「ソフトウェア保守の具体例」の出題率が圧倒的に高いので、ぜひ、以下をおさえておきましょう。

- 稼働中のソフトウェアに対し、**発生した不具合を修正**する
- 法律改正や業務の変更に対応するため、**仕様変更**をおこなう
- **設計時のドキュメント**を稼働後にわかりやすく修正する
- **ウイルス定義ファイル**を最新版に更新

また、システム開発が終わっても、再びテストをすることがあります。たとえば、情報システムの機能をバージョンアップしたときに、従来動いていたプログラムに悪影響がないか、**バージョンアップのリリース前にテストが必要**です。これを**回帰テスト（リグレッションテスト）**と呼びます。

そのほか、**セキュリティに問題がないか、わざと悪意のある攻撃をするテスト**もあります。これを**ペネトレーション（侵入）テスト**と呼びます。

攻略MEMO ソフトウェア保守の出題ポイント

本文のとおり、具体例から**「ソフトウェア保守の範囲内」**を選ぶ問題が頻出パターンです。ここでは、誤りの選択肢をいくつかご紹介します。ポイントは**「システム稼働後か」「保守の範囲か」**ですよ。

- システムテストで検出されたバグの修正
  ➡ システムテストは**開発プロセス**なので対象外
- システムを新しく更改
  ➡ 保守の範囲を超えた**新規開発**なので対象外
- ベンダに開発を委託した新規システムの受入れテスト
  ➡ **開発プロセス**なので対象外

新バージョンへの入れ替えに備える

移行計画書

情報システムは「一度完成させれば終わり」ではありません。長期間使い続けると、機能の強化・追加など、大きな変更をする必要が出てきます。まったく新しい情報システムを稼働させる場合と異なり、旧システムから新システムへ入れ替えるのは、以下のような点でなにかとたいへんです。

- すでに旧システムを利用しているユーザーがいらっしゃるので、システムを**停止する時間を最小**にしなければならない
- 顧客や商品などのデータベースを入れ替える場合は、データの入れ替え作業に**時間がかかる**うえ、ミスがないよう**細心の注意を払う**必要がある
- システムの使い勝手が変わるのであれば、お客様や社内の担当者向けの**マニュアル**を準備する必要も出てくる

そのため、入れ替えるデータ一覧や作業やスケジュールを記した**ドキュメントの作成**が重要です。そのドキュメントを**移行計画書**と呼びます。

CHALLANGE! **最速アウトプット ○×問題**

Q1 平成 31 年度春期　問 6　改題

システム化計画プロセスでは，情報システム戦略に連動した経営上の課題やニーズを把握する。

Q2 平成 29 年度春期　問 14　改題

DFD では，時間の経過や状況の変化に伴う，システムの状態の遷移を表記する。

Q3 平成 26 年度春期　問 26　改題

要件定義プロセスの段階では，ユーザや顧客のニーズ及び要望から見た業務要件の妥当性を検証する。

Q4 令和元年度秋期　問 16　改題

RFI を実施する目的は，ベンダ企業から情報収集を行い，システムの技術的な課題や実現性を把握することである。

Q5 平成 30 年度春期　問 6　改題

システム化の要件における「業務機能間のデータの流れ」は，非機能要件に属する。

Q6 平成 28 年度秋期　問 53　改題

システム方式設計では，新システム導入に際して，ハードウェア，ソフトウェアで実現する範囲と手作業で実施する範囲を明確にすることが行われる。

Q7 令和 4 年度　問 45　改題

ブラックボックステストとは，プログラムの入力と出力に着目してテストする手法である。

Q8　平成27年度春期　問34　改題

自社で使用する情報システムの開発を外部へ委託した。受入れテストの実施にあたり，委託先に受入れテストの計画と実施を依頼しなければならない。

Q9　平成24年度春期　問34　改題

システムの安定稼働，情報技術の進展や経営戦略の変化に対応するためにプログラムの修正や変更を行うことを，ソフトウェア保守という。

Q10　平成26年度秋期　問62　改題

システムに対して，実際に攻撃して侵入を試みることで，セキュリティ上の弱点を発見するテストは，ペネトレーションテストである。

【解答】

A1：×　設問の内容は、**システム化構想プロセス**（→ P.159）
A2：×　DFDでは、時間の経過を表現できない（→ P.160）
A3：○（→ P.161）
A4：○（→ P.163）
A5：×　設問の内容は、**機能要件**に属する（→ P.167）
A6：○（→ P.169）
A7：○（→ P.175）
A8：×　受入れテストの計画と実施は、発注側（利用者側）が主導となる（→ P.179）
A9：○（→ P.180）
A10：○（→ P.180）

2-02

お客様の要望に応えつつ、スピーディーに開発するには？

前節では、システム開発の流れを確認しました。

開発するシステムはソフトウェアが中心ですが、「ソフトウェア」といっても、規模・質・環境などはさまざまで、いろんな分類のしかたがあります。そして、ソフトウェアの分類によって、ソフトウェアの開発を管理する手法も変わってきます。

ここでは、おもな**ソフトウェア開発管理モデル**をチェックしていきましょう。

従来型は「落ちる滝」「くるくる回る」「プラモデル」の3つ！

ウォーターフォール／スパイラル／プロトタイプ

前節の、たこ焼き屋ネットショップのシステム開発の流れを思い出してください。

企画 → **要件をまとめる** → **設計** → **プログラミング** → **テスト** ……

というように、**各フェーズを順序立てて**開発を進めましたね。

最も昔からあるソフトウェア開発管理モデルは、それぞれのフェーズを徹底的に作りこみ、後戻りの危険性を最大限減らしてから、次のフェーズに移る、というような慎重な進め方をしました。

このように、**後戻りしない管理モデル**を「滝の水が落ちるように（後戻りさせない）」という意味で、**ウォーターフォールモデル**といいます。

ウォーターフォールモデルは極力ミスを減らして信頼性の高いシステムを作るのに向いていますが、次のような欠点もあります。

❶ 最初にシステム全体の計画を完璧に仕上げる必要があり、**途中で方向修正しづらい**
❷ システム開発の最終段階にならないと、**ユーザーが実際にシステムを確認できない**

上記のうち、❶の欠点を補ったのが**スパイラルモデル**という管理モデルです。スパイラルとは「螺旋」の意味であり、**ソフトウェアの機能ごとにPDCAを回しながら開発していく手法**です。

また、❷の欠点を補ったのが**プロトタイピングモデル**。プロトタイピングモデルでは、**早い段階からソフトウェアの試作品（プロトタイプ）を作り、ユーザーにチェックしてもらいながら進めていく**ことになります。

それぞれのポイントを次のとおり覚えておきましょう。

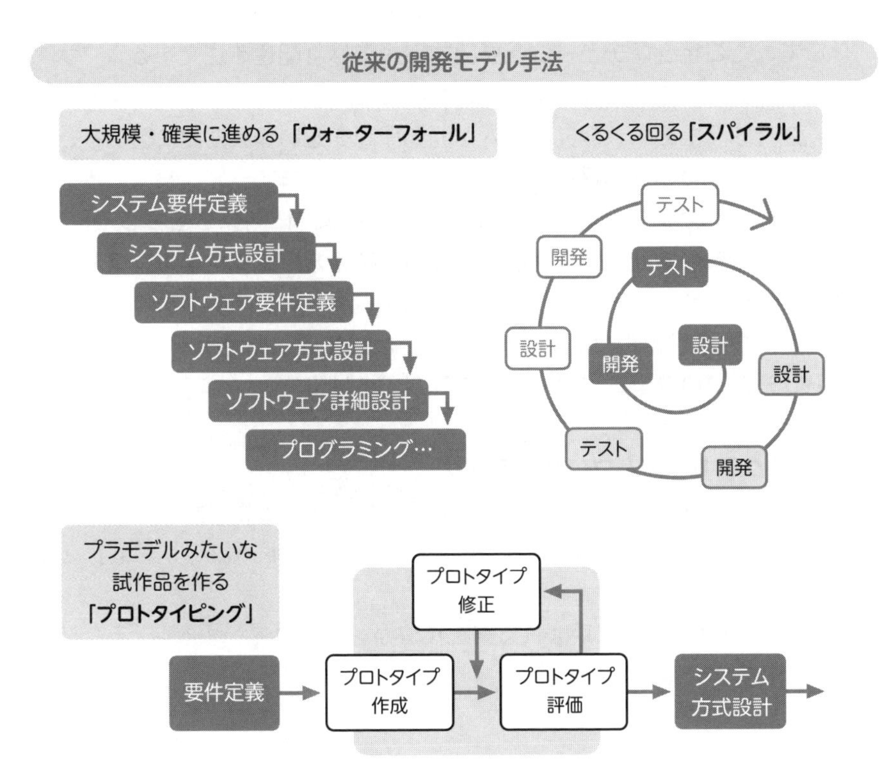

攻略MEMO 開発管理モデルの出題ポイント

この節（2-02）では、**「ウォーターフォールモデル」**と後述の**「アジャイル開発」**がダントツに出題されます。この 2 つの開発方式の違いを意識しながら読み進めれば、確実に得点できますよ。

アプリの開発はスピード第一

アジャイル／ XP ／スクラム／ DevOps

現在、世の中の変化するスピードが非常に早くなっています。たこ焼き屋チェーンを展開する企業も、新しい戦略はスムーズに実行しないと世の中の流れから取り残されてしまうかもしれません。

そこで、たこ焼き屋チェーンを展開する企業は「配達を注文するスマホアプリ」の開発をできる限り早く完成させることを目標にしました。開発をすばやく遂行するために、開発チームは開発期間を**短い作業期間**に区切り、その単位で**少しずつ小さい機能を完成**させるようにします。

このように、短い期間に開発期間を区切り段階的に開発を進めることで、**システムを俊敏かつ効率的に完成させていく考え方**を**アジャイルソフトウェア開発**といいます。「アジャイル」とは「俊敏な」という意味であり、「アジャイルソフトウェア開発」の考え方に基づいた具体的な開発手法には**XP（エクストリームプログラミング）**や**スクラム**があります。

● XP（エクストリームプログラミング）

アジャイルソフトウェア開発のコンセプトが生まれるきっかけとなった開発技法です。「単純さ、コミュニケーション、フィードバック、勇気」を重視しています。

XP では**プラクティス**と呼ばれる**実践技法**が紹介されています。プラクティスの例は次のようなものです。

✓ ペアプログラミング	**2人でチェックしあいながら、共同でプログラミング**すること
✓ テスト駆動開発	開発前にテスト項目一覧を作成し、その**テストのクリアを目標にしてプログラミング**すること
✓ リファクタリング	**ソフトウェア内部のプログラムのみ書きかえる**こと。ソフトウェア外部から機能を呼び出す方法は変更しない

●スクラム

組織でコミュニケーションを取りながら**開発チームを一体化させ、効率的に開発を進める手法**です。「スクラム」という名称は、ラグビーのスクラムから名づけられました。

さらに、アジャイルソフトウェア開発が有効に機能するためには、完成したアプリ（プログラム）をすみやかにリリースすることが必要です。そのためには、開発チームと運用チームの綿密な連携が求められます。

このように、**開発チームと運用チームが密に連携**し、アプリの開発からリリース、運用までを**継ぎ目なくおこなうための考え方やしくみ**のことを**DevOps**（デブオプス）といいます。DevOpsとは、**Dev**elopment（**開発**）と**Op**eration**s**（**運用**）を組みあわせた用語です。

攻略MEMO　アジャイル関連用語の出題ポイント

「ペアプログラミング」「リファクタリング」「DevOps」の3つが特に頻出です。いずれも聞きなれない用語だと思いますが、概要をおさえてくださいね。特にDevOpsはサービス問題！　問題文に**「開発側と運用側が連携（協力）」**と書いていたら正解は**DevOps**です。ぜひ取りこぼさないようにしましょう！

CHALLANGE! 最速アウトプット ○×問題

Q1 平成 27 年度春期　問 32　改題

ウォーターフォールモデルとは，システム開発の工程を段階的に分割し，前工程の成果物に基づいて後工程の作業を順次進めていく手法である。

Q2 平成 31 年度春期　問 47　改題

アジャイル開発は，ウォーターフォール開発と比較して，要求の変更に対応するのが難しい。

Q3 令和 4 年度　問 38　改題

リファクタリングとは，一つのプログラムを 2 人のプログラマが，1 台のコンピュータに向かって共同で開発する方法のことである。

Q4 令和元年秋期　問 40　改題

スクラムとは，複雑で変化の激しい問題に対応するためのシステム開発のフレームワークであり，反復的かつ漸進的な手法として定義したものである。

Q5 令和元年秋期　問 55　改題

DevOps とは，開発側と運用側が密接に連携し，自動化ツールなどを活用して機能などの導入や更新を迅速に進める手法である。

【解答】

A1　：○（→ P.184）

A2　：×　アジャイル開発は、ウォーターフォール開発と比較して、要求の変更に柔軟に対応できる（→ P.186）

A3　：×　設問の内容は、**ペアプログラミング**。問題文中の**リファクタリング**とは、プログラムのふるまいを変えずに、プログラムの内部構造を改善すること（→ P.187）

A4　：○（→ P.187）

A5　：○（→ P.187）

2-03

プロジェクトマネージャーになったつもりで仕事を把握しよう

前節まででシステム開発の流れはわかりました。とはいえ、システム開発の各メンバーがその流れを理解していても、だれかが開発をリードしないと、みんなが動いてくれません。いわば「現場監督」が必要なのです。

開発を取り仕切る役割を担うのが、**プロジェクトマネージャー**（プロマネ）。システム開発は小さい案件でも数百万、大きい案件だと億単位のお金が動くため、プロジェクトを指揮するプロマネの責任は重大です。

プロマネが最も意識するべきことは、以下の２つ。

- プロジェクトの**目的**をしっかり決める
- **何を作るのか（何を作らないのか）**をはっきりさせる（**対象範囲**）

この２つをしっかり理解したうえで、**スケジュールやコスト、人的資源を適切に管理する**のが、プロマネの仕事なのです。

まずは「目的」を明文化する

プロジェクト憲章

巨大プロジェクトの例に、東京スカイツリーの建設工事が挙げられます。スカイツリーを建設する目的とは、どのようなものだったのでしょうか？かんたんにまとめてしまうと、以下のようなものでした。

❶ 関東圏のデジタル地上波放送を安定発信できる施設を作る
❷ 東京東地区を活性化し、にぎわいのあるまちにする
❸ 地域経済を活性化させ、プロジェクト推進企業の売上にも貢献する

「プロジェクトをスタートさせる」というと、「何を作るのか？」「いつまでに作るのか」など、具体的な話に気が向きがちですが、じつは**目的が最も大切**です。目的に意味がなければ、何かを作る意味もなくなります。

システム開発のプロジェクトを開始するときに作られるのが**プロジェクト憲章**です。プロジェクト憲章には、以下のことなどを記入します。

- プロジェクトの目的や概要
- 何を作るのか（成果物）
- 概略スケジュール
- 概算コスト
- プロジェクト進行において制約になること（制約条件）

開発範囲をはっきりさせて「あたりまえ」の落とし穴を防ぐ

東京スカイツリーの建設は、とても巨大でたいへんなプロジェクトでした。ただ、実際の建設が始まるまでに、緻密な図面や完成模型などができており、「何を作るか」が明確になっていました。完成像がきちんとしていれば、あとは少しずつ手を動かしていくだけです。

システム開発プロジェクトでも、開発前に「何を作るのか」が明確になっている必要はありますが、じつはそうなっていないことが多々あります。

たとえば、ネットショップで「注文情報を入力している最中に、お客様がいったん情報を保存して、注文を中断できる機能」があれば、便利ですよね。ですが、要件定義のときに、利用部門側が「その機能が必要である」と明確に発言してくれないことも多いのです。利用部門としては「あってあたりまえの機能」だと思っているかもしれませんが、開発担当者としては「言われなかったから、当然作らないものだと思っていた」というような**行き違い**が出てくるケースは非常に多くあります。

そこで、利用部門や開発者としっかりコミュニケーションを取り、**「どこまでを開発範囲とするのか」**をはっきりさせることが、プロジェクトマネージャーとして非常に大事な仕事になります。

プロジェクトマネージャーが参考にする「基本テキスト」

PMBOK

「うわ〜、プロジェクトマネージャーの仕事って責任重大！」

ここまで読まれて、そう感じた方も多いでしょう。たしかにたいへんな仕事です。そのため、重要なプロジェクトほど、経験豊富な方がプロジェクトマネージャーを務めます。

しかし、経験にだけ頼るのも考えもの。新しくて重要なプロジェクトほど、経験だけでなく、最新のノウハウやスキルを使ってプロジェクトを管理しないと成功する確率はあがらないからです。

そこで、プロジェクトマネージャーが参考にするのが**PMBOK**（ピンボック）。PMBOKとは、米国でまとめられた、**プロジェクトマネジメントの知識を体系化**したものです。

具体的な内容は、**10の知識エリア**に分けて書かれています。「知識エリア」といわれてもピンとこないかも知れませんが、**「全部で10章からなる、プロジェクトマジメントの基本テキスト」**のようなイメージで、くわしくは次ページの表のとおり。

「これ全部覚えるのは、しんどそう……」と思うかもしれませんが、基本的には、ざっと目を通すだけで大丈夫。暗記する必要はありません。

というのも、ほとんどの項目が「プロジェクト○○○マネジメント」の○○○を見ただけでイメージできるからです。たとえば、

- プロジェクト**コスト**マネジメント
  - ➡ プロジェクトの**費用**を適切に管理する（結果として**予算内に収まるようにする**）

といった感じです。これならカンタンですよね。ただ、表の★が付いている3つは、より深く問われることが多いため、次項以降でくわしく説明します。

PMBOK「10の知識エリア」

知識エリア	概要
★ プロジェクト統合マネジメント	プロジェクト全体を調整して管理する
★ プロジェクトスコープマネジメント	プロジェクトの作業範囲や成果物を明確にする
プロジェクトステークホルダマネジメント	プロジェクトのステークホルダが 適切に関与できるよう管理する
★ プロジェクトスケジュールマネジメント	プロジェクトのスケジュールを適切に管理する
プロジェクトコストマネジメント	プロジェクトのコストを適切に管理する
プロジェクト品質マネジメント	プロジェクトの品質を適切に管理する
プロジェクト資源マネジメント	プロジェクトの資源（おもに人）を適切に管理する。 役割や責任を決めたり、教育したりする
プロジェクトコミュニケーションマネジメント	プロジェクト内のコミュニケーション方法や ルールを規定し、適切なコミュニケーションが できるよう管理する
プロジェクトリスクマネジメント	リスクへの対策案を管理し、問題発生時には 適切に対処する
プロジェクト調達マネジメント	プロジェクトに必要な人員、 商品・サービスなどを適切に調達する

攻略MEMO　ほかの知識エリアの出題ポイント

PMBOKのうち**プロジェクトステークホルダマネジメント**の**ステークホルダ**という言葉はストラテジでも学びましたね（→ P.129）。このステークホルダは、**プロジェクトから少しでも影響を受ける人全員**を指します。**プロジェクトマネージャー本人、プロジェクトメンバー、経営者はもちろん、お客様、協力会社、株主、地域住民など**もあてはまりますのでおさえておきましょう。

また、**プロジェクトリスクマネジメント**は第3章の「リスクマネジメント」（→ P.265）とほぼ同じ。頭の片隅に置いてくださいね。

複雑なシステムも、細かくしてわかりやすく

スコープ／WBS

PMBOKの中で、一番イメージしにくいのは、**プロジェクトスコープマネジメント**でしょう。スコープ、というのが聞きなれない言葉ですよね。

スコープは**作業範囲**のことで、**作業範囲を明確にして、作業の成果物や作業そのものを定義する**、といった活動をします。

なぜ、作業範囲を明確にする必要があるのでしょうか？

システム開発はたいへん複雑で、多くの作業が必要です。数十人のメンバーで、数ケ月かけないと完成しないシステムはめずらしくありません。

ただ、どんな複雑なものでも、1人ひとりが担当できるレベルに作業を細かく分類できれば、「どれぐらいの時間がかかりそうか」「どんな技術をもった人が必要か」などが明らかになり、プロジェクトが進みやすくなります。

下図のように、**プロジェクトを階層的に分解していったもの**を**WBS**(Work Breakdown Structure）と呼びます。

ネットショップ開発プロジェクトのWBS

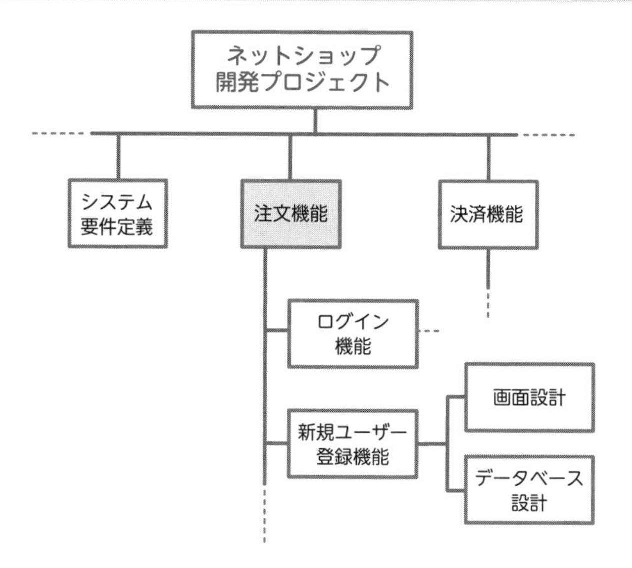

攻略MEMO　セットで覚える「WBS ／スコープ」

WBS は、この節（2-03）でもっとも頻出な用語です。ぜひ**スコープ**とセットで覚えておきましょう。WBS はプロジェクトを階層的に分解し、**スコープを明確にする**ために使います。

プロジェクトの進捗を上手に管理するには

アローダイアグラム／ガントチャート

現在、IT パスポート試験に合格するという「プロジェクト」を抱えているあなたも、試験日までに決められた勉強を終わらせる**プロジェクトスケジュールマネジメント**をおこなっているでしょう。

しかし、世の中にあるプロジェクトは、試験勉強のように 1 人でがんばれば達成できるプロジェクトばかりではありません。大きくて多人数が関わるプロジェクトは、ひと筋縄ではいかないケースもあります。たとえば、「家の建築工事」というプロジェクトでは、柱を作らないと屋根は作れませんし、屋根ができないと壁も作れません。ただし、壁までできてしまえば、内装と電源工事は一緒に進められますよね。

このように、**さまざまな作業の順序関係を図解して、直感的に整理**する**アローダイヤグラム**という手法があります。

アローダイヤグラム

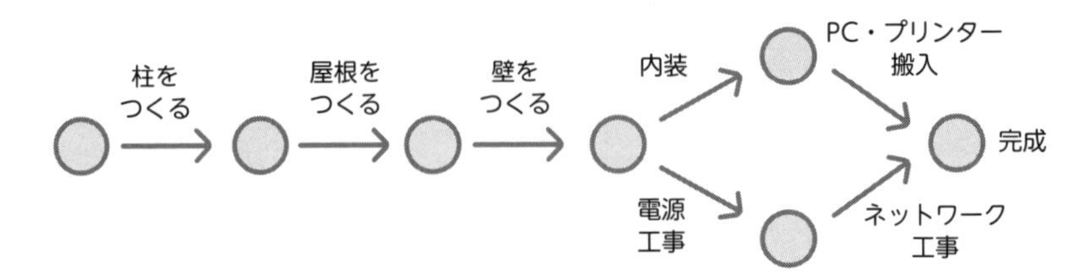

また、プロジェクトは予定どおり進むわけではありません。そこで、**作業の進捗の予定と実績を比較する**ために**ガントチャート**という手法があります。アメリカのガントさんが開発しました。

ガントチャート

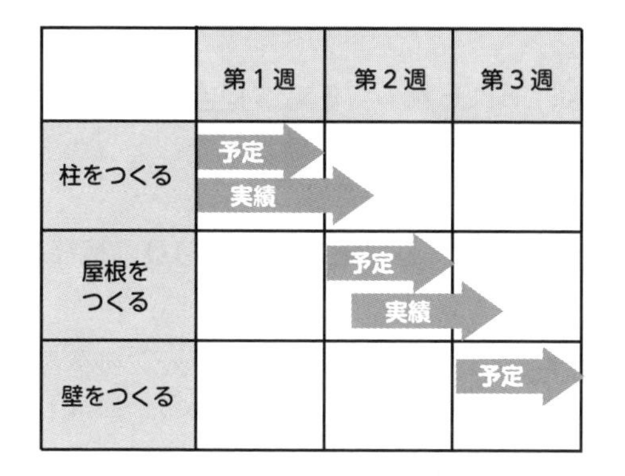

攻略MEMO　アローダイヤグラムの出題ポイント

アローダイヤグラムは、具体的に読み解く問題が出題されがちです。たとえば、**「A の作業が○日遅れてしまう場合、全体では何日遅れる？」**といった問題が定番。アローダイアグラムの具体的な読み解きは第5章（→ P.410）で説明しますので、ここでは図の名前と概要だけおさえておきましょう。

プロジェクト全体の「取りまとめ役」
プロジェクト統合マネジメント

最後に説明するのは、**プロジェクト統合マネジメント**。これはまさに、プロジェクトマネージャーの仕事そのもので、ほかの分野とはひと味違います。カンタンにいえば、**プロジェクト全体の調整をして統合する仕事**です。

なぜ、全体を調整する必要があるのでしょうか？　たとえば、作業範囲、スケジュール、予算といった管理は、それぞれ、

- **作業範囲**の管理 → プロジェクト**スコープ**マネジメントの仕事
- **スケジュール**の管理 → プロジェクト**スケジュール**マネジメントの仕事
- **予算**の管理 → プロジェクト**コスト**マネジメントの仕事

という形で分類でき、それぞれの責任者（担当者）が適切に管理すればよさそうです。しかし、次のようなケースはどうでしょうか？

「お客様から、開発中のシステムに追加要望があり、機能を増やすことに！」

この場合、作業範囲（スコープ）にあたらしい作業が追加されることになりますが「スケジュールを遅延させてもいいから、コストの追加は極力おさえるのか」あるいは「コストを増やして人員を追加し、スケジュールを遵守するのか」……どちらを採るのか、各担当者では判断できません。**責任あるだれかが判断する**必要があります。

そこで、全体を統合して調整するのが、**プロジェクト統合マネジメントの役割**になるのです。

また、上記に出てきた３要素である、作業範囲（スコープ）、期限（スケジュール）、予算（コスト）。この３つは**トレードオフの関係**で、プロジェクトを運営するうえでの**制約条件**でもあります。この制約条件はITパスポート試験で頻出なので、必ずおさえてくださいね。

CHALLANGE! 最速アウトプット ○×問題

Q1 令和4年度 問36 改題

WBSではプロジェクトで実施すべき作業内容と成果物を定義するので，作業工数を見積もるときの根拠として使用できる。

Q2 令和3年度 問47 改題

システム開発プロジェクトにおいて，成果物として定義された画面・帳票の一覧と，実際に作成された画面・帳票の数を比較して，開発中に生じた差異とその理由を確認するプロジェクトマネジメントの活動は，プロジェクト調達マネジメントである。

Q3 令和2年度 問40 改題

システム開発プロジェクトにおいて，当初の計画にない機能の追加を行う場合のプロジェクト統合マネジメントの活動としては，機能追加に掛かる費用を見積もり，必要な予算を確保することである。

Q4 平成21年度秋期 問34 改題

プロジェクトを管理する上で，プロジェクトマネージャが考慮すべき3つの制約条件は「対象範囲，予算，リスク」である。

【解答】

A1 ：○ （→ P.193）

A2 ：× 正しくは、**プロジェクトスコープマネジメント**である（→ P.192，193）

A3 ：× 設問の内容は、**プロジェクトコストマネジメント**の活動。プロジェクト統合マネジメントでは、機能追加に対応するために，納期を変更するか要員を追加するかを検討するなど、複数の知識分野にまたがる課題を調整する（→ P.192，195）

A4 ：× 正しくは「対象範囲、納期、予算」（→ P.196）

2-04

稼働した後に安定して運用するには

「ようやくシステムができた！」
と喜んでいられるのも一瞬のこと。本格的に稼働してからが、むしろシステムの本番です。稼働後は、想定していなかったお客様からのクレームに対応する必要も出てくるでしょう。

情報システムが停止することなく、お客様にきちんと使っていただけるようにすることを**ITサービスの運用（管理）**といいます。英語では**ITサービスマネジメント**といったりします。
「サービス」という言葉からわかるように、技術的なことを管理するだけでなく、**お客様への対応**なども含めた、広い範囲が対象となります。

システムの安定運用の「虎の巻」！？

ITIL

情報システムが完成すれば、日々の**システムの運用**が始まりますが、これはあなたが思っている以上にたいへんです。

たこ焼き屋ネットショップも不具合で動かなくなれば、お客様にご迷惑をおかけしますし、売上も上がらなくなるのでたいへんですが、世の中には、不意に停止してしまうと「もっと困ってしまう」システムが多くあります。たとえば以下のシステムは、もし不意に停止してしまうと、文字どおり、人命に関わることになってしまいます。

- 病院内の**生命維持装置**
- 電車の**運行制御システム**
- 道路の**信号機制御システム**

そこで大事なのが、**システムを安全に運用する**ことです。とても大事でたいへんな仕事ですが、じつは「心強い味方」が存在します。それは、**世界中から集めた、優秀なシステム運用の事例集**です。優秀な事例のことを**「ベストプラクティス」**と呼びますが、**IT運用のベストプラクティス**に**ITIL**（アイティル）（IT Infrastructure Library）というものがあります。

ITILは全部で7つのパートから成り立つノウハウ集であり、まさに「ITサービスの運用を成功させる秘伝の書」といったもの。中でも重要なものが**サービスデリバリ**と**サービスサポート**の2つのパートです。

次項のSLAと次々項のSLMは**サービスデリバリ**に含まれる内容、さらにその次のサービスデスク以降は**サービスサポート**に含まれる内容です。

攻略MEMO　ITILのキーワード

頻出のITILですが、キーワードは**「ベストプラクティス」**です。マネジメント分野で「ベストプラクティス」と問題文に書かれていたら、まずITILに関わる問題でまちがいありません。しっかりおさえておきましょう。

「どの程度のサービスを実施するのか」は事前に合意を

SLA

形のある「商品」に比べて、形のない「サービス」は品質がわかりにくいものです。それでも、マッサージやシステム開発などのサービスは、まだ「きちんと肩のコリがほぐれたか」とか「求めていた機能がきちんと動いているか」など、わかりやすい面もあるでしょう。

一方、**システムの運用**というのは、非常に品質がわかりにくいものです。そこで、システム運用業者が「どのような運用サービスを実施するのか」を明確にし、**ユーザー企業と合意を取る**（文書を交わす）必要があります。これを**SLA**（Service Level Agreement：**サービスレベル合意書**）と呼びます。

SLAで合意を取る項目は、次の例などが挙げられます。

00 勉強前
01 ストラテジ
02 マネジメント
03 テクノロジ
04 記憶術
05 計算問題
06 直前＋本番

- **サービスの提供時間**
  （例：お客様からの電話お問い合わせは9：00～18：00）
- **トラブルの際の復旧時間**
  （例：不慮のシステムダウンから1時間以内にはサービスを再開する）
- **稼働率**
  （例：240時間稼働して、2.4時間ダウンしていた場合、稼働率は99%）

「トラブルの復旧時間」や「稼働率」などは、合意した値を下回った場合、**システム運用業者にペナルティ**が与えられることもあります。

サービスレベル合意書（SLA）

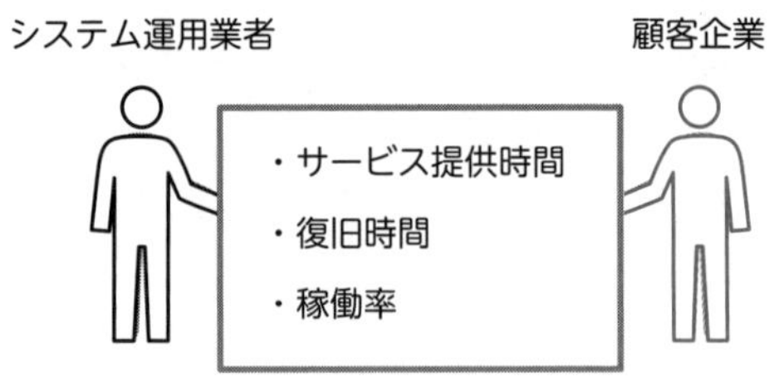

サービスの品質や水準についてあらかじめ文書にして合意すること

お客様との約束を守るために

サービスレベル管理／可用性管理

「顧客と合意したSLAを必ず守るんだ！」

そのようにシステム運営会社の管理職が叫んでも、精神論だけではうまくいきません。そこで、**PDCAを回しながらサービスレベルの維持・向上を図る**ことが必要です。このような一連の活動を**SLM**（Service Level Management：**サービスレベル管理**）といいます。

SLMの一例に**可用性管理**が挙げられます。可用性とは**「使いたいときにすぐに使える特性」**のことであり、具体的には、

稼働率＝実際に動いた時間÷本来動くことを期待されていた時間

などの数字を継続的にチェックすることで、客観的に測定します。**稼働率**については、P.436 に計算問題もあるので、そちらも参考にしてくださいね。

攻略MEMO　可用性の覚え方

可用性という用語は､次章「テクノロジ分野（セキュリティ分野）」にも出てくるので、ここで意味をおさえておきましょう。可用性とは**「使いたいときにすぐ使える（＝使用可）である性質」**ですので､「可用性」を見かけたら頭の中で**「使用可」**と変換するのもおすすめです。

お問い合わせをたらいまわしにせず一括で受ける

サービスデスク

たこ焼き屋ネットショップの利用者には「細かい質問をするのにメールを出すのはめんどう」というお客様もいらっしゃるため、電話相談窓口を設ける必要も出てきます。おもな相談内容は注文画面の利用法などになりますが、システムの不具合やトラブルに関するお問い合わせが入ってくることもあるでしょう。

高度な質問になると、電話窓口の相談スタッフだけで解決できないことも出てきます。しかし、「質問の内容によって、お客様に違う部署に電話をかけ直させる」ことは失礼です。そこで、いったん電話窓口のスタッフがすべての電話を受け、その場で解決できない事項はのちほど担当の部門から折り返す、などの措置を取るのです。

このように、IT サービス運用において、**利用者からのお問い合わせをまとめて（ワンストップで）受ける窓口**を**サービスデスク**と呼びます。

サービスデスクと前項の SLA ／ SLM は、いずれも高頻出なので要チェックです。

お客様の困りごとは一刻も早く解決しよう

インシデント管理／チャットボット

たこ焼き屋ネットショップを利用するお客様が、操作がわからなかったり、システムに障害が発生したりする場合、サービスデスクに電話をかけてくるでしょう。このように、**お客様からお問い合わせを受けている事項**を**インシデント**といいます。そして、**インシデントに対応すること**を**インシデント管理**といいます。

インシデント管理に求められるのは、**早期解決**。たとえばネットショップのサーバが異常終了してしまった場合、ともすれば「根本原因を追求せねば！」と考えてしまいますが､お客様の立場から見ると適切ではありません。お客様の要望は「早くネットショップの買い物を続けたい」というものだからです。応急処置を優先せざるをえないこともあるでしょう。あくまで、**お客様の立場に立ち、早期復旧することが第一**に求められます。

サービスデスクとインシデント

サービスデスク：システムの利用者からの問い合わせをワンストップで受ける窓口
インシデント：1件1件のお問い合わせ内容のこと

ちなみに、お客様の相談窓口で活躍しているのは、人間だけではありません。**目に見えないロボット**も活躍しているのです。

電話窓口の問い合わせが多い時間帯は、人間のスタッフの手が空いていないことがあります。そんな時、お客様から文字でやりとりするチャットにお問い合わせがあれば、**プログラムが自動的にチャットで回答**します。

このようなプログラムを、**チャットボット**といいます。たこ焼き屋チェーンのチャットボットはAIを組み込んでいるため、かなり高度な質問にも回答できます。もちろんチャットボットが回答できない場合は、人間のスタッフにつながるようになっています。

攻略MEMO　頻出分野「ITサービス運用管理」

インシデント管理と**チャットボット**はとても頻出の用語です。**インシデント管理＝応急処置**と、すぐに連想してくださいね。

また、この節（2-04）は頻出用語が大渋滞していますが、逆に言えば、覚えれば覚えるほど、**得点につながる可能性が高い分野**でもあるので、がんばりましょう。

わからないお問い合わせはすばやく上位者に受け渡す

エスカレーション

サービスデスクの受付は、電話でお問い合わせがあると、お問い合わせの答えをコンピュータに蓄積されたデータベースの中から見つけようとします。過去に同じようなお問い合わせがあれば解答を見つけることができますが、未知の障害など、初めてのお問い合わせ内容の場合、データベースからは解答が見つかりません。

その場合、あらかじめ決められた手順に従い、**上位者や専門の技術担当者などに、お問い合わせの内容を受け渡して、調査などの対応をしてもらう**ことになります。これを**エスカレーション**といいます。エスカレーターのように、「順次上にあげていく」といったイメージでとらえましょう。

エスカレーション

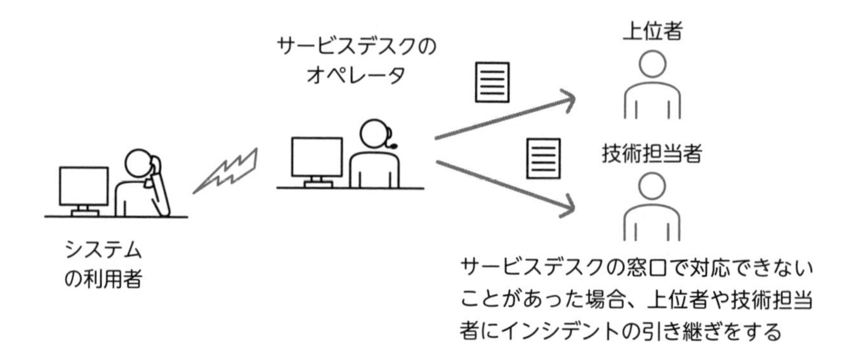

不具合の原因は徹底的に調査する

問題管理

お客様の困りごとは、一刻も早い解決が大事ですが、2度とそのような不具合が起きないように、**根本解決**することも必要です。

ネットショップの本番環境は応急処置をしておいて、テスト環境など、お客様の迷惑のかからない所で**根本原因の調査や修復する**ことを**問題管理**と呼びます。

インシデント管理と問題管理の違い

インシデント管理	問題管理
応急処置 サービスが止まったままだと利用者に迷惑をかけるので、何より復旧を優先する	根本治療 問題が2度と起きないよう、根本原因を徹底的につきとめ、完全に修正する

攻略MEMO　セットで覚える「インシデント管理／問題管理」

インシデント管理だけでなく問題管理も頻出です。**「どちらが応急処置で、どちらが根本治療なのか」**がよく問われますよ。インシデント管理が「応急措置」、問題管理が「根本治療」でしたね。

施設や設備の管理も重要

ファシリティマネジメント／BCP／UPS／自家発電装置／サージ防護
セキュリティワイヤー

「IT サービスの運用管理」というと、どうしても、

「情報システムが適切に稼働するには」
「ソフトウェアが止まらないようにするには」

といったことを中心に考えてしまいがちですが、そもそもコンピュータが格納されている施設や設備などにトラブルが発生すると、IT サービスの運用に大きな支障をきたします。

そこで、これら**施設や設備をきちんと管理する**ことが重要です。これを**ファシリティマネジメント**といいます。

ファシリティマネジメントに大きく関係するのが、企業の **BCP**（Business Continuity Plan：**事業継続計画**）です。BCP とは、**災害や事故などが発生しても、事業が止まらないようにあらかじめ立てておく計画**のことです。たとえば、大地震などに備えて「会社の拠点を東日本と西日本に分けておく」のも 1 つの有効な措置ですが、それをふまえて「会社の情報資産も分散しておく」というのがファシリティマネジメントになります。

そのほか、ファシリティマネジメントでは、次のような対応もあります。

✓ **UPS（無停電電源装置）**	15～20分ほど使える**予備のバッテリ**。停電など、突然電源の供給が止まったときに、この装置から電源供給を続け、その間に**適切にコンピュータを終了**させる
✓ **自家発電装置**	長時間、電源を供給できる発電装置。**停電が長時間続き、どうしても停止させられないシステム**のために用意しておく
✓ **サージ防護**	落雷などの**異常高電圧・高電流**から、コンピュータ機器を守る機器
✓ **セキュリティワイヤー**	パソコンの**盗難防止**用に、デスクなどに固定するワイヤー

攻略MEMO　ファシリティマネジメントの出題ポイント

この項の中では、**「ファシリティマネジメント」「UPS」「自家発電装置」**が頻出です。UPSと自家発電装置は一見似ているように思えるかも知れませんが、役割分担が明確に違うので、しっかりおさえておきましょう。

- **UPS**：停電後、**瞬時に切りかわる**ため、コンピュータが電源ダウンしない
- **自家発電装置**：停電後、**動かすまで多少時間がかかる**が、UPSと違って**長時間電源を供給できる**

CHALLANGE! 最速アウトプット ○×問題

Q1 平成23年度秋期　問40　改題

ITILとは，ITサービスを運用管理するための方法を体系的にまとめたベストプラクティス集のことである。

Q2 平成24年度秋期　問39　改題

SLMとは，サービス提供者とサービス利用者との間で取り決めたサービスレベルの合意書であり，SLAとはITサービスの品質を維持し，向上させるための活動である。

Q3 令和2年度　問44　改題

インシデント管理の目的は，インシデントの原因を分析し，根本的な原因を解決することによって，インシデントの再発を防止することである。

Q4 令和2年度　問49　改題

チャットボットとは，文字や音声による問合せ内容に対して，会話形式でリアルタイムに自動応答する仕組みである。

Q5 平成29年度春期　問36　改題

ファシリティマネジメントの目的は，情報処理関連の設備や環境の総合的な維持を行うことである。

【解答】

A1　：○（→ P.199）

A2　：×　**SLA**と**SLM**が逆である（→ P.199，200）

A3　：×　設問の内容は、**問題管理**の目的である。インシデント管理の目的は、インシデントによって中断しているサービスを可能な限り迅速に回復することである（→ P.204）

A4　：○（→ P.203）

A5　：○（→ P.205）

2-05

企業が情報システムを適切に活用しているか調査する

人間の体と同じように、情報システムも**「適切な状態であるか？」**をチェックする必要があります。その作業を、**システム監査**と呼びます。

言葉だけを聞くと、なんだか難しそうなイメージがあるかもしれませんが、一度意味を知ってしまえば特に怖れることはありません。

ここで出てくる用語は毎回頻出なものばかりですから、ぜひ得点源にしてしまいましょう！

利害関係のある人だと「ここが悪い」と言いにくい

システム監査

あなたがアルバイト先の社長に呼ばれたとします。そして、直接の上司である正社員の仕事ぶりについて、

「正直に教えてくれ。彼の給料の査定の参考にするから」

と聞かれたら、どうしますか？

本当のことを言いにくい場合もありますよね。社長がだれから意見を聞いたのかを明らかにするのであれば、なおさらです。

システムでも、「その企業で利用している情報システムが信頼できるか・安全であるか・有効であるか？」を調査するにあたり、システムの構築責任者や運用責任者と関係のある方ではなかなか「ここが悪い」とは言いにくいもの。そのため、**システム監査は企業から独立した第三者（組織）がおこなう**、と定められています。

以下、システム監査を具体的に説明しますが、じつは**システム監査に関連する用語は、1、2を争うぐらい頻出**です。システム監査の項目だけで、なんと1回の試験に**3～4問**程度出題されます。特に内容は難しくなく、ふつうに理解していれば得点できる出題ばかりです。ぜひ、マスターしてくださいね。

●システム監査の登場人物

そもそもシステム監査とは、**情報システムに対するリスクのコントロールが、適切に整備・運用されているかを評価すること**です。

システム監査には、次のとおり3名（部門）が関与します。

- **依頼人**：通常は**経営者（社長）が依頼人**となります。
- **システム監査人**：依頼されてシステム監査をする人。**被監査部門から独立した第三者**でなければなりません。システム監査人は社内の人が担当する場合（**内部監査**）と、社外の人が担当する場合（**外部監査**）があります。
- **被監査部門**：**システム監査を受ける部門**のことです。

システム監査の関係者

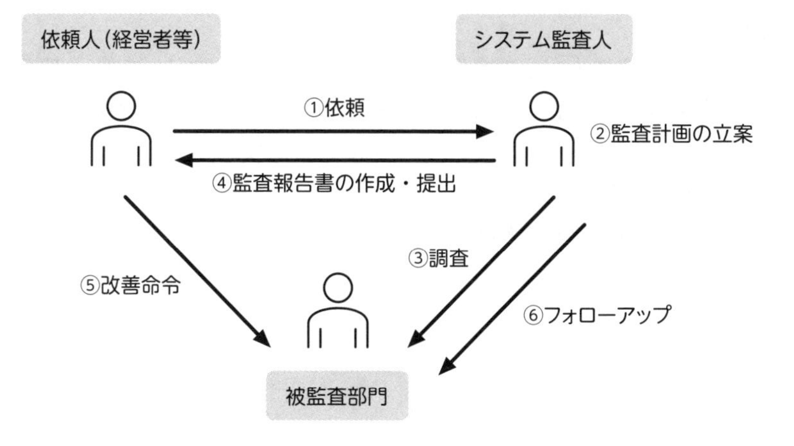

●システム監査の流れ

下図のとおり、システム監査の流れはシンプルですが「❸調査、❺改善命令、❻フォローアップ」については、よりくわしい出題ポイントを記します。

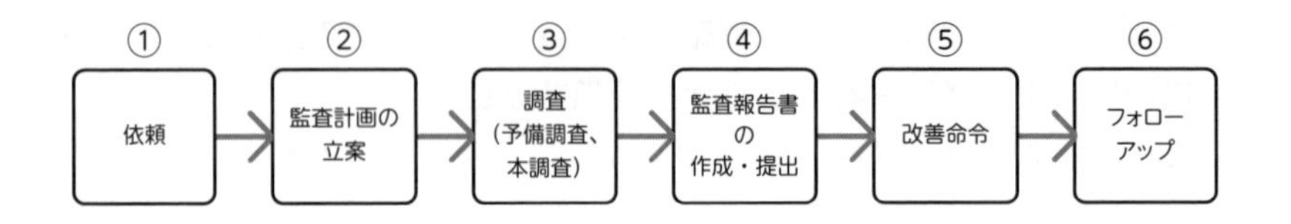

❸ 調査（予備調査、本調査）

調査は、**予備調査**、**本調査**と2段階に分けておこないます。第三者が監査するので、あらかじめ対象のシステムの資料を読み込むなど、事前の準備が必要になるのです。

また、調査にあたっては**監査証拠**を収集しなければなりません。のちに監査報告書を提出する際、**監査証拠が報告書の内容を裏付ける事実**となります。

❺ 改善命令

改善命令は、**依頼人から被監査部門**に出されます。独立した第三者であるシステム監査人が被監査部門に直接命令を出すことはありません。

❻ フォローアップ

改善命令を受けた**被監査部門**は改善活動をおこないます。システム監査人は、その改善活動の状況を確認し、助言などの**フォローアップ**をおこないます。

攻略MEMO　システム監査の対象

システム監査では、ソフトウェアライフサイクルのうち、**すべてのプロセスが監査対象**です。たとえば、監査対象が現在運用中のシステムであっても「企画プロセスで掲げた目標が達成できているか」なども監査するため、企画プロセス当時の調査もします。

まちがいが起きないしくみを作る

内部統制／職務分掌

たこ焼き屋ネットショップは、システム監査を受けた結果、「値引き設定機能を**担当者１人で利用できる**のはよくない」と指摘されました。値引きの設定は、マーケティング部門の担当者の仕事ですが、悪用すれば「商品の価格を非常に安くして､自分が購入する」行為につながってしまうためです。

そこでたこ焼き屋ネットショップでは、「値引き機能」で担当者が商品の値引きを設定した場合、上司である**マーケティング部の課長の承認がないと値引きが反映されない**ようにシステムを改修しました。

このように、**違法行為や不正が起こりにくいしくみ**を作ることを**内部統制**といいます。内部統制の整備と運用の責任を持っているのは**経営者**ですが、社員全員がそれぞれの役割を果たすことが必要です。

また、値引き機能の例のように、**仕事の役割分担と権限を明確**にし、**相互監視させて不正を防ぐしくみを作ること**を**職務分掌**といいます。

職務分掌

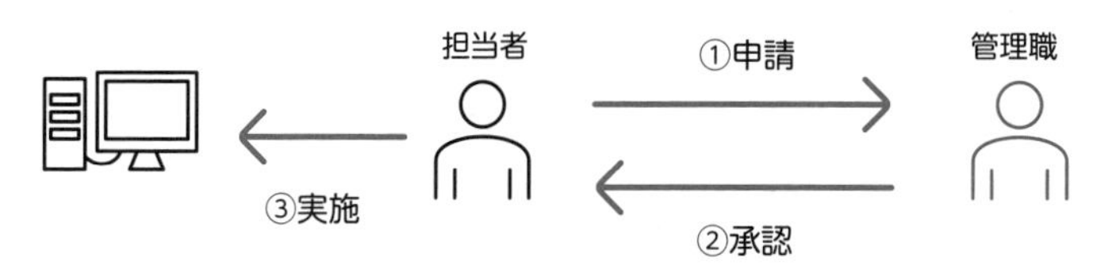

攻略MEMO　内部統制の出題ポイント

内部統制の目的は次の４つ。ざっと眺めておいてください。

- 業務の有効性と効率性
- 財務報告の信頼性
- 事業活動に関わる法令等の遵守
- 資産の保全

一度作ったしくみでも継続的なチェックが必要

モニタリング

内部統制では、「不正が起きないしくみをきちんと作る」ことが重要でした。ですが、なかなかベストなしくみというものはありません。

「これで大丈夫だ！」と、いったん作ったしくみも、よくよく見ると、抜け穴があったりします。

そのため、「そのしくみが適切に効果を発揮しているかどうか」を**継続して監視し、評価する**必要があります。このことを**モニタリング**といいます。「モニター＝見る・監視する」という用語からきています。

ITを正しく使いこなせるような組織になっているか？

ITガバナンス

多くの会社では、経理、販売管理など、同じような情報システムを利用しています。しかし、そのシステムをどれぐらい有効に使い、経営に役立てられているかは、企業によって大きく違うでしょう。その違いは、

「経営目的と合致した情報システムになっているか？」
「利用者が情報システムの目的をよく理解しているか？」
「部門内のコミュニケーションは良好か？」

など、さまざまな要素によって生まれるものです。

このような**「ITを使いこなす企業の総合的な力」**のことを**ITガバナンス**と呼びます。

攻略MEMO　ITガバナンスの出題ポイント

ITガバナンスは、試験では**「企業が競争優位性構築を目的に，IT戦略の策定・実行をコントロールし，あるべき方向へ導く組織能力のこと」**など、少し難しい表現で出題されます。かんたんに言えば「企業がITを使いこなす力」なので、堅めな表現に慣れておきましょう。

また、ITガバナンスの構築や推進は、**経営者の責務**です。この点も出題されることがあるので、おさえておいてくださいね。

以上で、マネジメント分野の全体像は終了です。実際のシステム開発の流れを具体的に概観することで、イメージが湧いたのではないでしょうか。

なお、**本節（2-05）と前節（2-04）は、どちらもコンパクトな節ですが、この2つの節だけで10問程度出題**されます。まさに頻出用語の大渋滞を起こしている分野です。

学習のコストパフォーマンスも非常に高く、**もし試験開始5分前に、直前チェックをするなら、この分野がオススメ**です。ぜひ取りこぼしのないようにしてくださいね。

CHALLANGE! **最速アウトプット ○×問題**

Q1 令和元年秋期　問 36　改題

システム監査の目的は，情報システムに係るリスクをコントロールし，情報システムを安全，有効かつ効率的に機能させることである。

Q2 平成 27 年度春期　問 39　改題

システム監査における評価においては, 監査証拠がない部分は, 推測によって評価しなければならない。

Q3 平成 30 年度春期　問 52　改題

効率化を目的として，業務を複数部署で分担して実施することは，職務分掌の一例である。

Q4 令和元年秋期　問 37　改題

内部統制におけるモニタリングとは，内部統制に関わる法令その他の規範の遵守を促進するプロセスのことである。

Q5 令和元年秋期　問 53　改題

企業における IT ガバナンスを構築し，推進する責任者は経営者である。

【 解答 】

A1 ：○ （→ P.209）

A2 ：×　正しくは、監査証拠に基づいて評価しなければならない（→ P.210）

A3 ：×　**職務分掌**とは、仕事の役割分担や権限を明確にし、**不正が起こりにくいようにする**こと。効率化を目的として仕事を分担しただけでは、職務分掌にはならない（→ P.211）

A4 ：×　正しくは、内部統制が有効に働いていることを継続的に評価するプロセスである（→ P.212）

A5 ：○ （→ P.213）

CHAPTER 03

ネットショップで買い物ができるしくみを把握して「テクノロジ」を攻略する

ビジネスで利用する情報システムやコンピュータ機器は、専門知識を持つシステム業者などから購入することが一般的です。そのときに、ユーザー企業側の担当者がITに無知だと「システム業者が提案した内容や、その価格が自社のビジネスにとって適切かどうか」を評価することは難しいでしょう。
「情報システムに対する投資と効果が見合っているか」は、経営者の立場では本当に重要なことです。しくみを理解できれば、経営者の目線で評価できることにもつながります。

技術のしくみを理解するのは難しそうに思えるかもしれませんが、本章では身近な事例で説明しています。イメージしながら読み進めてくださいね。

3-01 世界中どこからでもネットショップにアクセスできるしくみ

だれもがケータイやスマートフォンでかんたんに世界中にアクセスできる時代ですが、その裏側はどのようになっているのでしょうか。

ここでは、あなたの手元の端末からネットショップまでをつなぐ**ネットワークの全体像**を見ていきます。細かいところにこだわりすぎずに、ざっくりと把握してください。

あなたがネットショップへアクセスする3つの方法

インターネット上にあるネットショップにアクセスする方法は、おもに以下の3つです。

●①家庭用のパソコン

NTTなどの通信事業者が用意する一般電話回線や**光通信回線（FTTH）**を利用してインターネットに接続します。

●②オフィスのパソコン

LAN（ローカルエリアネットワーク）と呼ばれる**社内ネットワーク**からインターネットに接続します。

●③スマートフォン

NTTドコモ、au、ソフトバンクなどの**通信事業者（キャリア）の回線**からインターネットに接続します。

各ネットワークからネットショップへ接続する方法

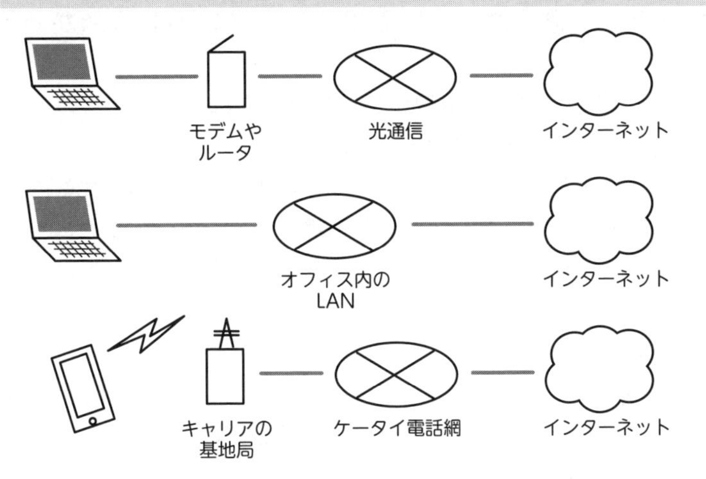

インターネットで通信するとき、データは**パケット**と呼ばれる**小さな固まりに分割**して送受信されます。携帯電話をお使いの方は「パケ放題」「パケット定額」というサービスを聞いたことがあるでしょう。それは「インターネットにおける通信（＝パケット通信）を、いくらでも使い放題（＝定額）にする」という意味です。

攻略MEMO　出題用語「VoIP」

パケットと言えば「データ通信」というイメージがありますが、**音声データをパケット化してリアルタイムに送受信できる技術**があります。それが**VoIP**（ボイップ）（Voice over Internet Protocol）です。

VoIPは**IP電話**（電話回線ではなくインターネット回線を使う音声電話。電話番号は050で始まる）で使われており、インターネットだけでなく、**企業内LANのように限られたネットワーク内**でも利用できます。

ネットワークには、広いものと狭いものの2種類がある

前項の3つのアクセス方法のうち、オフィスにはたくさんのパソコンがありますから、しくみも少々複雑です。

LAN（ローカルエリアネットワーク）は、オフィス内など**比較的狭い範囲を対象としたネットワーク**ですが、たこ焼き屋チェーンのように全国に支店があると、全国の支店ともネットワークをつなげたいはずです。

とはいえ、全国すべての支店のネットワークを、その1つの企業だけで構築するのはたいへんです。

そこで、「本店と支店」「支店と支店」のように、**遠隔地同士をつなげるネットワーク**（通信回線）を、NTTなどの**電気通信事業者**が用意しています。このようなネットワークを**WAN**（ワイドエリアネットワーク）といいます。

「狭い範囲（LAN）は自社で構築、広い範囲（WAN）は専門の電気通信事業者におまかせ！」

というイメージですね。

LANとWAN

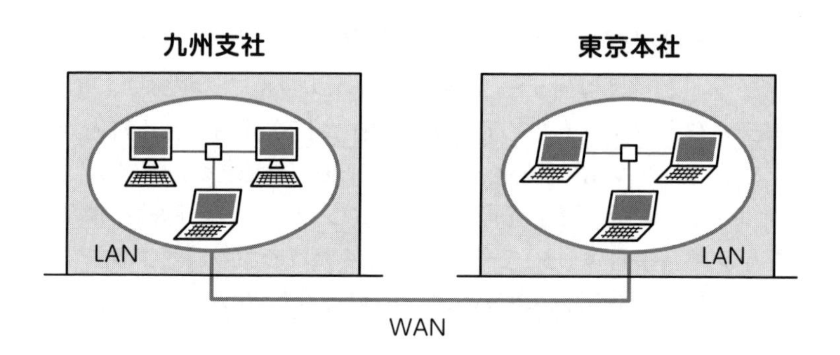

携帯電話の番号のようなしくみで相手を特定する

IP アドレス／IPv4／IPv6

インターネットで通信する相手を特定するためには、携帯電話における**電話番号のようなもの**が必要です。これを **IP アドレス**と呼びます。1 台 1 台のコンピュータには、異なる IP アドレスが割り振られています。

IP アドレスは **2 進数の 32 桁**で表されます。2 進数は第 5 章でくわしくお話ししますが、IP アドレスは人間にわかりやすくするために、**2 進数をさらに 8 桁ごとに分け、10 進数に変換**して「.（ピリオド）」で区切り表記します。

（例）255.128.156.24

なお、2 進数の 32 桁で表す IP アドレスは、**IPv4（バージョン 4）**といって、**2 の 32 乗＝約 43 億台**のコンピュータを接続できます。

ただし、コンピュータの数が爆発的に増えつつある最近では、IP アドレスが不足してきています。そのため、**2 の 128 乗ほど**のコンピュータを識別できる **IPv6** への切り替えが進みつつあります。IPv6 の場合は、2 進数を 16 桁ごとに分け、16 進数に変換して「:（コロン）」で区切り表記します。

（例）2001:0db8:1234:5678:90ab:cdef:abcd:1234

攻略MEMO　IP アドレスのバージョン

「IPv4 の次は、IPv5 じゃないの？」と思うかもしれません。じつは IPv5 は存在しているのですが、実験用であり一般的な用途で使われていないのです。そのため、**IPv4 の次は IPv6**。数字を 1 個飛ばして覚えてくださいね。

IP アドレスは体系化されている

電話番号を見ると、だいたい、どこの地域の番号かわかりますよね。

下記の場合だと、市外局番が「03」なので東京 23 区、局番が 556X、番号が 111X です。

（例）03-556X − 111X

IP アドレスの場合は、**32 桁の 2 進数を 2 つに分け**て、前半を**ネットワーク部**、後半を**ホスト部**と体系化しています。

ネットワーク部とホスト部をどこで分けるのか、方法はいくつかあるのですが、たとえば、「クラス B」という分け方だと、前半 16 ビットがネットワーク部、後半 16 ビットがホスト部になります。

（例）255.128.156.24

この場合、「255.128」がネットワーク部で、**同じ組織（企業）の中にあるコンピュータの IP アドレスは、ネットワーク部が同一**になります。

このように、IP アドレスには、**所属を明らかにする工夫**がされているのです。

攻略MEMO　出題用語「サブネットマスク」

IP アドレスを**ネットワーク部とホスト部に分ける**ために使われるのが**サブネットマスク**というものです。たまに出題されるので、頭の片隅に置いておいてください。

わかりにくいIPアドレスを文字に置き換えたのが「URL」

URL ／ DNS ／ドメイン

IPアドレスは、2進数から10進数に変換しても、まだ人間にはわかりにくいです。1つならともかく、こんなものを何個も覚えていられませんよね。

そこで、**URL**というものが考えられました。かんたんに言えば、Webページやサーバの IP アドレスを、**さらに人間にわかりやすい文字に置き換えたもの**です。

（URLの例）https://takoyaki-shop*.co.jp**

これで、だいぶ覚えやすくなりましたね。ただし、人間はURLをブラウザなどに入力しますが、コンピュータはIPアドレスしかわかりません。そこで、**URLとIPアドレスを紐づける「電話帳」**のようなものが必要です。

それを**DNS**（Domain Name System）と呼びます。DNSは、いつも最新の**URLとIPアドレスの紐づいた情報**を、インターネット上のコンピュータに提供しています。次の図を参照してください。

ドメイン・ネーム・システムによる名前解決

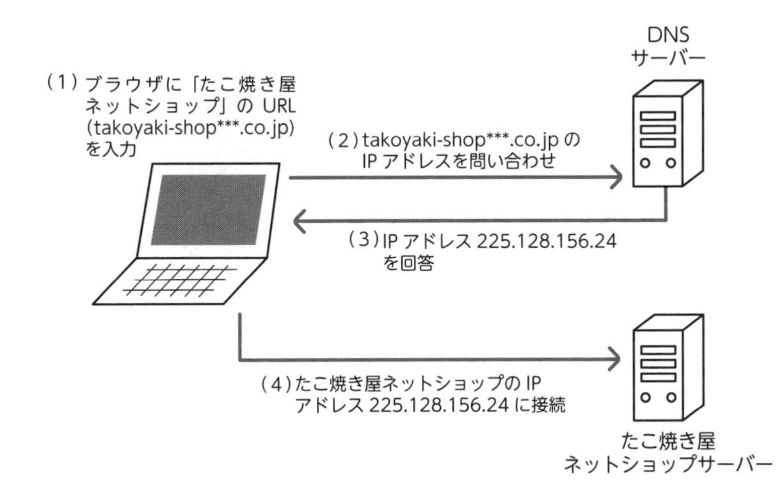

ちなみに、DNSの**Domain（ドメイン）**とは**インターネット上の住所**のようなもので、**URLやメールアドレスの一部**になります。たとえば、さきほどのURLでは**takoyaki-shop***.co.jp**がドメインです。

企業内ではインターネットに接続するときだけIPアドレスがあればいい

NAT

インターネットに接続するパソコンには、**すべて重複のないIPアドレス**（これを**グローバルIPアドレス**と呼びます）が必要です。ですが、企業内のネットワーク（LAN）に接続するパソコンなら、**LANの中で特定できるアドレス**があれば十分です。これを**プライベートIPアドレス**と呼びます。

グローバルIPアドレス（IPv4）は数が足りないというお話がありましたね。そこで、LANの中のパソコンが、インターネットに接続するときだけ、**プライベートIPアドレスをグローバルIPアドレスに変換**すれば、IPアドレスの節約になります。このしくみを**NAT**（ナット）（Network Address Translation）と呼びます。

一般的に、NATの機能は、社内LANとインターネットを接続する機器である**ルーター**（後述）に持たせることが多いです。

NAT

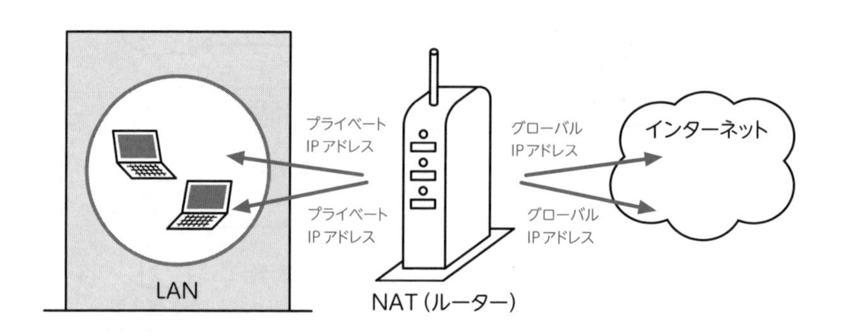

たくさんのパソコンに、自動でIPアドレスを割りあてるしくみ

DHCP

「社内LANのすべての端末に、プライベートIPアドレスを設定しよう！」

そう思っても、大企業では1つの事業所に何百台、何千台とパソコンがあることも、めずらしくありません。これらを1台ずつ手動で設定していたら、たいへんですよね。

そこで、それぞれの端末に**自動でIPアドレスを割りあてる機能**があります。それが**DHCP**（Dynamic Host Configuration Protocol）です。

DHCPの機能は、LANの中では**サーバコンピュータ**または**ルーター**に持たせることが多いです。管理者がいちいち個別に利用者のパソコンにIPアドレスを設定しなくても、必要なときだけ自動的に割り当ててくれるので、運用がとてもラクになりますよ。

DHCP

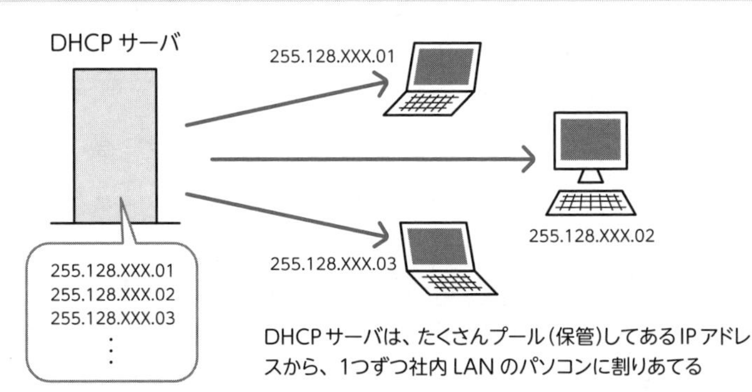

DHCPサーバは、たくさんプール（保管）してあるIPアドレスから、1つずつ社内LANのパソコンに割りあてる

攻略MEMO　DHCPの出題ポイント

DHCPは高頻出の用語です。**「IPアドレスを自動的に取得するプロトコル」**と書かれていれば、DHCPのことなので、チェックしておいてください。プロトコルはP.228でくわしく説明します。

たこ焼き屋ネットショップにデータを送る方法はバケツリレー！

MAC アドレス

ユーザーがたこ焼き屋ネットショップで注文する場合、以下の URL でネットショップへアクセスします。

https://takoyaki-shop*.co.jp**

これは、郵便のしくみと似ています。たとえば、お店に郵便で注文書を送る場合、封筒に相手先の住所（＝ URL）を書いて投函すれば、郵便局の方が相手に届けてくれますよね。

それでは、あなたが URL を指定してネットショップにアクセスし、注文をしたら、その注文データはどのように運ばれるのでしょうか？　くわしく見てみましょう。

あなたが送信した注文データの最終目的地は、**ネットショップのサーバ**です。そこに向かうには**インターネットを通じて**送信しますね。インターネットの通信とは、さまざまなサーバやルーターを経由して、**バケツリレーのようにデータを運ぶ**のです。

インターネット上には郵便配達員はいないため、インターネット上のネットワーク機器（サーバやルーターなど）のすべてがお互いに協力しあい、バケツリレーでデータを配達しているのですね。

そして、この**バケツリレーで使うアドレス**が **MAC（マック）アドレス**です。MAC アドレスは、ネットワークに接続する機器（LAN アダプタなど）すべてに書き込まれた、**世界で唯一の番号**のこと。ネットワーク機器がメーカー出荷するときに書き込まれますし、最近はほとんどのパソコンに LAN 接続コネクタや無線 LAN 機能がついているので、パソコンの出荷時に書き込まれています。

ちなみにオフィス内の LAN でもデータ送受信には MAC アドレスが使われていますよ。

MACアドレス

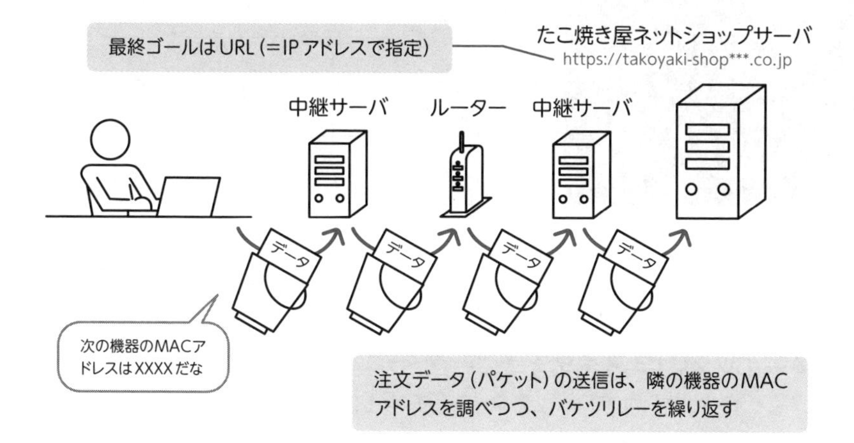

ネットワーク接続機器は目的に応じて、いろいろある

ブリッジ／ルーター／ハブ／リピータ

社内LANのネットワークではMACアドレスを使うので、**MACアドレスを判別するネットワーク機器が必要**になります。それが**ブリッジ**および**スイッチングハブ**です。

一方、LANやWANを相互接続したり、インターネットに接続するためには、**IPアドレスを判別して、最適な経路はどのネットワークか見極め、そちらにデータを流す接続機器**が必要です。それが**ルーター**です。

このように、ネットワーク接続機器は用途に応じてさまざまな種類があります。ほかにも、目的に応じて次のような機器があります。

- **LANの中でネットワークの回線を集約**させる**ハブ**
- **単にデータの電気信号を増幅させるだけ**の**リピータ**

これらの機器をレベルごとにまとめると、表のようになります（右列の番号はP.228の表と対応しています）。

アプリケーションレベル	ゲートウェイ	❶❷
宛先（IP アドレス）レベル	ルーター L3 スイッチ	❸
MAC アドレスレベル	ブリッジ スイッチングハブ L2 スイッチ	❹
回線レベル	リピータ ハブ	❹

あわせて、ネットワーク接続機器に関わる下記の用語もおさえましょう。

● L2 スイッチ、L3 スイッチ

IT パスポート試験では、**L2 スイッチ**や **L3 スイッチ**という名称の接続機器が出題されることがあります。上表にも記載されていますね。

これはカンタンで、上の対応表の**下から 2 番目**（MAC アドレスレベル）が **L2**、**下から 3 番目**（宛先レベル）が **L3** ということ。

つまり、「L2 スイッチは**スイッチングハブ**と同じ機能」「L3 スイッチは**ルーター**と同じ機能」と表を眺めながらチェックしておきましょう。

●デフォルトゲートウェイ

社内 LAN とインターネットを結ぶ場所など、**ネットワークの出入口に設置されたルーター**のことを、**デフォルトゲートウェイ**といいます。デフォルトゲートウェイは頻出なので、チェックしておいてくださいね。

攻略MEMO　ルーターの出題ポイント

ルーターは接続機器の中でも超高頻出！　さまざまな表現で出題されます。次の 3 つのキーワードをチェックしておきましょう。

- 複数のネットワークを**相互接続**
- IP アドレスを解析して、パケットを送信（**中継**）
- **適切な経路を選択**

どんなデータが送られてくるのかわかるように区別する

ポート番号

このようにIPアドレスやMACアドレスで、データの送受信ができれば、それでよいのでしょうか？

じつはそうではありません。たしかにIPアドレスなどがあれば、通信相手のコンピュータを特定できますが、1つのコンピュータの中ではメールソフト、Webブラウザなど、インターネットデータを送受信するアプリケーションが複数あります。そのため、**「どのデータを送受信するのか」を双方のコンピュータであらかじめ了解しておく**必要があります。

そこで使われるのが**ポート番号**。たとえば、Web用のデータを送信する際、IPアドレスに加えて「80」という**ポート番号も送信**します。

ポート（Port）は**「港」**の意味。「これはWebのデータなので、80番の港で受け入れてください」と相手側のコンピュータに指示するイメージです。

ポート番号	プロトコル
25	SMTP（メール送信）
80	HTTP（Webデータ送受信）
110	POP3（メール受信）

ケータイでもパソコンでも同じ約束ごとを守るから通信できる

プロトコル

あなたは、特に不思議に思うこともなく、携帯電話で家族や友だちとコミュニケーションを取っていることでしょう。ですが、よく考えると、「携帯電話で意思疎通をとる」ためには、以下のようにさまざまなレベルで**共通の「約束ごと」をお互いに守る必要があります。**

- お互いが携帯電話機を持っている
- お互いの携帯電話は、同じまたは互換性のあるキャリア同士である

• 少なくともお互いが同一の言語を 1 つ以上理解している

じつは、インターネットの接続にも、このような**「約束ごと」**が多くあります。それを**プロトコル**と呼びます。プロトコルに従って通信することで、私たちは世界中のコンピュータからデータを入手したり、メールをやりとりしたりすることができるのです。

プロトコルは、以下のようなレベルに応じて、さまざまなものがあります。

❶どのようなアプリケーションを使うのか特定するレベル	**HTTP**：Web データのやりとり **SMTP**：メール送信 **POP**：メール受信 **FTP**：ファイル転送 **DHCP**：自動で IP アドレスを割りあてる **NTP**：ネットワーク上の機器間で時刻を同期
❷通信中のエラーを修正するレベル	**TCP**：エラー制御
❸通信相手先を特定するレベル	**IP**：IP アドレスをみて経路を選択
❹回線を接続するレベル	**PPP**：ダイヤル回線で接続

表のうち、特に注目してほしいのは❶のプロトコルです。

メール関連のプロトコルである**「SMTP ／ POP」**は高頻出用語ですので、次項でくわしく解説します。

また、DHCP は P.223 で学びましたね。DHCP はプロトコルの一種なのです。また、**NTP**（Network Time Protocol）は**「PC やサーバなどの時刻合わせ」**といった表現で出題されることもあります。こちらも頻出用語ですので、チェックしておいてください。

攻略MEMO　プロトコルの英略語は P で終わりがち

SMTP、NTP など、プロトコルの英略語は**3 ～ 4 文字**かつ、**P で終わる**ものが多いです。P はもちろんプロトコルの意味。用語の意味を思い出すキッカケにしてくださいね。

メールのしくみを知るのは本当に大事

SMTP ／ POP ／ IMAP

ここでは、試験で高頻出の**メールのプロトコル**について見ていきます。

しかし、そもそもなぜメールのしくみが頻出なのでしょうか？　これについて、IT パスポート試験の実施機関（IPA）は理由を明言していませんが、推測はできます。おそらく IPA は**「大勢の方が使うもので、知識を持っていないと大きなリスクがあるもの」**を優先して勉強してほしい、と思っているのでしょう。

いまどき、メールを使わないビジネスパーソンは少ないでしょうし、メールのしくみを知っておけば、怪しいメールによる被害を避けることもできます。具体的にどんなメールのプロトコルがあるのか、チェックしましょう。

● SMTP（エスエムティーピー）（Simple Mail Transfer Protocol）

電子メールを**送信するプロトコル**です。A さんが B さん宛てのメールを送信する場合、A さんのメールサーバから B さんのメールサーバまで、電子メールを届けます。**途中で中継サーバを経由する転送**も SMTP の役目です。

● POP（ポップ）（Post Office Protocol）

電子メールを**受信するプロトコル**です。B さんのメールサーバに届いた電子メールを B さんの端末にダウンロードします。

一度ダウンロードしたメールは**メールサーバから削除される**ので、別の端末からダウンロードすることはできません。

● IMAP（アイマップ）（Internet Message Access Protocol）

電子メールをダウンロードせずに、**受信サーバ上で閲覧するプロトコル**です。電子メールのデータは**サーバに残ったまま**なので、別の端末からアクセスして確認することができます。

メールのプロトコル

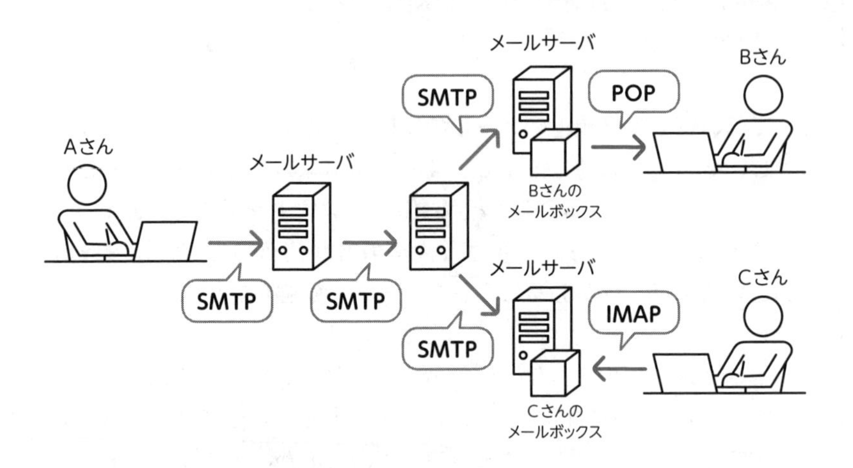

攻略MEMO 「メールのプロトコル」の出題ポイント

ITパスポート試験では**SMTPとPOPとIMAPの違い**がよく問われます。まず、SMTPだけは**送信プロトコル**で、あとの2つは**受信プロトコル**なのはカンタンですね。

問題は、POPとIMAPの違い。メールデータが即削除されるPOPに対し、IMAPはサーバ上のデータを閲覧するだけなので、**何度でも別の端末からでも閲覧できる**、のが大きな違いです。これをおさえておいてください。

さらに便利になったメールを支える技術

MIME／Webメール／HTMLメール

さきほど、メールの送受信のプロトコルについて、おさえました。これで最低限メールを送信したり受信したりすることはできますが、この時点では「半角英数字のみの文章」しか送れないメールです。

しかし、今私たちが使っているメールは、日本語文字はもちろん使えますし、画像やファイルを添付したり、色や文字の大きさだって変えることができますね。

ここでは、そういった**メールの拡張機能**について見ていきます。どちらも定期的に出題されますが、問われる点は毎回同じです。以下の説明のなかで、太線部のポイントが問われますので、チェックしてくださいね。

● MIME（マイム）（Multipurpose Internet Mail Extensions）

さきほど述べたように、一般のEメールは、もともと半角英数字しか使えませんでした。それではあまりに不便です。そこで、**日本語に対応**したり、音声や画像ファイルを添付するなどの**マルチメディア対応**をしました。

そうした**拡張機能を実現**するのが **MIME** というしくみ（規格）です。

● Web メール

一般的なメールソフトを使わずに、**Web ブラウザだけあれば使える電子メール**もあります。これが **Web メール**と呼ばれるもので、**ネットにつながった端末**さえあれば、ブラウザからログインページを立ち上げ、ID／パスワードを入力するだけで、すぐに使えるのが特長です。メールデータはすべて**サーバ上で管理**しているため、**複数の端末からメールを管理**できますし、レンタル PC など、自分のものではないパソコンでも利用可能です。

有名どころでは、Google の G-Mail が Web メールにあたりますね。

● HTML メール

電子メールには、**テキスト形式**と **HTML 形式**の 2 種類があります（HTML とは Web ページを作るときに使う言語です→ P.233）。一般的によく使われるのは**テキスト形式**のほうで、**本文が文字だけのメール**です。

一方、**HTML 形式**は本文に画像を入れたり、文字を修飾したり、また任意の文字列にほかの Web サイトのリンクを貼ったりなど、表現力が豊かで **Web サイトそのもののような見た目にできる**のが特徴です。

ただし、HTML メールは**悪意あるスクリプト**を仕込んだり、**悪意ある Web サイトへ誘導**したりするなどの攻撃に使われやすい、といったデメリットがあります。不審な HTML メールには特に注意すべきです。

メール送信時はマナーに気を付けよう

To ／ Cc ／ Bcc

メールのしくみだけでなく、**メールの基本的な使い方**を知ることも大切です。

たとえば、プロジェクトの複数メンバーに、メールを一斉送信する場合で考えてみましょう。同じプロジェクトのメンバーは、お互いが知り合い同士。なので、それぞれのメールアドレスが、別のメンバーにバレても問題はなさそうです。

そういった場合は、全員のメールアドレスを**To**という項目に記入します。Toとは**「正式な配信先」**という意味です。

一方で、プロジェクトの議事録などを**「正式なプロジェクトのメンバーではない関係者に、ご参考として送っておきたい」**という場合もあるでしょう。そういうときは、関係者のメールアドレスを**Cc**（カーボン・コピー）という欄に記入します。Ccとは**「写し」**の意味で、「正式な配信先ではない人に写しを送る」イメージです。なお、プロジェクトのメンバー（To）も、関係者（Cc）も「だれに送ったのか」お互いのメールアドレスはバレます。

また、同じ一斉配信でも、お互いの面識がない「複数の顧客」に特別セールのPRメールを送りたい、といった場合もありますよね。その際、「ほかのだれ宛てに送ったのか」という情報（別の顧客のメールアドレス）が、それぞれの顧客に見えてしまうのは好ましくありません。

そんなときは、顧客全員のメールアドレスを**Bcc**（Blind Carbon Copy）欄に記入すると、**ほかのだれ宛てに送っているのか、それぞれの顧客からは見えなくなります**。Bcc欄に記入した宛先は、To欄とCc欄の配信先にも見えません。ただし、Bcc欄の配信先からは、To欄・Cc欄の配信先が見えてしまうので注意しましょう。

電子メールはだれもが使う機能ですし、うっかりまちがえただけで、顧客の個人情報流出につながるなど影響が甚大です。試験対策だけではなく、あなた自身のためにもしっかりマスターしてください。

Webのしくみは「ハイパーテキスト」がキーワード

Web／HTML／HTTP

たこ焼き屋チェーンの企業では、「企業の公式サイト」「ネットショップ」「美味しいたこ焼きの作り方（レシピサイト）」など、複数のWebサイトを運営しています。

たとえば、ネットショップにある「レシピ」のバナーをクリックすると、すぐにレシピサイトのページに移動できるのです。このようなWebページのしくみは便利ですよね。

このような、バナーやテキストなどをクリックすると、**ほかのページにジャンプできるしくみ**を**ハイパーリンク**と呼びます。

そして、ハイパーリンクをふくむ文書のことを**ハイパーテキスト**といい、**インターネット上のハイパーテキスト**のことを**Webページ**といいます。そして、複数のWebページで構成されているのが**Webサイト**です。

ではこのWebページ、どのように作られているのでしょうか？

Webページは**HTML**という**言語**で作られています。またWebページを**Webサーバからブラウザに転送するときに使われるプロトコル**は**HTTP**といいます。それぞれの意味は次のとおり。

- **HTML** → ハイパー・テキスト・マークアップ・ランゲージ → ハイパーテキストをマークアップ（タグ付け）する言語
- **HTTP** → ハイパー・テキスト・トランスファー・プロトコル → ハイパーテキストを転送するプロトコル

とりあえず、**HT**（＝ハイパーテキスト）ときたら、**Webページ関連**だな、と覚えておきましょう。

なお、HTMLのMである**マークアップ**とは、「この部分をハイパーリンクにしてください！」「この部分はタイトルです」「ここは見出しです」など、**文書内で指示（タグ付け）**することです。

攻略MEMO　出題用語「XML」

HTMLを拡張した言語、**XML**の出題も見られます。

どこが「拡張」されたのかというと、HTMLはあらかじめ用意されたタグ（リンク用、タイトル用、見出し用など）しか使えないのに対し、XMLは**自分で新しいタグを開発（拡張）できる**のです。たとえば、「商品番号、価格、原価」のタグを自社で作れば、自社の大量の商品を効率よく管理する文書が作れますし、そのタグを取引先と共有すれば、お互いにデータ交換をするとき、そのデータの中身がなんであるか、一目瞭然ですよね。

というわけで、XMLはネットショップや電子商取引など、さまざまなシステムで**データ交換用のフォーマット**に使われています。

全ページ統一したデザインのWebサイトを作るには

CSS

たこ焼き屋ネットショップの商品は、なんと数千種類以上。商品ごとのページは、HTML言語で「タイトル（商品名）・見出し・本文（説明）」を書いていますが、こうした商品ページが数千ページ以上もあるわけです。

たこ焼き屋ネットショップは、クリスマスやお正月など、季節のキャンペーンに応じ、すべてのページのデザインを一斉に変更しなければなりません。このとき、1ページずつ変更するなんて、あまりに非効率です。

そこで便利に使えるのが**CSS（スタイルシート）**（Cascading Style Sheets）という言語。現在のWebサイトでは、

「文書の内容や構造は**HTML**、レイアウトやデザインは**CSS**で指定」

と**役割分担**させます。このようにすれば、Webサイト内のすべてのページのデザインを「1つのCSSファイル」で管理でき、見た目だけを一括変更するなど、Webサイトを柔軟に運営できるのです。

たこ焼き屋ネットショップが便利に使えるしくみ

Cookie ／ RSS

「ネットショップで買い物している途中で、ブラウザを閉じちゃった……」

ということはよくありますよね。しかし、後日あらためてネットショップにアクセスすると、選んだ商品が買い物カゴにちゃんと残っていた、という現象は覚えがあるでしょう。

これは、ユーザーが前回ネットショップにアクセスしたとき、**ネットショップの Web サーバがユーザーのブラウザへ、一時的に情報を書き込んでくれた**おかげ。次にアクセスしたときには、書き込まれた情報を見て「このお客様は、前回△△を買い物カゴに入れた方だ」などと、**ユーザーを特定**しているのです。

このような情報やしくみを **Cookie**（クッキー）といいます。たこ焼き屋ネットショップも Cookie を使っていますので、ユーザーも便利に使えています。

Cookie のしくみ

また、たこ焼き屋ネットショップでは、さまざまな新製品の情報や「調理のコツ」みたいなお役立ち情報を、ブログで定期的に発信しています。

ブログ更新を楽しみにしているユーザーも多いのですが、不定期更新のため、新しい記事が公開されたことに、気付かないユーザーも多くいました。

そこで、たこ焼き屋ネットショップでは、ブログの更新情報を**RSS**で配信することにしました。RSSとは、**ブログやサイトの更新情報などを配信するための標準的なフォーマット**です。

ブログの更新を楽しみにしているユーザーは、「RSSリーダー」というソフトに気になるブログなどを登録しておけば、そのブログの更新時に更新情報がユーザーに届くようになります。

ユーザーの立場で考えた場合、たくさんの気になるサイトやブログの更新情報が一覧でチェックできるようになるので、とても便利に使えるのです。

CookieとRSSは頻出なので、ぜひ覚えておいてくださいね。

いまや四六時中囲まれている「無線LAN」の技術

Wi-Fi／アクセスポイント／インフラストラクチャモード／アドホックモード

ここまでで、ネットワークの基本的なしくみとサービスについて、おさえることができました。ここからは、近年グッと身近になった**無線LAN**について学びましょう。

無線LANといえば、**Wi-Fi**(ワイファイ)という言葉を連想しますね。Wi-Fiとはなんなのでしょう？

Wi-Fiとは、**無線LANの標準規格**(ブランド)のことです。機器にWi-Fiマークを付けることで「この機器同士なら、無線LANで相互に接続できますよ」と**接続を保証**しています。一般的には「無線LAN = Wi-Fi」ととらえても問題なく、カフェや駅などの、無線LANポイントのことを「Wi-Fiスポット」といったりしますよね。

もし自宅でWi-Fi接続をしたければ、「無線LANルーター」を用意してインターネット回線とつなげます。無線LANルーターをプロバイダからレンタルしたり、購入するなどしている方も多いでしょう。自宅の無線LANでは「無線LANポイント」といわず、**アクセスポイント**という用語が使われます。ITパスポート試験でも「アクセスポイント」という用語で問われることが多いので、おさえておきましょう。

このように、無線LANは基本的に**アクセスポイントを経由して通信**します（**インフラストラクチャモード**と言います）が、必ずしもアクセスポイントを経由するわけではありません。たとえば、みんなで携帯型ゲーム機器を持ち寄って、複数人で同時プレイするときは、機器同士を無線で接続しますよね。このような、**アクセスポイントを経由しない**で、PCやスマホなど端末同士が相互に無線通信をする方式は、**アドホックモード**と呼ばれます。

攻略MEMO　出題用語「WPS／テザリング」

子機を無線LANアクセスポイントへ接続するとき、カンタンに設定できる技術を**WPS**（Wi-Fi Protected Setup）といいます。たとえば、アクセスポイントのボタンを押すだけで、子機の設定ができるなどのしくみがあります。

また、Wi-Fiスポットがないところで、PCやタブレットを無線LAN接続したい場合、無線の電話回線を**モバイルルーター**という機器で受信して、アクセスポイントとして利用すれば、PCやタブレットでインターネット接続ができます。もしモバイルルーターを持っていなくても、**スマートフォンをモバイルルーターとして使う**こともできます。それが**テザリング**と呼ばれる機能です。

無線LANを安心して使うには？

ESSIDステルス／MACアドレスフィルタリング／WPA2

前項のとおり、今や無線LANは大人気。自宅や職場、外出先と24時間ずっと無線LANに囲まれている、といえるでしょう。一方で、使い方をまちがえると**情報の漏えい**などリスクが多いこともあります。

そのような背景から、ITパスポート試験では無線LANについてよく出題されます。これもメールと同様、試験実施団体（IPA）として、

「多くの人が使う無線LANのしくみを理解して、安心安全に利用してほしい」

と考えているのでしょう。次の3つは頻出なので、ぜひおさえてください。

● ESSID ステルス

ESSID（Extended Service Set ID）とは、無線 LAN の多数あるアクセスポイントから、**自分が利用するものを識別するための文字列（ID）**です。スマートフォンやパソコンで無線 LAN に接続するとき、「周囲にあるアクセスポイント一覧」が画面に表示されます。それが ESSID です。

スマートフォンの周囲にあるアクセスポイント

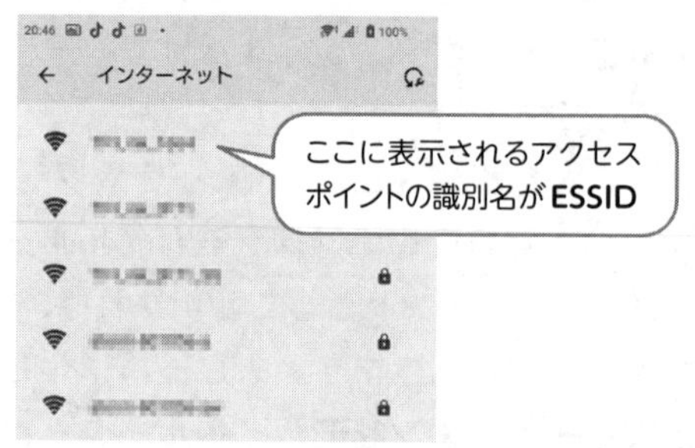

このようにアクセスポイント（ESSID）の名称一覧が見えるのは便利ですが、だれにでも見えてしまうのでリスクもありますよね。

そこで、**アクセスポイント側の機能で、ESSID を非表示にする**ことができます。これが**ESSID ステルス**です。ESSID ステルスを使う場合、本当に使ってほしい人には、こっそり ESSID とパスワードを教えて、直接入力してもらうのです。

● MAC アドレスフィルタリング

MACアドレス(→ P.224)は、**世界で唯一の端末固有の番号**でした。そこで、無線 LAN に接続できる端末を厳格に管理したい場合は、アクセスポイントに**接続許可する端末の MAC アドレスを登録**すれば、第三者の端末を接続制限できますね。この方法を **MAC アドレスフィルタリング**といいます。

● WPA2

ここまでの2つは無線LANを第三者に使わせないための対策です。しかし、もしだれかに通信中のデータを盗み取られたとしても、そもそもデータ自体が**「受信者しか解読できない暗号」**になっていれば、盗まれても問題ありませんね。

暗号については、3-03節でくわしく解説しますが、**無線LANの暗号**は**WPA2**（Wi-Fi Protected Access 2）という方式がよく使われます。以前は**WEP**という方式が使われていたのですが、WEPにセキュリティ上の問題があったため、現在ではWPA2に置き換えられています。

ただし、ITパスポート試験では、誤りの選択肢としてWEPもよく登場するので、WPA2とセットで覚えておいてください。**「2のつくほうが、新しくて安全！」**と3回唱えておきましょう。なお、最新バージョンは**WPA3**のため、今後はWPA3が出題される可能性もあります。頭の片隅に入れておいてくださいね。

スマートフォンを使うためのさまざまなサービスを確認しよう

SIMカード／MVNO／キャリアアグリゲーション／NFC

ここまでスマートフォンやPCでインターネットに接続するしくみを見てきました。ネットワークの節の最後に、あなたの使っている**スマートフォンで受けられるサービス**を見ていきましょう。

ドコモやau、ソフトバンク、楽天モバイルなどのキャリア（通信事業者）と契約している方は、**キャリアから手に入れた通信用のカード**をスマートフォンにセットしているでしょう。この通信用のカードを**SIMカード**といいます。SIMカードには、契約者情報を特定する固有のID番号が書かれています。

また、みなさんの中には、「格安スマホ」と呼ばれる、前述の**4大キャリア以外の事業者**と契約されている方もいるかもしれませんね。現在、格安スマホを販売する事業者は数多くありますが、それらの事業者は全国に通信網や通信設備を自前で展開しているわけではありません。

それではなぜ、格安スマホを販売できるかというと、ドコモなど自前で通信網を整備している大手キャリアから、通信回線を借りている、つまり、お金を払って使わせてもらっているからです。このように、**大手キャリアから通信回線を借りて、一般の顧客に格安スマホなどを販売している業者**を**MVNO**といいます。MVNOはMobile Virtual Network Operatorの略で、日本語に訳すと**「仮想移動体サービス事業者」**です。

また、最近のスマートフォンは、動画の再生などがどんどんスムーズになっていますよね。現在、各通信事業者は、ユーザーからの「通信高速化」の要望を受けて、いろいろと知恵を絞っています。とはいえ、通常の電波ですぐに転送するデータを増やすのは難しいもの。

そこで、**電波（搬送波）を2本分まとめて利用**して、大容量のデータを転送する技術を開発しました。たとえるならば、大量のたこ焼きを焼くために、たこ焼きの屋台1台ではなく、2台で焼くイメージ。屋台2台で焼けば、時間が半分に短縮できますね。

このような通信高速化の技術を**キャリアアグリゲーション**といいます。キャリア（搬送波）を集約する（アグリゲーション）という意味です。

それにしても、最近のスマホは、ますます便利になりました。たとえば、コードをつながなくても充電器に置くだけで充電ができたり、お財布ケータイとしてスマホで支払いができたり……。このように、直接有線で接続しなくても、**非常に近い距離で情報をやりとりするための規格**の標準的なものが**NFC**です。NFCはNear Field Communicationの略で、日本語訳にすると**「近い距離での通信」**となります。

交通系ICカードには、SuicaやICOCAなどがありますが、これはソニーが独自開発したFelica（フェリカ）という技術を使っています。FelicaはNFCの1種ですが、ソニー独自の技術がいろいろと採用されているため、

「NFC対応スマホだからといって、すべてがSuicaなどの交通系ICカードとして使えるわけではない」

という点には注意してくださいね。

CHALLANGE! 最速アウトプット ○×問題

Q1 平成 29 年度春期　問 84　改題

通信事業者の通信回線を使用して，本社と他県の支社を結ぶネットワークのことを LAN という。

Q2 平成 22 年度秋期　問 60　改題

IPv6 では，IP アドレスのビット長が IPv4 の 4 倍あり，心配されていた IP アドレスの枯渇が回避できる。

Q3 平成 31 年度春期　問 57　改題

DNS には，IP アドレスと MAC アドレスを対応付ける機能がある。

Q4 平成 25 年度春期　問 72　改題

NAT には，グローバル IP アドレスとメールアドレスを相互変換する機能がある。

Q5 平成 21 年度春期　問 57　改題

DHCP とは，LAN に接続する端末に，アドレスプールから IP アドレスを割り振るためのプロトコルである。

Q6 平成 21 年度秋期　問 55　改題

ポート番号とは，ファイル転送や電子メールなどのアプリケーションごとの情報の出入口を示す値である。

Q7 平成 28 年度春期　問 68　改題

MAC アドレスには，国別情報が含まれており，同じアドレスをもつ機器は各国に一つしか存在しないように割り当てられる。

Q8 平成24年度春期　問65　改題

ルーターとは，LANやWANを相互接続する機器で，受信データのIPアドレスを解析して適切なネットワークに転送する機器である。

Q9 平成28年度秋期　問64　改題

デフォルトゲートウェイとは，オフィスや家庭内のネットワークからインターネットなどの他のネットワークへアクセスするときに，他のネットワークへの出入り口の役割を果たすものである。

Q10 平成26年度秋期　問81　改題

ESSIDステルスとは，利用者が過去にアクセスしたWebサイトに再度アクセスしたときに，その利用者に合わせた設定でWebページが表示される技術である。

Q11 平成25年度秋期　問69　改題

RSSとは，Webサイトの見出しや要約などを記述するフォーマットであり，Webサイトの更新情報の公開に使われる。

Q12 平成29年度春期　問85　改題

ESSIDとは，無線のネットワークを識別する文字列のことである。

Q13 平成29年度秋期　問83　改題

POPとは，電子メールの受信プロトコルであり，電子メールをメールサーバに残したままで，メールサーバ上にフォルダを作成し管理できる。

Q14 令和4年度　問89　改題

受信した電子メールを開いたときに，本文に記述されたスクリプトが実行される可能性があるのは，HTML形式ではなく，テキスト形式である。

Q15 平成30年度春期　問99　改題

キャリアアグリゲーションとは，複数の異なる周波数帯の電波を束ねることによって，無線通信の高速化や安定化を図る手法である。

Q16 平成26年度秋期　問64　改題

電子メールの宛先入力欄における「Cc」に指定した宛先のメールアドレスは，他の宛先には通知されない。

【解答】

A1：×　正しくは、**WAN**（→ P.218）
A2：○（→ P.219）
A3：×　正しくは、IPアドレスとドメイン名（URLの一部）を対応付ける（→ P.221）
A4：×　正しくは、プライベートIPアドレスとグローバルIPアドレスを相互変換する（→ P.222）
A5：○（→ P.223）
A6：○（→ P.227）
A7：×　MACアドレスには国別情報は含まれておらず、同じアドレスをもつ機器は世界中で一つしか存在しないように割り当てられる（→ P.224）
A8：○（→ P.225）
A9：○（→ P.226）
A10：×　設問の内容は、**Cookie**（→ P.235，238）
A11：○（→ P.235）
A12：○（→ P.238）
A13：×　設問の内容は、**IMAP**（→ P.229）
A14：×　スクリプトが実行される可能性があるのは、**HTML形式**（→ P.231）
A15：○（→ P.240）
A16：×　ほかの宛先に通知されないのは、**Bcc**（→ P.232）

00 勉強前
01 ストラテジ
02 マネジメント
03 テクノロジ
04 記憶術
05 計算問題
06 直前＋本番

3-02

「大事な情報を守りぬく！」情報セキュリティの基礎知識

インターネットはとても便利なものである一方、情報が盗まれてしまう危険もあります。今なお新しい脅威が日々増え続けており、今後も継続して大切な情報を守る方法を学び続ける必要があります。

そのため、情報セキュリティ分野は頻出。テクノロジ分野全体で45問程度出題のところ、**15～20問も出題**されることがあるのです。

よって、情報セキュリティは2つの節に分けて説明します。まず本節では**「どんな脅威があるか」「どんな攻撃手法があるか」**をおさえましょう。そうすれば、**その対策**もかんたんに理解できます。

「情報資産」を脅かす3つの脅威

たこ焼き屋ネットショップならば、「会員情報」「商品情報」「注文情報」など、重要な情報を数多く保有することになります。それらの情報や、コンピュータそのものを**情報資産**と呼びます。

情報資産を脅かす**脅威**は、大きく以下の3種類があります。

- **人的脅威**：ユーザーや社員の**操作ミス**、**悪意を持って行動する人**など
  （例）オペレータのミスで「会員情報」が外部へ流出しそうになる

- **物理的脅威**：**災害、破壊行為**など
  （例）ビルの火災でサーバが水浸しになる

- **技術的脅威**：**ITを利用した攻撃や詐欺、コンピュータウイルス**など
  （例）サーバがコンピュータウイルスに感染してしまう

これらの脅威から情報資産を守るには、脅威に合わせた対策が必要です。

- 人的脅威　→ユーザーを教育する／アクセス権限を管理する
- 物理的脅威 →**バックアップ用サーバ**を別の地域に用意しておく
- 技術的脅威 →**セキュリティホール**（不正操作を許してしまうシステムの欠陥）を修正する

攻略MEMO　情報セキュリティの勉強アドバイス

情報セキュリティ分野では、たくさんの用語が出題されます。特に、サイバー攻撃やウイルス（マルウェア）の種類は多いうえに、どれも出題の可能性があります。

ただし、**すべての用語を完全に丸暗記する必要はありません**。出題はすべて選択方式なので、「用語と説明文を見れば、なんとなく思い出せる」というレベルでも大丈夫です！

どうして不正が発生するのか？

不正のトライアングル

「情報セキュリティ事故が発生した！」

というと、まずサイバー攻撃やコンピュータウイルスなどの**技術的脅威**が頭に浮かびます。しかし、実際には、不正や人為ミスなどの**人的脅威**が原因であることが、一番多いのです。

なぜ、人間は不正をしてしまうのでしょうか？

ある研究者は、**人間が不正を働くメカニズム**を研究したところ、次の3点がそろった時に、人間は不正を働きやすいことがわかりました。

❶ 不正を実行しやすい**環境**

（例）鍵が掛かっていない部屋に、貴重品が置いてある

00 勉強前
01 ストラテジ
02 マネジメント
03 テクノロジ
04 記憶術
05 計算問題
06 直前＋本番

❷ 不正を起こすことになった**事情**（**理由**）
（例）生活費に困窮している

❸ 不正の実行を**正当化する理由**
（例）「あの会社は、くだらないものを売ってもうけすぎだ」と考える

たしかに、このような状況だと欲望に負けて不正を働く人も出てくるかもしれませんね。これらの考え方を**不正のトライアングル**といいます。

古典的な攻撃手法は案外バカにできない

ソーシャルエンジニアリング／ショルダーハッキング／共連れ／アンチパスバック

ここからは、より具体的な攻撃手法とその対策について見ていきましょう。さきほど「不正のトライアングル」について学びましたが、情報資産を脅かす不正行為とは、具体的にどんなものがあるでしょうか？

人的脅威として、まず挙げられるのは、

「人をだましてIDやパスワードを聞き出す」
「オフィス内のゴミ箱をあさって重要な情報を入手する」（**トラッシング**）
「離席中の社員の机の上の資料やPC画面を盗み見る」

など、ある意味古典的な手段です。このように**人的手段で情報を入手したり悪用したりする手段**を**ソーシャルエンジニアリング**といいます。

このようなソーシャルエンジニアリングを防ぐ方法はいくつかありますが、すぐに実践できる対策法の1つは、**机の上に資料を出しっぱなしにせず、キレイにしておく**こと。**離席する際にはパソコンの画面にロックをかける**など、のぞき込まれないようにすることも大切です。このような対策を**クリアデスク・クリアスクリーン**といいます。

また、PCやスマートフォンを**操作している人の肩越しに後ろからのぞき込む**、**ショルダーハッキング**という行為もあります。これを防ぐには、のぞき見防止フィルムを貼るのが有効ですね。

「え？　こんな単純な攻撃に引っかかるの？」

と思うかもしれません。しかし、コンピュータウイルスなどをまったく使わない侵入や攻撃は、軽視できないものです。なぜなら、どんなにウイルス対策をしっかりしていたところで、悪意のある人があなたのオフィスに入りこんでしまえば、いろんな悪事を働けるから。また、社外の人だけでなく、社内の人が不正行為を働くことだってありえます。

そこで、オフィスや、貴重な情報を保管するサーバルームなどの**「入退室管理」**も重要です。ただ、IDカードでしっかり入退室管理をしていたとしても、正規の認証を受けた人が入室する際、その人の後ろについて**認証を受けてない人が一緒に入室**（**共連れ**）する危険性もあります。**入退室の記録を取ることで共連れを防止するしくみ**を**アンチパスバック**といいます。

攻略MEMO　人的脅威の出題ポイント

ソーシャルエンジニアリングは毎回のように出題されます。エンジニアリングとあるので、IT技術を駆使して情報を盗みとるのかな、と思いきや、古典的でアナログな方法なのですね。

また、**アンチパスバック**も近年よく出題されます。共連れ対策は、アンチパスバック以外に**「サークル型のセキュリティゲートを設置」**することも効果があります。あわせて覚えておきましょう。

だますような方法は感心できません

フィッシング詐欺／ワンクリック詐欺

たこ焼き屋ネットショップのライバルである「ブラックたこ焼きショップ」は、売上や利益のためなら手段を選ばない会社です。

先日も、たこ焼き屋ネットショップと見た目がほとんど同じネットショップを作っていたので、クレームをいれたところ、やっと違う見た目のデザインに変更してくれました。

インターネット上の**技術的脅威**の中にも、同じような悪さをするものがあります。たとえば、銀行からのメールを装って、その銀行の Web サイトそっくりの**偽サイトに誘導**し、そこで ID やパスワードを入力させて、**まんまとID・パスワード情報を盗み取るなどの行為**です。これを**フィッシング詐欺**と呼びます。

「フィッシング」とは「釣り」や「洗練された（手口）」という英語を元にした造語です。あなたも、悪意を持つ人から見事に釣られないように気をつけてくださいね。

また、ブラックたこ焼き屋ショップでは、「たこ焼き無料券配布中！」と Web サイトで宣伝しています。これに興味を持ったインターネットユーザーが「申し込み」ボタンを押すと、

> たこ焼き無料券を入手するためには、ブラックたこ焼きクラブに入会が必要です。あなたは先ほどのクリックにより、入会契約が完了しました。

と突然、料金請求のページが表示されてしまうのです。

このように、**画面上の画像や文字をクリックしただけで**入会金や使用料などの**料金を請求**してくる悪質な手口を**ワンクリック詐欺**といいます。ワンクリック詐欺は立派な犯罪なので、お金を要求されても決して相手にしないことが大切です。

システムの欠陥は狙われやすい

クロスサイトスクリプティング／SQL インジェクション／バッファオーバフロー

ネットショップに限らず、便利な機能を多く持つ情報システムは複雑なしくみになっています。そのため、**開発者も気づいていないような欠陥**である**セキュリティホール**が隠されていることがよくあります。

たこ焼き屋ネットショップも、過去にブラックたこ焼きショップから、何度もセキュリティホールを狙われて、ショップがダウンしたことがありました。セキュリティホールを狙う手口は、**技術的脅威**の一部ですが、いくつもの手口があります。

●①クロスサイトスクリプティング

悪意を持つ者（ブラックたこ焼きショップ）が、**悪いしくみを持ったWebサイト**を用意し、それを知らずに訪れたユーザーを使う方法です。

この悪いしくみのWebサイトにリンクを貼るなどして、ユーザーを「たこ焼き屋ネットショップ」へ誘導します。誘導されたユーザーが、たこ焼き屋ネットショップに訪れたときに、**悪意を持つ命令文**（**スクリプト**）を実行させるようしむけるのです。

この方法を、**「複数のサイトを経由してスクリプトを実行する」**という意味から**クロスサイトスクリプティング**と呼びます。

●② SQLインジェクション

たこ焼き屋ネットショップの「ご意見・ご要望のページ」には、ユーザーが自由にテキストを入力して送信できる**入力項目**があります。

その入力項目に、「入力された文字をきちんとチェックする機能」が用意されておらず、それがセキュリティホールとなっていた時期がありました。

悪のブラックたこ焼きショップは、そこにつけ入り、入力項目に「たこ焼き屋ネットショップの**データベースを操作する命令文**（**SQL文**といいます）」を入力し、**不正にたこ焼き屋ネットショップの中身を操作**したのです。

この手口を**SQLインジェクション**と呼びます。

●③バッファオーバフロー

「ご意見・ご要望のページ」のそれぞれの入力項目には、**入力されたデータを保存するメモリ領域**（**バッファ**）が割り当てられています。

通常、そのバッファの大きさを上回るデータは入力できないようにガードをかけます。しかし、ガードをかけ忘れた項目があると、それがセキュリティホールになってしまうのです。

悪意を持つブラックたこ焼きショップはそこを狙い、**バッファの大きさを上回るデータを入力**し、たこ焼き屋ネットショップに想定外の動きを起こさせようとしました。この手口を**バッファオーバフロー**と呼びます。

このように、セキュリティホールがあると、悪意を持つ者から狙われます。たこ焼き屋ネットショップでは、被害にあう度に**パッチ**（**修正プログラム**）を用意し修正してきました。

しかし、まだまだ未知のセキュリティホールが潜んでいるかもしれませんし、今後システムを改善するたびに新しいセキュリティホールができるかもしれません。開発・テスト・運用のすべてのフェーズで、きちんとチェックすることが重要です。

攻略MEMO　出題用語「サニタイジング」

クロスサイトスクリプティングとSQLインジェクションは、いずれも**ユーザーがWebサイトの入力エリアに、誤動作を起こす有害な文字列を書き込んでしまう**ことで起きる現象です。

よって、このような有害な文字列が入力されたら、**無害な文字列に置き換える**ことで誤動作を防ぐことができます。この対策方法を**サニタイジング**といいます。

不正侵入はどうすれば防げるか

ファイアウォール／DMZ／WAF／検疫ネットワーク

インターネットに接続するということは、関係者以外の人でも、社内LANに侵入したり、攻撃できたりするということです。そこで、外部からの通信内容をチェックしたり、場合によっては通信を遮断したりする手段を**インターネットと社内LANの間に設置**することになります。そのための機器またはソフトを**ファイアウォール**と呼びます。

たこ焼き屋ネットショップのサーバも、安全のためにファイアウォールの内部に置くことになりますが、その場合1つ問題が出てきます。社内LANと異なり、ネットショップのサーバには、外部の会員もアクセスしてもらわなければなりません。

そこで、**ファイアウォールの中に、外部とも内部とも異なるエリア**が必要です。それを**DMZ**（DeMilitarized Zone：**非武装地帯**）と呼びます。

DMZ

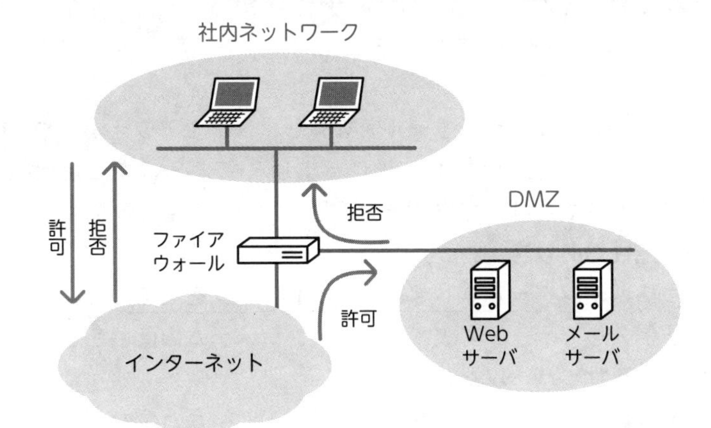

なお、ファイアウォールのなかでも特に、**Webアプリケーションの脆弱性への攻撃からシステムを守るもの**を**WAF**（Web Application Firewall）といいます。あわせてチェックしておきましょう。

また、ネットワークからの侵入を警戒していても、外部から**物理的に持ち込まれたPCがすでに感染**していれば、元も子もありません。

たとえば、オフィスで使っているノートPCを出張先に持っていき、出張先でも使ったとします。出張先のセキュリティ対策が甘かった場合、そのPCがウイルスに感染するかもしれないですよね。ウイルスに感染したPCを社内のネットワークに接続すると、たちまち社内でウイルスが広まってしまいます。これをさけるためには、**一旦外部に持ち出したPCをチェックすること**が必要です。

そのときに使うのが**検疫ネットワーク**です。「検疫＝病原体に侵されていないか調べること」で、ウイルス感染の調査専用のネットワークのことです。きちんとチェックしてから社内のネットワークに接続すれば安心ですよね。

攻撃されても大丈夫なように予行演習する

サイバー攻撃／ペネトレーションテスト

残念ながら、セキュリティホールをなくし、ファイアウォールやDMZを用意すれば絶対安全、というわけにはいきません。ブラックたこ焼き屋ショップや悪意のある者たちは、さまざまな手段でネットショップのサーバを攻撃してくる可能性もあります。

このように、**インターネットなどのネットワークを経由**して、企業内システムに不正侵入してデータを改ざんしたり、システムの破壊をしたりする**攻撃全般のこと**を**サイバー攻撃**といいます。

たこ焼き屋ショップは、ネットショップ側の対策が万全かどうか、**自分達で外部からネットショップのサーバを攻撃してみて、対策が不完全な部分がないかテスト**することにしました。この予行演習のようなテストを**ペネトレーションテスト**と呼びます。

ところで、ひと口に「攻撃する」といっても、どんな手段があるでしょうか？

●① DoS（ドス）攻撃／DDoS（ディードス）攻撃

まず、大量にメールを送りつけたり、ネットショップの機能を大量に操作したりして、**サーバの処理できる量をオーバー**させ、結果として**サーバをダウンさせたり不安定にさせたりする攻撃**があります。この攻撃を**DoS攻撃**といいます。DoSとは、Denial of Serviceの略。**「サービスを拒否する」**という意味です。

さらに、**複数の（大量）の端末からのDoS攻撃**が**DDoS攻撃**です。DoS攻撃の規模を拡大させた、強力な攻撃です。最初のDは「Distributed」の略。**「分散」**という意味です。

●②ゼロデイ攻撃

新しいセキュリティホールが発見されるとすぐ、たこ焼き屋ネットショップが**パッチを適用する前に攻撃**される場合があります。

この攻撃を**「1日の猶予もない攻撃」**という意味で**ゼロデイ攻撃**といいます。

●③標的型攻撃／水飲み場型攻撃

今回のケースのように、「たこ焼き屋ネットショップのサーバ」という**特定の目的に絞った攻撃**を**標的型攻撃**といいます。この標的型攻撃の1つに、たこ焼き屋ネットショップの**運営メンバーがよく閲覧しそうなインターネット上のサイトにウイルスを仕込む**手口があります。

たとえば、たこ焼き屋ネットショップのメンバーは、「全国粉物ネットショップ連合会（通称：全こ連）」に加盟していますが、この場合、全こ連の「会員企業向けダウンロードページ」にウイルスを仕込んでおけば、高い確率で、たこ焼き屋ネットショップのメンバーがダウンロードしそうですよね。まったく油断も隙もあったものではありません。

このように**ターゲットがよく訪れそうなサイトにあらかじめワナを仕掛ける攻撃**を**水飲み場型攻撃**といいます。草食動物が水を飲みに来る場所に、肉食動物が潜んでいるというイメージです。

●④ドライブバイダウンロード

Webサイトにアクセスしただけで、**知らないうちに悪意のあるプログラムをダウンロードさせる攻撃**を**ドライブバイダウンロード**といいます。

●⑤キャッシュポイズニング

P.221で説明したように、DNSサーバには「URLとIPアドレスの紐づけ情報」が入っています。**キャッシュポイズニング**は、この**DNSサーバのキャッシュ（記憶領域）を書き換えてしまう攻撃**です。

DNSサーバのキャッシュを書き換えることで、**ユーザーがパソコンに正しいURLアドレスを打ち込んでも、**詐欺サイトのIPアドレスをセットしておけば、**ユーザーを詐欺サイトに誘導する**ことができます。

以上のようにさまざまな攻撃があり、攻撃の手順もさらに巧妙化しています。たとえば、はじめての攻撃のときは特に破壊活動などをせず、正規の利用者にわからないように不正侵入する経路だけをつくります。そして2回目の攻撃のときに、その経路を使って集中的にコンピュータへ侵入し、破壊活動をしたりします。このような**不正侵入の経路を「裏口」という意味で****バックドア**といいます。

たこ焼き屋ネットショップは利用者も多く、業界でもトップの売上高をあげているショップのため、より多くの者に狙われているようです。

しかし、たこ焼き屋ネットショップ側も、ただ指をくわえて黙っているわけではありません。**社内にセキュリティ問題を対処する専門の組織**を作り、日々セキュリティ問題が起きていないかを監視し、問題の発生時には主導して調査分析や対応策の検討、実施などをするようになっています。このような組織を**CSIRT**（シーサート）といいます。

CSIRTはComputer Security Incident Response Teamの略です。また、CSIRTは**企業や組織レベル**のもの以外に、**国レベル**の規模のものもあります。わが国でも国レベルのCSIRTは存在し、国際連携の窓口となっています。

攻略MEMO サイバー攻撃の出題ポイント

本項で学んだなかでは**「DoS攻撃」「バックドア」「CSIRT」**の出題が目立ちますので、この3つは優先的におさえるのをおすすめします。そのうえで、定期的に出題が見られる、ほかの用語も確認しておきましょう。数は多いですが、名前と内容が関連付いているものも多いので、それを意識してみてくださいね。

パスワードはどうやって守ればいい？

パスワードクラック

たこ焼き屋ネットショップは会員制ショップです。会員ページに入るには正しいIDとパスワードのセットが必要。そこで、悪意を持った方の中には、

「なんとかして会員のパスワードを割りだし、会員情報を盗んでやろう」

と考える者もいます。このように**パスワードを割りだす攻撃**を**パスワードクラック**といいます。パスワードクラックにはいくつかの方法があります。

✅ 総当たり攻撃（ブルートフォースアタック）	**「考えられるすべての文字の組み合わせ」を試す攻撃**のこと。ブルートフォースとは「力ずく」という意味です。まさにそのとおりですね（笑）。
✅ 辞書攻撃	専用の辞書を持ち、**その辞書に載っている単語を片っぱしからパスワードとして試す攻撃**のこと。
✅ パスワードリスト攻撃	複数のWebサービスで**同一のIDやパスワードを使い回しているユーザーをターゲットにした攻撃**のこと。別のサービスやシステムから流出したIDとパスワードを用いて、悪意のある者がシステムのログインを試みます。流出元と同じIDとパスワードを使いまわしていた場合、アカウントは乗っ取られてしまいます。

このように、悪意のある者は、さまざまな手法でパスワードを盗み取ろうと狙っているのです。そこで、たこ焼き屋ネットショップでは、近い将来、短時間のみ有効な**「使い捨て」のパスワード**を採用しようと考えています。短時間しか利用できなければ、悪意のある者に知られても、すぐに使えなくなりますので、不正ログインの可能性がグッと減ります。このような**短時間しか使えない1回限りのパスワード**を**ワンタイムパスワード**といいます。

ワンタイムパスワードでは、パスワードを使う直前に、利用者のスマートフォンに**SMS**（ショートメッセージサービス）でワンタイムパスワードを送付したり、あるいは、ログインするシステムと時刻同期した専用のパスワード生成器を利用者に配布したりすることで実現します。

攻略MEMO　パスワードクラックの対策

総当たり攻撃や辞書攻撃は、プログラムを利用してさまざまなパスワードの入力を何度も試します。それなら、**パスワードの入力回数に制限**（上限）を設けてしまえばよさそうです。パスワード入力時に「パスワードを5回まちがえたらロックする」といった表示はあちこちで見ますが、こういった攻撃の対策だったのですね。

コンピュータウイルスの種類

たこ焼き屋ネットショップの開発チームでは、さらにチームのセキュリティ対応能力を上げるために、定期的にチーム内で勉強会を開いています。

今日は新人向けの**「コンピュータウイルスの種類について」**というテーマです。ホワイトボードには、次のように書かれています。

コンピュータウイルスの定義：以下の性質を**1つ以上**持つもの
❶自分のコピーを他のコンピュータに感染させる（**自己伝染機能**）
❷感染後、おとなしくしている期間がある（**潜伏機能**）
❸一定期間過ぎると、悪意のある行動を取る（**発病機能**）

うつす・潜伏する・発病する……まさに自然界のウイルスと同じですね。

以上が「狭義のコンピュータウイルスの定義」ですが、広い意味では、下記のようなプログラムもコンピュータウイルスに含みます。

✓ **ワーム**	直訳すると「虫」。コンピュータの中で自己増殖を繰り返しながら、さまざまな行動をします。
✓ **トロイの木馬**	**便利なソフトウェアであることを装い**、コンピュータ利用者に利用させ、裏で悪意のある行動を起こすプログラム。名前の由来はギリシャ神話のエピソードから。
✓ **マクロウイルス**	ワープロソフトや表計算ソフトなどで、特定の手順を自動化する**「マクロ機能」**を利用した悪意のあるプログラム。ワープロや表計算のファイルを開かない限り、活動しません。

勝手に自己増殖したり、裏に隠れていたり、オフィスソフトに潜んでいたりと、これまた困った存在ですね。

さらに、コンピュータウイルス以外にも、悪意を持つプログラムはあります。そうした**悪意を持つプログラムを総称**して**マルウェア**と呼びます。

マルウェア

✓ スパイウェア	**スパイのようにふるまうソフトウェア**のこと。パソコンの中に潜伏し、利用者に気づかれないように、利用者の操作記録やデータを盗んだりします。
✓ キーロガー	キー＝**キーボード**、ロガー＝**記録する人**の意味。利用者が**キーボードから入力する ID とパスワードを盗む**目的でコンピュータ内部に潜むプログラムのこと。
✓ アドウェア	**強制的に広告を表示させるプログラム**。ユーザーの意図に反して削除や非表示にできないものは、マルウェアの一種といえます。

ボット	「ロボット」から生まれた言葉。第三者が**他人のパソコンをウイルスに感染**させて自在に操り、**他人のパソコンでスパムを大量に送りつけたりする**とき、その**ウイルス自体のこと**や、その**ウイルスに感染したパソコン**のことをさします。
ランサムウェア	ランサムとは**「身代金」**の意味。ユーザーの PC の HDD 内容を暗号化するなどし、「表示されている送付先に送金しなければ暗号化を解除しない」などの**脅迫**をします。高頻出なので、必ず覚えましょう。
RAT（ラット）	攻撃対象のプログラムの管理者権限を利用して、**遠隔地から不正を働くツール**のことです。おもに、トロイの木馬やバックドアを遠隔地から操作します。リモート・アドミニストレーション・ツールの略。
SPAM（スパム）	不特定多数に向けて**大量に発信される迷惑メールや迷惑メッセージ**。厳密にはマルウェアではありません。

ロボット・スパイ・身代金……これらは、ますます高度化・凶悪化していますし、その種類は現在でも日々増え続けています。世界中の多くの方がインターネットを使うようになり、

「ネットを使って悪いことをやれば有名になれる、儲かる」

などと考えている悪い人が多くいるのです。そんな人たちの手口に乗らないように、ネットを使う私たちは十分に注意する必要があります。

CHALLANGE! 最速アウトプット ○×問題

Q1 平成 31 年度春期　問 89　改題

スマートフォンを利用するときに，ソーシャルエンジニアリングに分類されるショルダーハックの防止策として，スクリーンにのぞき見防止フィルムを貼ることが挙げられる。

Q2 令和 4 年度　問 74　改題

アンチパスバックとは，サーバ室など，セキュリティで保護された区画への入退室管理において，一人の認証で他者も一緒に入室する共連れの防止対策として，利用されるものである。

Q3 平成 24 年度春期　問 77　改題

クロスサイトスクリプティングとは，Web ページに，ユーザの入力データをそのまま表示するフォーム又は処理があるとき，第三者が悪意あるスクリプトを埋め込むことでクッキーなどのデータを盗み出すような攻撃である。

Q4 令和 4 年度　問 64　改題

ファイアウォールをサーバルームの入り口に設置することにより，アクセスを承認された人だけの入室を実現できる。

Q5 平成 26 年度秋期　問 54　改題

DMZ とは，外出先で使用した PC を会社に持ち帰った際に，ウイルスに感染していないことなどを確認するために利用するものである。

Q6 平成 26 年度春期　問 53　改題

DoS 攻撃によってサーバが受ける直接的な被害は，サービスの提供が阻害されることである。

Q7 令和4年度　問95　改題

攻撃対象とは別のWebサイトから盗み出すなどによって，不正に取得した大量の認証情報を流用し，標的とするWebサイトに不正に侵入を試みる攻撃は，パスワードリスト攻撃である。

Q8 平成25年度秋期　問77　改題

マルウェアとは，話術や盗み聞きなどによって，社内の情報を盗み出す行為のことである。

Q9 平成29年度秋期　問56　改題

PC内のファイルを暗号化して使用不能にし，復号するためのキーと引換えに金品を要求するソフトウェアをランサムウェアという。

【解答】

A1　：○（→ P.246）
A2　：○（→ P.247）
A3　：○（→ P.249）
A4　：×　ファイアウォールは、通信ネットワークを制御するものであり、現実世界の人間の入退室とは関係ない（→ P.250）
A5　：×　設問の内容は、**検疫ネットワーク**。DMZとは、企業内ネットワークからも、外部ネットワークからも論理的に隔離されたネットワーク領域であり、そこに設置されたサーバが外部から不正アクセスを受けたとしても、企業内ネットワークには被害が及ばないようにするためのもの（→ P.250，251）
A6　：○（→ P.252）
A7　：○（→ P.255）
A8　：×　マルウェアとは、コンピュータウイルス、ワームなどを含む悪意のあるソフトウェアの総称である（→ P.256）
A9　：○（→ P.258）

3-03

みんなで協力しあって根本的なセキュリティ対策を！

企業経営にとって情報セキュリティの問題は非常に大きく、一度情報セキュリティ事故を起こすと、企業の存続すら危うくなりかねません。
そこで、この節では情報セキュリティの**根本的な対策**をご紹介します。

- 企業や組織としての**体系的なセキュリティ対策**
- 許可した人以外、情報資産にアクセスできない**「認証技術」**
- 正規のカギを持たない人はデータを解読できない**「暗号化技術」**

こうした対策・技術の積み重ねで大切な情報は守られています。前節に引き続き、この節からの頻出問題が多くなっています。しっかりチェックして、本番で得点を稼ぎましょう！

組織に合った方針を考える

情報セキュリティポリシ

もし、コカコーラ社から、「コーラの原材料情報」が流出したらどうなるでしょうか？
コーラの原材料は世界的な企業秘密なので大問題です。一方、たこ焼き屋でたこ焼きの原材料が流出しても、さほど問題にはなりません。
このように、「どのような情報を守るべきか」は**会社ごと**に異なります。そのため、「自社は何を、どう守るか？」という方針が必要になってきます。このような**方針や対策などをまとめた文書**を**情報セキュリティポリシ（情報セキュリティ方針）**と呼びます。
情報セキュリティポリシは、図のような3段階の構成になっています。

情報セキュリティポリシ

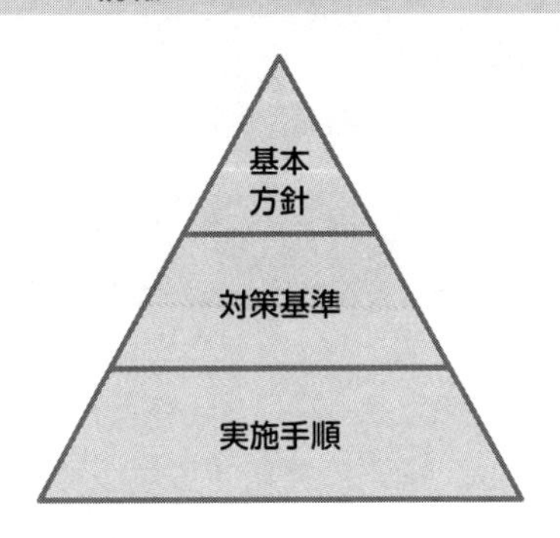

●**基本方針**

すべての従業員や社外の関係者に向けて、**経営者が情報セキュリティの目標や取り組み姿勢を公表する文書**です。一度策定したら終わりではなく、**ビジネスの変化に合わせて修正や変更**をおこないます。

●**対策基準**

基本方針で示した目標を受けて、**従業員が守るべきルールや規則**のことです。具体的には、人事規定や就業規定などが該当します。

●**実施手順**

対策基準に書かれた規定を**担当者が実施するための手順書**（マニュアル）です。実施手順は**部門によって異なり**、**外部に公開されません**。

攻略MEMO　情報セキュリティポリシの出題ポイント

情報セキュリティポリシは、基本方針・対策基準・実施手順の内容がよく問われます。**「基本方針 → 対策基準 → 実施手順」の順番で作られる**こと、また、本文中の**太字の部分**が問われがちなので、チェックしておいてください。

組織として適切に運用することが必要

ISMS

たこ焼き屋ネットショップでは、お客様の情報をはじめ、重要なデータを多く扱っているため、スタッフの**セキュリティ教育**には力を入れています。

そのため、セキュリティ意識の高いスタッフばかりなのですが、もし1人でもセキュリティにルーズな人がいて、大切な情報が流出したら……。仮にスタッフが100人いて、99人までしっかり情報を管理できていても、1人でも抜け穴があったらまったく意味がないのです。

このように、情報セキュリティは**組織として運用**することが重要です。そのためのしくみを、**ISMS（情報セキュリティマネジメントシステム）**（Information Security Management System）と呼びます。

ISMSは、第1章で解説した経営管理と同じように、**PDCAのサイクルをまわす**ことが重要です。ただし、1章とは日本語の表現が少し異なるので、そこだけチェックしてください。

- PLAN（**計画**）→ 組織の情報セキュリティの目標や計画を立案する
- DO（**運用**）→ 計画に基づいて対策を導入・運用する。**従業員教育も含む**
- CHECK（**パフォーマンス評価、点検**）→ 実施状況の**監視**や**レビュー**・**内部監査**をする
- ACTION（**改善、処置**）→ **組織のトップ**が**是正**や**改善処置**をしたり、問題ない点は**維持**したりする

なお、ISMSの**PLAN（計画）**には、前項で学んだ**「情報セキュリティポリシの策定」**や、のちほどくわしく解説する**「リスクアセスメント」**（→ P.266）も含まれることも知っておいてくださいね。

また、「企業などが、組織としてISMSを適切に構築・運用しているか」を**審査して認証する制度**があり、これを**ISMS認証**といいます。審査・認証するのは身内ではダメで、**特定の第三者機関が実施**します。認証をとるのはたいへんですが、それだけに、もし取れたら「うちの会社の情報セキュリティ体制は適切ですよ！」とお客様や取引先にアピールできるわけですね。

攻略MEMO　ISMSの出題ポイント

ISMSはとっても高頻出の用語です。注意してほしいのは、ISMSが出題されるとき「ISMS（情報セキュリティマネジメントシステム）」のように、**カッコ書きで英略語を補足してくれること**はほぼありません。ISMSはそのまま出題されますので、ここで3回声に出して暗記しましょう。

情報資産を守るための7つの視点

「さまざまな脅威から情報資産を守ること」は重要ですが、具体的にはどのようにすればいいでしょうか？

情報資産を守るにあたり、まず情報を3つの視点で考えるとわかりやすくなります。

✓ **機密性**	扱ってもいい人以外には扱えないようにする
✓ **完全性**	情報が書き換えられたり、一部が欠落したりしないようにする
✓ **可用性**	必要なときにすぐに利用できる

「機密性」と「可用性」は一見相反するように思えるかもしれませんが、「利用すべき人物が利用できない情報資産」では意味がありませんよね。情報セキュリティでは、「何が何でも情報をガードする」のではなく、**「機密性」「完全性」「可用性」をバランスよく実現することが必要**なのです。

さらに、「機密性」「完全性」「可用性」のほかに、次の4つの視点を考慮することも大切です。

真正性	利用者や情報が確実に本物であることを保証（認証）する
責任追跡性	だれが（何が）起こした事象なのかを追跡し、その責任を明確にできる
否認防止	発生した事象を、確実に否認できないようにする
信頼性	期待したとおりの動作をする、または結果を出す

攻略MEMO　情報セキュリティの3要素の出題ポイント

「機密性」「完全性」「可用性」は、**具体的な事例で問われる問題**が毎回のように出題されます。ここでは、機密性・完全性・可用性が**損われる事例**について、ざっと確認しておきましょう。

- **機密性**：暗号化していたEメールが盗聴された
- **完全性**：オペレータが間違えてデータ入力し、顧客名簿に矛盾が発生した
- **可用性**：システム障害でネットショッピングサイトが一時、利用できなくなった

発生するリスクの大きさや確率から対策を考える

リスクマネジメント／リスクアセスメント

たこ焼き屋ネットショップから「会員情報」が流出するとたいへんです。顧客に迷惑がかかり、社会的信用も失います。

一方、販売中の「商品情報」が流出しても、そこまで重大ではありません。社外に発生する迷惑の度合いが、前者に比べて非常に小さいからです。

このように、発生するリスクの影響度、および発生確率などに応じて、**対処の優先順位や対処方法を分けて検討**しなければなりません。これを**リスクマネジメント**と呼びます。

リスクマネジメントとは、

「どのようなリスクが存在するか」（**リスクの特定**）
「そのリスクの発生確率や、発生時の損害の大きさは？」（**リスクの分析**）
「そのリスクの優先順位は？」（**リスクの評価**）
「そのリスクに対する対策は？いつまでに行う？」（**リスク対応**）

など、リスクに関して全体的な管理をする活動です。

リスクマネジメントのうち、**リスクの特定・分析・評価の部分**を、特に**リスクアセスメント**といいます。試験では、リスクアセスメントの特定･分析･評価について、**それぞれの内容や順番が問われます**ので、おさえておきましょうね。

さらに「リスクマネジメント」と「リスクアセスメント」の関係を次の図でおさえれば、バッチリです。

リスクマネジメントの全体像

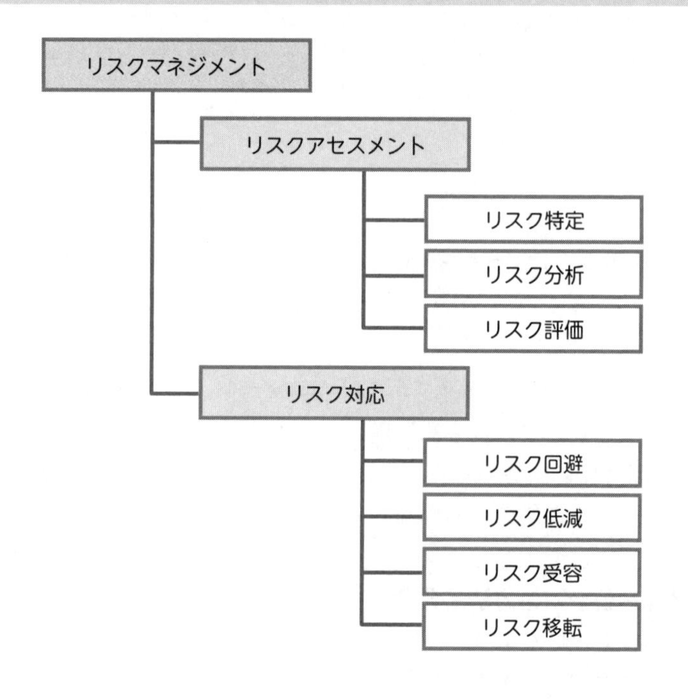

なお、ここまで何回も登場してきている**リスク**とは、前節の冒頭で扱った「脅威」と意味が異なります。たとえば、コンピュータウイルスは「脅威（危険なもの）」ですが、もし、特定のウイルスに対する万全な対策ソフトをインストールしていれば、そのウイルスのリスクは非常に小さい、といえるでしょう。つまり、**リスクとは「危険なことが発生する可能性」**という意味なのです。

「リスクが発生した！」対応策は４つある

リスク回避／リスク低減／リスク受容／リスク移転

実際にリスクの対策をする際、その方法は決して１つではありません。たとえば、**「たこ焼きで使う生ダコが病原菌に侵される」**というリスクに、どのような対応策が取れるでしょうか？　ちょっと考えてみましょう。

❶今後一切、**生ダコを利用しない**
❷**生ダコを養殖する地域を複数に分け**、とある養殖地で伝染病が発生したら、ほかの養殖地のタコを使うようにする。または、**タコの養殖地を１ヶ所に集中し**、そこの環境を徹底管理する
❸生ダコが病原菌に侵される確率が低く、しかも人間に与える影響が小さい場合は、**とりあえず特別な対策をしない**。万が一、たこ焼きを食べたお客様に食中毒が発生した場合に備え、たこ焼きチェーンの企業で**見舞金支払い用の予算を確保**しておく
❹生ダコが病原菌に侵される確率は低いものの、❸とは違って、万が一食中毒が発生したら、お客様に与える影響が重症になる可能性がある。その場合は、食中毒発生時に多額の補償が発生することが考えられるので、**あらかじめ保険会社と保険契約を結んでおく**

以上のうち、❶を**リスク回避**といいます。タコ焼き屋が「今後一切、生ダコを利用しない」というのは、非常に思いきった対策ですね。リスク回避は、**「完全にリスクをなくす」唯一の超強力な手段**ですが、あまりにも非現実的なことが多いので、実際にこの手法がとられることは多くありません。

00 勉強前
01 ストラテジ
02 マネジメント
03 テクノロジ
04 記憶術
05 計算問題
06 直前＋本番

❷を**リスク低減**といいます。❷の事例の前半を**「リスク分散」**、後半を**「リスク集中」**といいますが、どちらもリスクを低減する目的では同じです。

❸を**リスク受容**といいます。たまにしか起こらない、かつ発生した場合の影響が小さい場合は、**自社がリスクを持つ**、ということです。

❹を**リスク移転**といいます。たまにしか起こらないリスクですが、一度発生すると大きな影響がでる場合には、保険などに入ることが現実的ですね。つまり、**保険会社にリスク（が現実化した際の責任）を移転する**、ということです。

ちなみに、サイバー攻撃など悪意のある者からの攻撃で、個人情報流出や業務停止するリスクもあります。このような**リスクに備える保険全般**を**サイバー保険**といいます。

次の図では、上記４つの対策のうち、「どんな場合にどの対策を実施するべきか」という原則をまとめました。参考にしてみてください。

リスクの対応

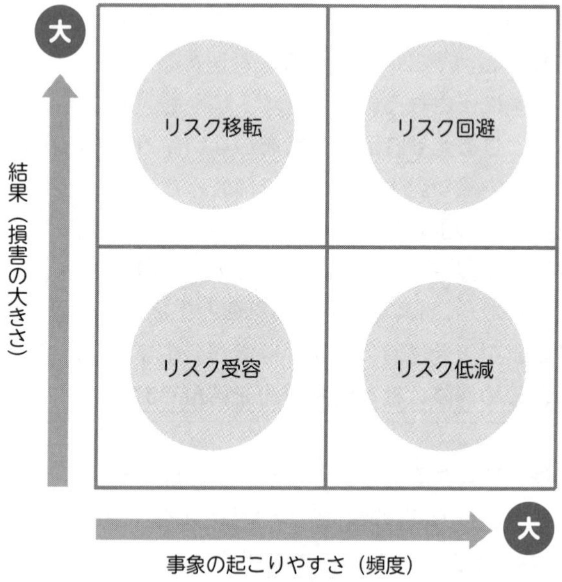

大

結果（損害の大きさ）

リスク移転

リスク回避

リスク受容

リスク低減

大

事象の起こりやすさ（頻度）

攻略MEMO　リスク対応の出題ポイント

リスク対応の「回避」「低減」「移転」「受容」は、**具体的な事例問題**が出題されます。本文の生ダコの事例を読み返して、それぞれのポイントをおさえてください。

なお、**リスク受容は「リスク保有」**、**リスク移転は「リスク共有」**などと表現されるケースもあります。「知らない用語だ！」とビックリしないよう、ここでぜひチェックしておきましょう。

組織の情報セキュリティが適切か調べることも重要

情報セキュリティ管理基準

第２章で「システム監査」を学習しました。システム監査とは、「情報システムが適切な状態であるかどうか」を第三者がチェックするものでした。

情報セキュリティにも同じような機能があります。それが**情報セキュリティ監査**であり、**「情報セキュリティが組織として適切に取り組まれているか」**をチェックします。対象は情報システムに限らず、保有しているすべての情報資産です。

情報セキュリティ監査制度の重要な文書に**情報セキュリティ管理基準**と**情報セキュリティ監査基準**があります。

「情報セキュリティ管理基準」は、**監査を受ける側の企業や組織**を対象にしており、監査における評価ポイントなどが記載されています。これを読んで、きちんと対策をしておきなさい、ということですね。

もう一方の**「情報セキュリティ監査基準」**は、**監査をする側のためのもの**で、監査人の実施すべき規範などが書かれています。

指紋認証も完璧ではありません

バイオメトリクス認証／本人拒否率／他人受入率／多要素認証

オフィスに関係者以外の人が入れないよう、セキュリティチェックをしっかりすることも大事です。関係者だけが入室できるようにするためには、「入室する権利を持つ人かどうか」、適切に認証することが必要になります。

人を判別する認証には、以下のようなものがあります。

- パスワードのような、**人の知識**を使った認証
- IC カードのように、**モノを所有する**ことによる認証
- 本人の指紋や静脈パターンを識別する、**身体的特徴**（生体情報）による認証

身体的特徴による認証のことを、**バイオメトリクス認証（生体認証）**といい、指紋や静脈パターン以外にも、虹彩・声紋・顔・網膜の情報を利用するケースもあります。また、筆跡やキーストロークのような、本人の**行動的特徴**を利用したものも、バイオメトリクス認証に含まれます。

これらバイオメトリクス認証は、パスワードのように他人に盗み見られる心配はなく、IC カードのように紛失する怖れもありません。だからと言って、バイオメトリクス認証が万能かというと、そういうわけでもないのです。

というのも、わずかながら**身体的特徴は日々変化**しています。そのため、

「本人が事前に登録した身体的特徴と、どの程度一致したら、認証成功とするか」

という問題が常につきまといます。

もし「認証成功」とする基準を厳しくしたら、**本人が認証したにも関わらず、他人と判断**されてエラーとなる可能性が高くなりますし、逆に基準を緩くしたら、**他人が認証したにも関わらず、本人と判断**されて認証成功となる可能性が高くなります。

前者を**本人拒否率**、後者を**他人受入率**といい、この 2 つは一方を低く抑えれば、一方が高くなるという、**トレードオフの関係**にあるのです。

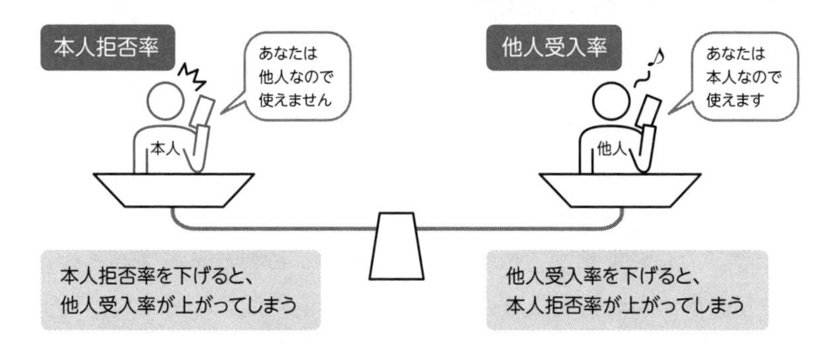

以上のように、「知識」「所有」「生体情報」による認証はいずれも良し悪しがあります。そこで、認証の精度を高めるために、知識・所有・生体情報のうち、**複数の要素を組みあわせて使う**ようにします。たとえば、パスワードによる認証（知識）と指紋認証（生体情報）を組みあわせて本人確認すると、信頼性がさらに高まりますよね。

このような認証方法を、**多要素認証**といいます。また、**多要素認証のなかでも、「知識」「所有」「生体情報」のうち2つの要素を組み合わせる認証**を、とくに**二要素認証**といいます。

攻略MEMO　出題用語「二段階認証」

二要素認証と用語が似ていて、ややこしいものに**「二段階認証」**があります。二要素認証のほうは「知識」「所有」「生体情報」のうち**異なる2つの要素**を利用するものです。一方の二段階認証は、**同じ要素**であっても問題ありません。たとえば、**パスワード入力**（知識）のあと、**秘密の質問**（知識）に答える認証方式は二段階認証に該当しますが、二要素認証にはあてはまりません。

コンピュータウイルスを防ぐには

ウイルス定義ファイル／二次感染の防止

前節でも扱った、**コンピュータウイルス**の被害はニュースでもよく報道されますね。コンピュータウイルスに感染すると、コンピュータの中にあるプログラムやデータが破壊されるだけでなく、コンピュータがのっとられてほかのコンピュータを攻撃する事例も見られます。被害者が加害者となってしまうのです。業務の妨害どころか、企業全体の信用問題にもつながります。

たこ焼き屋チェーンならば、ネットショップのサーバはもちろん、社内LANに接続しているパソコンにもすべて、**ウイルス対策ソフト**を導入しなければなりません。

ただ、「ウイルス対策ソフトを導入すれば終わり」というわけではありません。日々新しいウイルスが出てくるので、その情報を反映させないと、ウイルス対策ソフトの意味がなくなるためです。新しいウイルスに対応するには、**ウイルス情報が収録されたウイルス定義ファイル（パターンファイル）を常に最新のもの**にしなければなりません。

あわせて、「万が一、ウイルス感染が疑われる」場合の対応について、以下のようなことを従業員に教育しておく必要があります。

- ウイルス感染が疑われるパソコンを**ネットワークから切り離す**
- 自分で対応しようせず、**必ずIT担当者の指示に従う**

このような手順を徹底しないと、ウイルスの二次感染が起こり、被害が大きくなっていってしまいます。

パソコンを廃棄する際のデータの削除はどうする？

オフィスで使うパソコンには機密事項が入っていますが、古くなると返却したり廃棄したりしますよね。その際、データの消去はどうしたらよいのでしょうか？

「ハードディスク全体をフォーマットする」「ごみ箱にすべてのファイルを捨て、ごみ箱を空にする」……このような対処では、技術力がある人ならば、カンタンにデータを復旧できてしまいます。実際には、

- トンカチなどで、ハードディスクを**破壊**する
- ハードディスクを０やランダムなデータで**上書き**する

などの対応で、データを消去します。情報漏えいをさけるためにも、徹底したいものです。

暗号化のしくみを読みとく

共通鍵方式／公開鍵方式

たこやき屋ネットショップでは、会員登録するときや商品を注文するとき、住所・電話番号やクレジットカードなどの情報を、インターネットを通じて送信する必要があります。もし、それらがほかの人に知られたらたいへんですが、インターネットはだれにでも解放された回線のため、悪意を持った人が盗聴しやすい環境です。

そのため、**データを盗み見られても、内容がわからない**よう**暗号化**することが重要になります。暗号化は、以下の流れでおこなわれます。

- **平文**（だれにでも内容がわかる元のデータ）を**暗号**にして送信する
- 受け手が暗号を解き、**元の平文に戻す**（これを**復号**といいます）

平文を暗号化するときと、暗号化されたデータを平文に復号するときには、**鍵**（プログラム）が必要になります。

たとえば、「TAKOYAKI」（**平文**）のアルファベットを１文字後ろにズラして「UBLPZBLJ」と暗号化する場合、アルファベットを１文字ズラすことを**鍵**と言うのですね。復号する際には、受け手側が再度アルファベットを前にズラして、元の平文に戻せます。このように、送り手と受け手が**両方で同じ鍵を使う方法**を**共通鍵方式**と呼びます。

共通鍵方式のイメージ

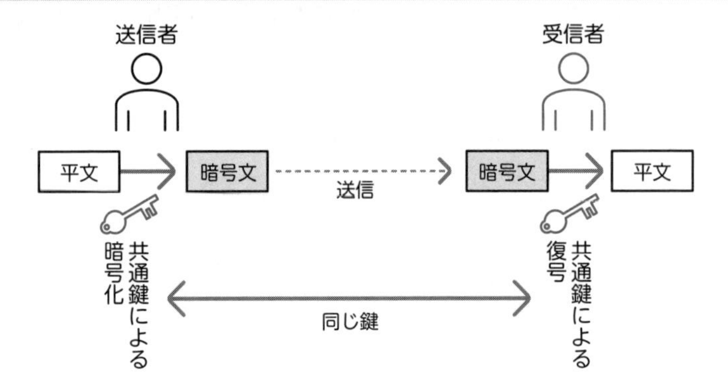

共通鍵方式はシンプルなため、処理が早いというメリットがある一方、**次の 2 つの欠点**があります。

- はじめて暗号化されたデータを送るとき、**復号するための鍵を相手に送信**しなければならない
  - ➡ そのときに悪意のある者に鍵を盗まれてしまうと、以後の通信は筒抜けになってしまう
- データを交換する相手が複数いる場合、**相手の数だけ、鍵のペアが必要**になる

これらの欠点を補うために生まれたのが**公開鍵方式**です。

公開鍵方式では、データを受けとる側が、あらかじめ**暗号化するため**の**公開鍵**と、**復号するため**の**秘密鍵**をペアで作っておきます。データを受けとる側は、**秘密鍵をだれにも知られないように管理**しなければなりません。

そして、**公開鍵を「送信してくれる相手」に送付**します。公開鍵は「暗号化する」ためだけに使われ、**暗号化されたデータを公開鍵で復号することはできません**。そのため、悪意のある人に盗聴されても問題ありませんし、複数の送信者に同じ公開鍵を渡しても問題ないのです。

公開鍵方式のイメージ

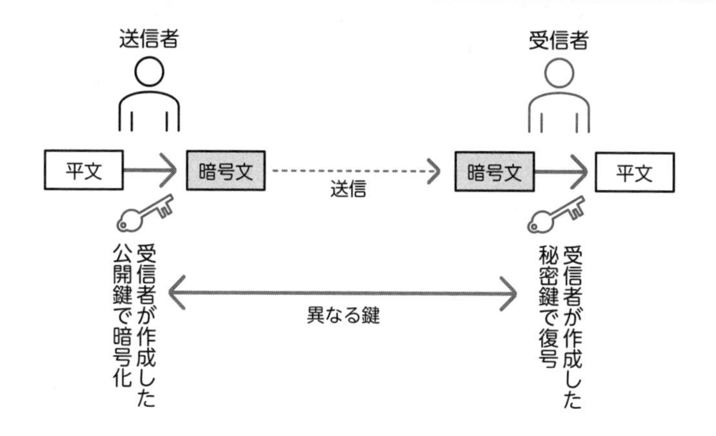

攻略MEMO　公開鍵暗号方式の出題ポイント

「公開鍵暗号方式」と「共通鍵暗号化方式」は、どちらも頻出です。特に公開鍵暗号方式では**『データを復号するためには、だれの、どんな鍵が必要か？』など、くわしいしくみ**が問われます（正解は『受信者の秘密鍵』）。本文と図でしっかり理解しましょう。

いいとこ取りした暗号方式とは？

ハイブリッド暗号方式

それでは、たこ焼き屋ネットショップは、共通鍵方式と公開鍵方式、どちらの暗号化方式を採用したのでしょうか？　答えは、どちらでもありません。両方のいいとこ取りした**ハイブリッド暗号方式**を採用したのです。

そもそも、共通鍵方式は「**処理は高速**だが、相手に共通鍵を渡すときに盗聴されるリスクがある」というものでした。一方の公開鍵方式は「相手に公開鍵だけ渡せばいいので、**秘密鍵をネットワークに流す必要がなく盗聴の恐れは少ない**が、処理が複雑なため、時間がかかる」という特徴があります。

そこで、ハイブリッド暗号方式では、**「最初の共通鍵の送受信だけ公開鍵方式を使い、お互いが共通鍵を保有したら、共通鍵方式の利用を始める」**という手法で暗号化通信します。これだと、安心して共通鍵を相手に渡せますし、その後は、高速な暗号化通信ができますね。

すべての通信を暗号化する

VPN

たこ焼き屋チェーンの企業ではセキュリティを守るため、原則、社外のPCから社内のネットワークに接続することを禁じています。しかし、技術者の長期出張やリモートワークでは、どうしても社外からアクセスする必要があります。そんなとき、出張先のPCからたこ焼き屋チェーン本社のコンピュータまでの**すべての通信が暗号化**できたら安心ですよね。

それが**VPN（バーチャル・プライベート・ネットワーク）**という技術です。「仮想的な専用のネットワーク」という意味で、実際には**インターネットなどの公衆回線を経由**するのですが、**あたかも専用回線のように、すべての通信を暗号化**して使えます。

高速道路で渋滞に巻きこまれたとき、パトカーなどの緊急車両が路肩を走るシーンを見かけたことがあると思います。VPNはインターネットのように、だれもが使うネットワークで**「暗号化した専用の通路」**をつくりますから、渋滞のときの緊急車両が走る場所と考え方は似ているかもしれません。

攻略MEMO　VPNの出題ポイント

VPNは**インターネットVPN**と**IP-VPN**の2種類があります。

インターネットVPNは本文の説明どおり、**インターネットを利用したVPN**です。一方、IP-VPNは**通信事業者の独自ネットワーク（IP通信網）**を使用します。IP-VPNのほうが**コストはかかる**のですが、インターネットVPNより**「高品質」で「盗聴や改ざんのリスクがさらに小さい」**などのメリットがあります。

相手が本物か偽物か、どうやって見分ける？

デジタル署名／CA／デジタル証明書／PKI

ネットワークで情報をやりとりする場合、受け手としては、

「データが改ざんされていないか？」
「送り手は本物で、悪意を持った者が、なりすましていないか？」

が気になりますよね。

現実世界では、「本人の署名」や「押印」などによって、本人が送信した文書であることを確認できますが、データの送受信ではそうはいきません。

そこで使われるのが**デジタル署名**。デジタル署名は、公開鍵方式のしくみを利用して、まず**データの送信者**が鍵のペアを作り、自分は**秘密鍵でデータを暗号化**します。そして、**受信側はペアの公開鍵でデータを復号**します。

「公開鍵で復号できたのなら、それを暗号化した秘密鍵を持つ者は、なりすましではないだろうし、データも改ざんされていないだろう」

という考え方です。

しかし、そもそも**「鍵のペアを作る段階で、すでに悪意のある第三者がなりすましていた」**なんてことも考えられます。そのようなケースのために**「配布されている公開鍵は、正規の送信者が作成したものだ」**ということを証明する**認証局（CA）**というものがあります。認証局は信頼できる第三者機関であり、**公開鍵の持ち主が本人であることを証明するデジタル証明書（電子証明書）**を発行します。

「遺言状を書いたのがまちがいなく本人であることを証明するために、公証人役場で認証を受けなければならない」という法律があるのですが、それと同じイメージです。

なお、**デジタル署名を含め、公開鍵暗号を用いた技術・製品全般をさす言葉**として**PKI**（Public Key Infrastructure：**公開鍵基盤**）というものがあります。暗号化は「盗聴」対策としては有効ですが、

「相手が本物か」「中身が改ざんされていないか」

ということには対応できません。このようなことに対応するために、PKIは整備されているのですね。

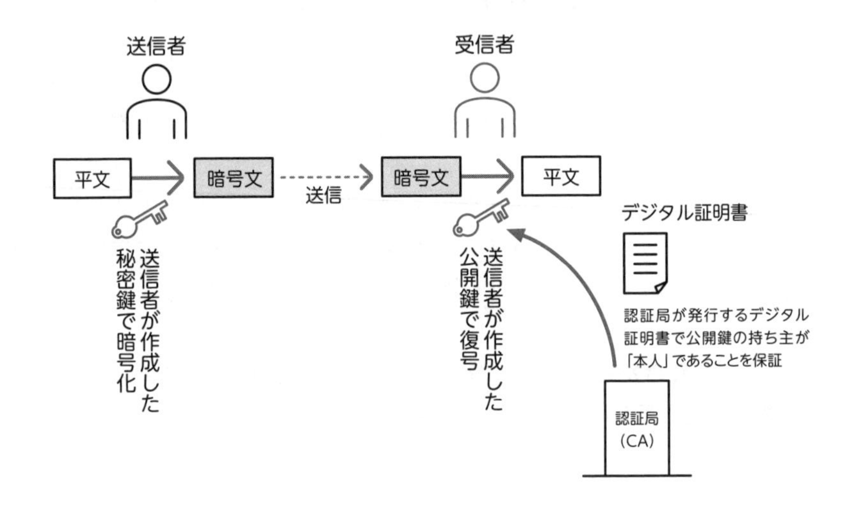

攻略MEMO デジタル署名の出題ポイント

本項で扱った用語は、**ほぼ毎回出題**されます。以下のポイントは必ずおさえておきましょう。

- **デジタル署名**は、**「なりすましとデータの改ざん」**をチェックできる
- **認証局**は、信頼できる**第三者機関**で、**デジタル証明書を発行**する
- **デジタル証明書**は、**公開鍵の持ち主が本人**であることを証明する

通信を守る

SSL/TLS ／ HTTP ／ HTTPS ／ WPA2

ネットワークの節では「ネットワークがきちんと接続されるには、さまざまな約束事（プロトコル）に従う必要がある」ことを学びました。じつは、「暗号化」というのも、1つの約束事です。

たとえば、Aさんが Bさんに暗号化して情報を送信する場合、

「自分（A）は、○○という方式で暗号化したから、あなた（B）はそれに対応した方式で復号してくれ」

と2人が合意している必要がありますよね。

そんな暗号化のプロトコルの中で、とても有名なものが **SSL/TLS** というプロトコルです。厳密には、SSLの後継がTLSで、現在使われているものはTLSがほとんどです。しかし、SSLの名前が非常に有名なことから、SSL/TLSと並列表示されることも多くなっています。

SSL/TLSは「共通鍵暗号方式」「公開鍵暗号方式」「デジタル署名」など、**ここまでで習ってきた数々の技術が取り入れられた、非常に信頼性の高いプロトコル**です。

現在ではブラウザやメールソフトなど、ほとんどの通信アプリケーションがSSL/TLSに対応していますから、あなたが特に意識しなくても、あなたの通信はSSL/TLSによって守られています。試験では「暗号化のプロトコル」といえば「SSL/TLS」というぐらい定番のものです。

なお、**Webデータをやりとりするプロトコル**に **HTTP** というものがあります。これを **SSL/TLSの技術を使って暗号化対応したものが HTTPS** というプロトコルであり、**ブラウザとWebサーバの間の通信**を暗号化します。

そのほか、**無線LANの暗号化**といえば **WPA2**（→ P.239）という方式がありましたね。WPA2は、**端末（PC）からアクセスポイントまで**の暗号化ですから、**範囲が狭い**のは注意しておきましょう。

攻略MEMO 「通信の暗号化」出題ポイント

本項で扱った用語の中では **「SSL/TLS」「WPA2」** が頻出です。それぞれの概要をおさえておきましょう。

- **SSL/TLS** を Web データの通信に使ったものが **HTTPS** で、**ブラウザから Web サーバまで**を暗号化する
- **WPA2** は、**PC からアクセスポイントまでの無線 LAN** の通信を暗号化する

メールのセキュリティを大幅に強化するには？

S/MIME

このように、ネットワークにはさまざまなセキュリティ対策があります。それなら、ふだん使うことが多い E メールでも、複数のセキュリティ対策を実施したいですよね。

そこで、**メール送受信**において「暗号化」「改ざん防止」「送信者が本人であることの認証」の 3 つを**一度に実現してくれるしくみ**があります。それが **S/MIME**（エスマイム）です。

すばらしいしくみですが、これを実現するにはいくつか事前準備をしなければなりません。たとえば、たこ焼き屋スタッフの A さんが B さんに S/MIME でセキュリティ対策をしたメールを送る場合、**両者のメールソフトが S/MIME に対応**している必要があります。さらに、公開鍵の持ち主があらかじめ、その鍵の**デジタル証明書の発行**を受けておかなければなりません。

このように、いくつかの準備が必要ですが、そのぶん、セキュリティ対策としては強力で、

「A さんのメールソフトから B さんのメールソフトまで、すべての経路でセキュリティ対策を実現」

という、すぐれた特長があります。

通信のセキュリティ対策として、**「どの区間（経路）で対策が有効か？」**という問題は、IT パスポート試験でも出題されますので、以下の図でチェックしておいてください。

セキュリティ対策が有効な範囲

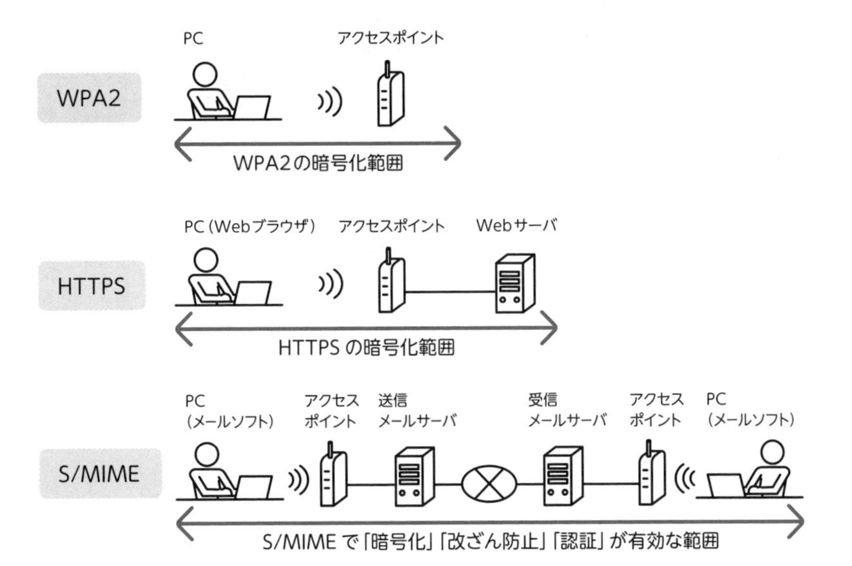

CHALLANGE! 最速アウトプット ○×問題

Q1 令和4年度 問85 改題

情報セキュリティポリシの基本方針は，対策基準や実施手順を定めるためのトップマネジメントの意思を示したものである。

Q2 平成31年度春期 問85 改題

情報セキュリティポリシの対策基準は，基本方針や実施手順に何を記述すべきかを定めて，関係者に周知しておくものである。

Q3 令和4年度 問58 改題

不適合の是正処置は，ISMSの「パフォーマンス評価」で実施する。

Q4 初級シスアド 平成21年度春期 問56 改題

情報資産のリスクアセスメントは，ISMSのPDCAモデルにおけるPLANで実施する。

Q5 令和元年度秋期 問97 改題

情報セキュリティの「完全性」を確保する方法の例として，システムや設備を二重化して利用者がいつでも利用できるような環境を維持することがある。

Q6 令和3年度 問88 改題

ISMSのリスクアセスメントにおいて，最初に行うものは「リスク特定」である。

Q7 令和元年度秋期 問86 改題

インターネット上で，特定利用者に対して，機密に属する情報の提供サービスを行っていたが，情報漏えいのリスクを考慮して，そのサービスから撤退することは，「リスク低減」の例である。

Q8　令和元年度秋期　問 88　改題

バイオメトリクス認証の例として，本人の電子証明書で認証することが挙げられる。

Q9　令和 2 年度　問 86　改題

二要素認証とは，所有物，記憶及び生体情報の 3 種類のうちの 2 種類を使用して認証する方式のことである。

Q10　平成 22 年度春期　問 72　改題

PC やハードディスクを譲渡したり返却したりする前に，ハードディスクからの情報漏えいを防ぐために，ハードディスク内のすべてのファイルやフォルダをごみ箱に捨て，最後にごみ箱を空にすることが必要である。

Q11　平成 31 年度春期　問 75　改題

A さんは B さんだけに伝えたい内容を書いた電子メールを，公開鍵暗号方式を用いて B さんの鍵で暗号化して B さんに送った。この電子メールを復号するために必要な鍵は，A さんの秘密鍵である。

Q12　平成 27 年度秋期　問 70　改題

共通鍵暗号方式では，暗号化や復号に要する処理時間は，公開鍵暗号方式よりも長い。

Q13　平成 26 年度秋期　問 55　改題

電子メールの送信者が公開鍵の所有者であることを，電子証明書を発行した認証局が保証することによって，なりすましを検出可能とする。

Q14　令和 3 年度　問 63　改題

SSL/TLS を利用することによって，ブラウザと Web サーバ間の通信を暗号化できる。

【解答】

A1：○（→ P.261）

A2：×　**対策基準**は、基本方針で定めた目的達成のため、従業員が守るべきルールや規則のことである（→ P.262）

A3：×　不適合の是正措置は、ISMS の「改善」プロセスで実施する（→ P.263）

A4：○（→ P.266）

A5：×　設問の内容は、**可用性**を確保する方法の例（→ P.264）

A6：○（→ P.266）

A7：×　設問の内容は、**リスク回避**の例（→ P.267，268）

A8：×　**バイオメトリクス認証**とは、本人の身体的特徴や行動的特徴を利用して認証するもの（→ P.270）

A9：○（→ P.271）

A10：×　ハードディスクを物理的に破壊するか、ハードディスクの中身全体をランダムなデータで複数回上書きすることが必要（→ P.273）

A11：×　正しくは、B さんの秘密鍵（→ P.274）

A12：×　暗号化や復号に要する処理時間は、公開鍵暗号方式のほうが長い（→ P.274）

A13：○（→ P.277）

A14：○（→ P.279）

3-04

スマートフォンやパソコンの中身はどうなっている？

あなたがふだん使っているパソコンやスマートフォンはどのように動いているのでしょうか？

ここでは、コンピュータの特性から始まり、CPU・メモリ・ソフトウェアなど、**パソコンやスマホの中身**を理解するのに必要なことをざっと見ていきます。さほど難しいものではないので、先入観をなくして、気楽に読んでみてください。

スマートフォンもパソコンも「入力」「出力」「記憶」「演算」「制御」でできている

コンピュータの５大装置

あなたがネットショップでショッピングをする際、パソコンを使うでしょうか？　それともタブレットやスマートフォンを使うでしょうか？　カタチや大きさはずいぶんと違いますが、基本的な機能は変わりません。

たとえば、パソコンから商品を注文する場合、マウスで商品を選択したり、キーボードで数量を**入力**したりするでしょう。タブレットやスマートフォンであれば、タッチパネルで指を使って**入力**しますよね。

必要な情報を入力して「注文確定」ボタンなどを押すと、**コンピュータの中で処理**され、「注文完了しました」などの確認メッセージが**画面に表示**されます。人によっては、注文内容を控えるために、確認画面を**プリンターで印刷**する人もいるでしょう。

このように、あなたがコンピュータを利用するときには、必ず次の流れになります。

❶コンピュータに**指示**を伝える
❷コンピュータが**高速に処理**する
❸コンピュータが**結果を表示**する

コンピュータの5大装置

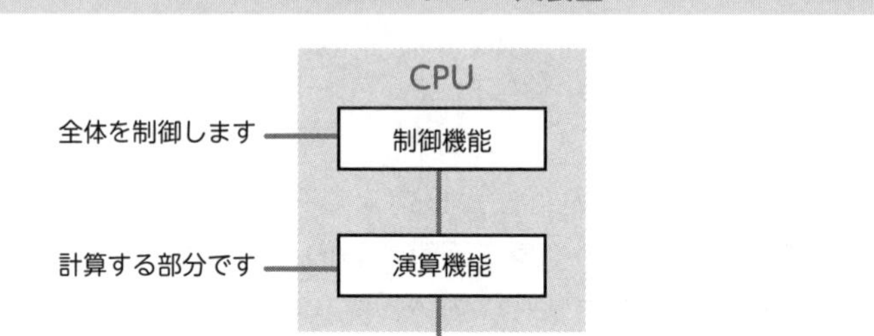

これはパソコンに限ったことではありません。スマートフォンもタブレットも、上図の5つの機能から成り立っています。

さきほどの例で見た、**コンピュータに指示を伝えるマウスやキーボード、タッチパネル**のことを**入力機能**といいます。また、**画面やプリンターのように結果を出力する機能**を**出力機能**といいます。

入力機能から入力された情報は、いったん**記憶機能**に保存されます。そして、記憶機能から情報が**演算機能**に運ばれ、1つひとつ計算されるのです。

さらに、**入力機能・出力機能・記憶機能・演算機能の動作すべてを制御**する**制御機能**があり、これら一連の処理は超高速でおこなわれます。

コンピュータの「脳」にあたるCPU

コンピュータの一番大事な部品。それは、まちがいなく**CPU（中央処理装置）**でしょう。CPUは**演算機能**と**制御機能**を担っている部品です。

「演算機能」はまさにコンピュータの要で、**人間の脳に相当**します。これは**コア**（核）とも呼ばれていて、今や、スマホでもコアを複数持つことがあたりまえになりました。

複数のコアを持つCPUを**マルチコアプロセッサ**と呼び、コアの数に応じて下記のような呼び方があります。

- **2つコア**を持つ場合：**デュアルコア**
- **4つコア**を持つ場合：**クアッドコア**

もう1つのCPUの機能である**制御機能**は、さきほどお伝えしたように、ほかの機能を制御する重要な機能です。**人間でたとえると「神経系」**にあたるもの。

演算機能（人間の場合は脳）と制御機能（人間の場合は神経系）から構成されるCPUは、ホントに重要な役割を果たしている部品であることがわかりますね。

また、CPUに関連して、**32ビットCPU**や**64ビットCPU**という言葉を聞いたことがないでしょうか？

この「ビット」の前についている数字は、**CPUが一度に処理できるデータ量**を表しており、**ビットの数が大きいものほど、処理能力が高くなる**のです。

攻略MEMO　セットで覚える「CPU／GPU」

CPUに似た用語でGPUというものがあります。GPUは**「グラフィックス**・プロセッシング・ユニット」の略で、**画像処理を専門にした演算装置**です。3Dグラフィックスなど負荷の高い処理を担当するため高性能なものが多く、それゆえに、最近では画像処理だけでなく**AIの機械学習における膨大な計算処理**にも利用されます。

パソコンやスマートフォンは、じつは複雑なことが苦手

コンピュータは「超高速」で「大量」のデータを「正確」に処理できるという特長があります。では、具体的にはどれぐらい高速なのでしょうか？

たとえば人間は1分間に何十回か脈を打っていますよね。その脈拍にあわせて、心臓が動いたり、血液が循環していたりします。コンピュータの場合、**クロック周波数**というものにあわせて**コンピュータ全体が動作**します。クロック周波数はよく「1GHz（ギガヘルツ）」といった形で表されますが、1GHzとは「1秒間に10億回振動する」ということ。この速度は人間とは比べモノになりません。

ただし、コンピュータは人間と違って「自分で考えること」はできませんし、複雑なことも苦手です。その証拠に、コンピュータの内部では「0か1」だけという**2進数**で動いています（2進数はP.415で学習します）。人間がふつうに使う10進数は、コンピュータ内部では扱えません。

人間が2進数で大きな数字を扱うと、桁が多すぎて直感的にわかりにくいですが、コンピュータはいくら桁が多くてもいい代わりに、シンプルなものしか扱えないのです。

人間とコンピュータの数値表現の違い

記憶装置には2種類ある

主記憶装置（メインメモリ）／補助記憶装置

コンピュータには、大容量のさまざまなプログラムやデータが保管されています。それらを保管する**記憶装置の代表選手**が**ハードディスク**です。

ハードディスクは現在、ほとんどのパソコンに内蔵されていますから、パソコンにくわしくない人でも名前ぐらいは聞いたことがあるでしょう。このハードディスク、分類上は**補助記憶装置**と位置づけられています。なぜ「補助」なのかというと、**ハードディスクからは、CPUに直接データを読み出せない**からです。

CPUからデータを読み書きするのは**主記憶装置（メインメモリ）**というものが担当します。つまり、データをやりとりするにあたって、

CPU ⟷ 主記憶装置（メインメモリ）⟷ ハードディスク（補助記憶装置）

という関係があるのですね。どうしてこんなめんどうなことをするかというと、ハードディスクは、

- 大容量のデータを保存できる
- 電源を落としても記憶内容が失われない

という**メリット**がある一方、

- **読み書きの速度**がCPUに比べて**格段に遅い**

という**デメリット**もあるためです。

もし、CPUが直接ハードディスクに読み書きをしたら、何万倍〜何十万倍の時間、毎回待たされてしまいます。

そのため、CPUがデータを処理する際には、**ハードディスクから主記憶装置にデータをいったん読み込んで**、主記憶装置とCPUの間でデータをやりとりします。CPUと主記憶装置でも数十倍〜数百倍ぐらいの速度差はありますが、補助記憶装置に比べたら主記憶装置は圧倒的に速いのです。

ただし、**主記憶装置は高速な一方**で、

- ハードディスクに比べて高価であり、**大容量化しにくい**
- 電源を落とすと、**記憶内容が失われる**（この性質を**揮発性**と呼びます）

といった**デメリット**があります。そのため、ふだんデータを保管するのには向かないのです。だから、主記憶装置、補助記憶装置、どちらも必要になるのですね。

記憶装置の読み書きの速度差をさらに埋める

記憶の階層化

前項で、記憶装置が以下のようになっていることを知りました。

CPU ←→ **主記憶装置** ←→ **補助記憶装置**

CPUと補助記憶装置の速度差を埋めるために、このような構成にしているんでしたね。しかし、それでも**CPUと主記憶装置の速度差**は、けっこうあります。

本来なら、すべてのデータを高速な記憶装置に保存できればいいのですが、「記憶装置は高速なものほど高価」なので、そんなわけにもいきません。

そこで出てくるのが、**「記憶装置の階層化」**を進めようという考え方。具体的には、**CPUと主記憶装置の間**に**キャッシュメモリ**というものを用意します。

キャッシュメモリとは、**主記憶装置よりも高速・高価なメモリ**です。CPUが主記憶装置から最初にデータを読み込む場合、キャッシュメモリにも同じデータが読み込まれます。そして、次にCPUが同じ情報にアクセスしようとした場合、主記憶からではなく、キャッシュメモリから読み込むことにより、アクセスの速度を上げます。

キャッシュメモリ

← 1回目～初めてCPUに読み込むデータは、主記憶装置からキャッシュメモリにも読み込む

← 2回目～同じデータを再度読み込む場合、キャッシュメモリから読み込む

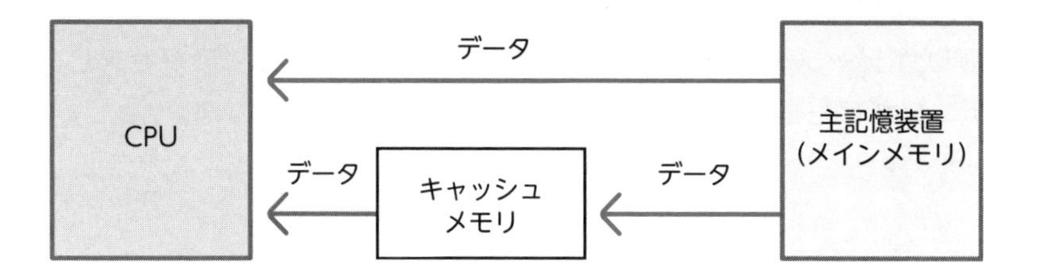

CPU内の一時的な記憶回路である**レジスタ**も含めて、キャッシュメモリ、主記憶装置（メインメモリ）、補助記憶装置、の関係性をあらわすと、次の図のようになります。**読み書きの早い順に並べる問題**が出題されますので、階層構造の順番もおさえておきましょうね。

記憶の階層構造

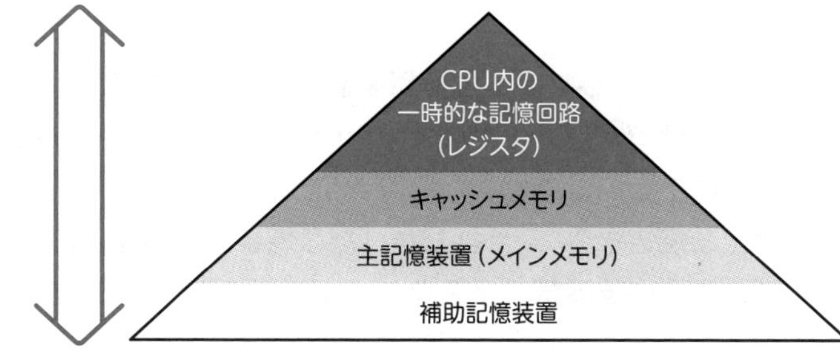

攻略MEMO　キャッシュメモリの出題ポイント

本項の中で特に出題が多いのは、キャッシュメモリ。本文の内容以外に、**1次キャッシュ**、**2次キャッシュ**というように**階層化されたキャッシュメモリ**が出題されたこともあります。これはカンタンで、2次より、1次のほうが高速・高価。階層構造の上に位置します。CPUがデータを読み出すとき、まずは**1次キャッシュ**にアクセスし、データが存在しなければ**2次キャッシュ**にアクセスします。

記憶装置は何からできている？

半導体メモリ／磁気ディスク／光ディスク

記憶装置の最後に、**記憶装置を実現している部品**（素材）についてチェックしましょう。ズバリ、部品（素材）は下表のように3種類あります。

	具体例	用途
半導体メモリ (単に"メモリ"ともいう)	RAMやROM	**レジスタ、キャッシュメモリ、主記憶装置**、補助記憶装置
磁気ディスク	ハードディスク	補助記憶装置
光ディスク	CD,DVD, ブルーレイ等	補助記憶装置

「3種類」と書きましたが、**主記憶装置以上の高速な用途**に使えるものは**半導体メモリだけ**です。そのため、半導体メモリは単に**メモリ**とも呼ばれます。たこ焼き屋チェーンでは、たい焼きやイカ焼きも売っていますが、一番売れるのはたこ焼きなので、だれもが「たこ焼き屋」と呼ぶのと同じですね。

磁気で読み書きする**磁気ディスク**も、光で読み書きする**光ディスク**も、どちらも円盤をモーターで回転させて物理的に読み書きする必要があるので、補助記憶としてしか使えないスピード（＝遅い）です。

一方、**半導体メモリ**は**ICの集積回路**から構成されており、モーター等の可動部品は使われません。電気を通すだけで高速に読み書きできます。

ハードディスクの中身

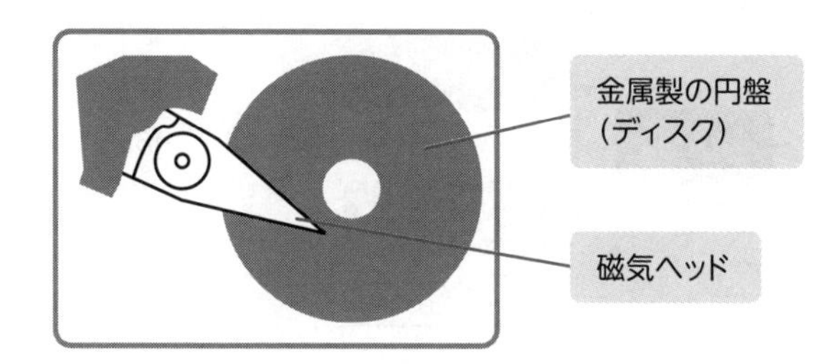

半導体メモリ 5 つの概要だけおさえよう

RAM ／ ROM ／ DRAM ／ SRAM ／フラッシュメモリ／ SSD

前項で学んだ、半導体メモリは頻出事項です。ここでもう少しくわしくおさえておきましょう。磁気ディスクや光ディスクと比較したときの、**半導体メモリ**のメリットをまとめました。

- 読み書きが**高速**
- 物理的な可動部分がないため、**衝撃・振動に強い**
- **省電力**

このようにメリットの大きい半導体メモリは多くの用途に使われているため、さまざまな種類があります。今度は半導体メモリの種類をチェックしてみましょう。IT パスポート対策としては、次の図のうち **5 つのメモリの概要**さえおさえれば大丈夫です。

半導体メモリの種類

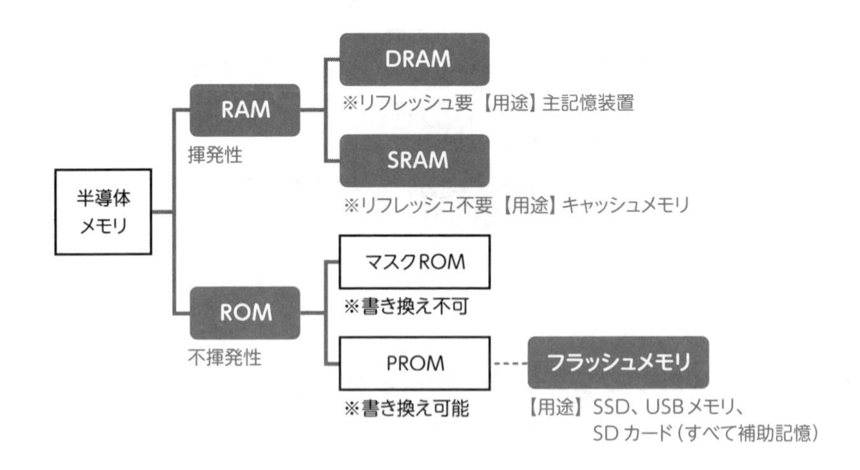

●RAM（ラム）とROM（ロム）

RAMは、**電源を落とすと記憶内容が失われる**（揮発性）メモリ、**ROM**は**電源を落としても記憶内容が失われない**（不揮発性）メモリです。

基本的に**RAMのほうが高速**で、キャッシュメモリや主記憶に使われます。

●DRAM（ディーラム）とSRAM（エスラム）

DRAMは**安価**ですが、**たえず再書き込み**（**リフレッシュ**）をする必要があるメモリです。リフレッシュ動作のぶん、次に説明するSRAMより速度が遅いため、**主記憶装置**に利用されます。

SRAMは**高価**ですが、リフレッシュが不要なため**高速に読み書きできる**メモリです。**キャッシュメモリ**に使われます。

●フラッシュメモリ

フラッシュメモリは**ROM**の一種です。ROMは電源を落としても記憶内容が消えない**不揮発性**の特徴がありました。フラッシュメモリは**電気的にデータの読み書きができる**、かなり使い勝手のよいメモリです。**USBメモリ**や**SDカード**など、身の回りで多く使われていますよね。

その中でも、特に近年注目を浴びているのが**SSD**。**ハードディスクに代**

わる補助記憶装置として使われるフラッシュメモリです。SSD は、今後ますます大容量のものが低価格で提供されるため、ハードディスクからの置き換えがさらに進むでしょう。

攻略MEMO **半導体メモリの出題ポイント**

半導体メモリの種類のなかでは、**「SSD」や「フラッシュメモリ」が頻出**です。また、さまざまなメモリの種類のなかから、**不揮発性（または揮発性）のメモリ**を選ばせる問題も出題されています。本文に出てきたメモリがどちらに所属するのか、ひととおり確認しておきましょう。

周辺機器と接続する方法はさまざま

入力装置／出力装置／入出力インタフェース

ここからはコンピュータ 5 大装置のうち、入力装置と出力装置を見ていきますが、じつは、これらの装置について、試験で出題されることはそう多くありません。そのため、どのような物があるのか、ざっと目をとおすだけで大丈夫です。

- **入力装置**：キーボード／マウス／タッチパネル／ペンタブレット／スキャナ
- **出力装置**：ディスプレイ／プリンター

これらの入出力装置より、よく出題されるのが**入出力インタフェース**。入出力インタフェースとは、コンピュータ本体と周辺機器（入出力装置や補助記憶装置など）を**接続する方式やコネクタの規格**のことです。一見、ワキ役のような入出力インタフェースが頻出だなんて、ちょっと意外ですよね。

みなさんも機器同士をつなぐというのはあたりまえにしていることでしょう。たとえば、PC にマウスをつなぐなんてことは、日常茶飯事ですね。このときマウスにくっついている接続端子を PC にさしこめば、特別な設定をしなくても、自動でつながると思います。

しかし、ちょっと前までは新しい周辺機器をPCに接続するたびに、周辺機器に付属する**デバイスドライバ**をインストールして設定する必要があったりと、たいへんでした。デバイスドライバとは、**PCに接続された周辺機器を制御・操作するためのソフトウェア**です。

一方、今はPCにケーブルを接続すると、**デバイスドライバが自動的に組み込まれたり設定されたり**します。この機能を**プラグアンドプレイ**と呼びます。カンタンにいえば「ケーブルをつなげば、すぐに使える」機能のことですね。

それでは、入出力インタフェースにはどんなものがあるか、それぞれ見ていきましょう。試験に出題されるのは、下図のとおり全部で5種類です。

入出力インタフェースの種類

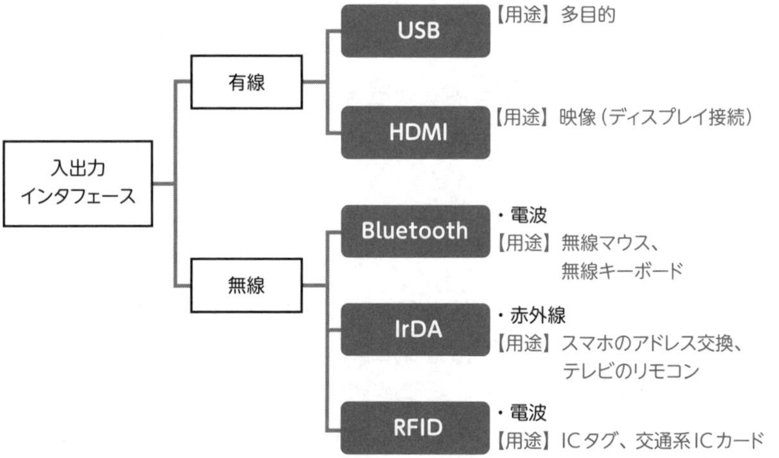

- 入出力インタフェース
  - 有線
    - USB 【用途】多目的
    - HDMI 【用途】映像（ディスプレイ接続）
  - 無線
    - Bluetooth ・電波 【用途】無線マウス、無線キーボード
    - IrDA ・赤外線 【用途】スマホのアドレス交換、テレビのリモコン
    - RFID ・電波 【用途】ICタグ、交通系ICカード

● USB（有線）

Universal Serial Busの略。「ユニバーサル」とは「万能の」という意味で、その名のとおり、**さまざまな用途で使われる接続インタフェース**です。

最新のUSB3.2では、**20Gbps**という高速転送にも対応。ハブ（集積装置）

を使えば**127台**という多数の機器を接続できるのも魅力です。

USBについては、以下2つの特徴が出題されます。チェックしておきましょう。

ホットプラグ	PCの電源を入れたまま、接続や取り外しができる機能。
バスパワー	PCに周辺機器を接続した際、周辺機器への電源供給をPCからケーブル経由でおこなう機能。 ※ただし、消費電力が大きい周辺機器などでは対応できない（周辺機器に直接電源供給が必要）

● HDMI（有線）

コンピュータにディスプレイなどを接続するための映像用インタフェース。映像、音声及び制御信号を1本のケーブルで入出力できるのが特長。AV機器用としても使われます。

● Bluetooth（ブルートゥース）（無線）

パソコンとワイヤレスマウス、ワイヤレスキーボードなどの**周辺機器を接続**します。電波なので**障害物に強い規格**です。

また、Bluetoothの規格の1つに**BLE**（Bluetooth Low Energy）があります。その名のとおり低消費電力（Low Energy）の規格で、**ボタン電池1つで半年から数年の連続動作が可能**です（そのぶん速度は遅い）。IoT機器での利用が期待され、注目を集めているからか、毎回のように出題されます。

● IrDA（無線）

赤外線通信のこと。**携帯電話同士でメールアドレスを交換するとき**に使われます。テレビのリモコンと同じ方式で、途中に障害物があると通信できません。

● RFID（無線）

Radio Frequency Identification（**電波による個体識別**）の略で、**ICタグ**とも呼ばれます（→ P.076）。

RFIDの国際規格が**NFC**で、鉄道系のICカード（JR東日本のSuica、JR西日本のICOCAなど）にも使われています。**無線機能を持つICチップ**を利用しています。

データをいっさい保存できないマシンで情報の流出を防ぐ

シンクライアント

以前、たこ焼き屋チェーンの本社が、泥棒に入られたことがありました。営業部門のパソコンが何十台も盗まれたのですが、顧客情報など重要なデータは一切紛失せず、お客様にご迷惑をかけたり、信頼を失うことはありませんでした。じつは営業部門のパソコンには、重要な情報が流出するための対策として、**ハードディスクが入っていないパソコン**を使っていたのです。

なぜ、ハードディスクがなくても使用できるのでしょうか。それは、**「サーバ側」で、ワープロや表計算ソフトなどを実行したり、データを管理したりする**、という手段をとっているからです。たしかに、ネットワーク経由でサーバにアクセスして、サーバに処理してもらい、結果だけ自分のパソコン上で表示する、ということができれば、パソコンの中にデータを残さずにすみますね。

このように、**データを内部に残さず、必要最低限の機能しか持たない端末**を**シンクライアント**といいます。「シン」とは「薄い」という意味で、データが入っていないことを指します。「クライアント」は「サーバ」の対義語で、（さまざまなサービスを受ける）顧客という意味です。企業で一般従業員が利用するパソコンは、クライアントPCということになります。

さらに最近では、**個人用のデスクトップ環境をクラウド上に構築**し、クライアントPCからインターネット経由でその環境にアクセスすることで、**かんたんにシンクライアントを実現できるサービス**も登場しています。

このサービスを**DaaS**（ダース）といいます。Desktop as a Serviceの略であり、日本語では**「仮想デスクトップサービス」**と訳されます。

攻略MEMO　シンクライアントの出題ポイント

シンクライアントは定期的に出題されます。**「必要最低限の機能しか持たない」「アプリケーションソフトウェアの実行やデータの管理はサーバ側でおこなう」**という点をチェックしておきましょう。

たこ焼きの生地のように「つなぎ」となるソフトウェア

OS／アプリケーションソフトウェア

あなたは、PCやスマートフォンでさまざまなソフトウェアやアプリを使うでしょう。たとえば、PCであればワープロや表計算、スマートフォンであればゲームやメッセージアプリなど。これらは、正式には**アプリケーションソフトウェア**といいますが、目的ごとに多くの種類がありますよね。

このアプリケーションソフトウェアで文字入力をするとき、PCならキーボードを使い、スマホならタッチパネルを使って入力します。また、データを保存する機能があれば、ハードディスクや内蔵メモリに保存します。

このような操作は、すべて各アプリケーションソフトウェアのプログラム中に書き込まれているのでしょうか？

じつは、PCやスマホの各ハードウェア資源（CPUやメモリ、補助記憶装置やキーボード、タッチパネルなど）とソフトウェアの連携は、まとめて**OS（オペレーティングシステム、基本ソフトウェア）**と呼ばれるソフトウェアに書かれているのです。OSはたとえば、PC用だとWindows（ウィンドウズ）やmacOS（マック）、スマートフォン用だとAndroid（アンドロイド）やiOSなどが挙げられます。

これらOSの役割は、**アプリケーションソフトウェアがPCやスマホのハードウェア資源を使いやすくするように、効率的に管理すること**。つまりは、アプリケーションソフトウェアとPCやスマホ本体の仲をうまく取り持つ、専用のソフトウェアと考えればOKです。

また、ユーザやアプリケーションに対し、さまざまな機能（ファイル管理など）を提供するのも役割の1つです。

ハードウェアとOSとソフトウェアの関係

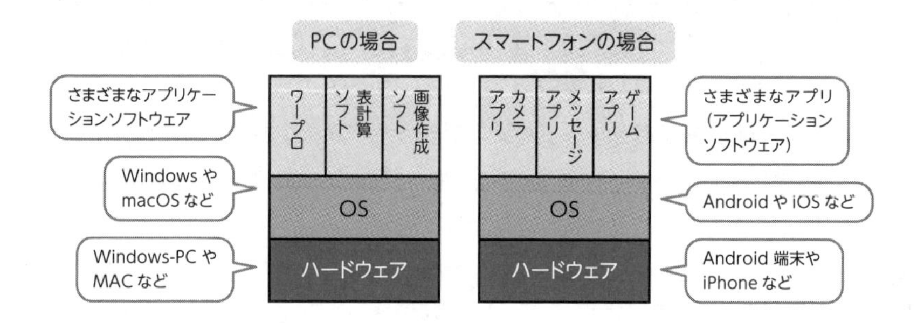

OSの提供する機能の1つに**マルチタスク**があります。

たとえば、**1台のPCで動画を見ながら、同時にワープロでブログを書く**ことは自然とできますよね。これは、動画再生ソフトとワープロソフトの実行プログラムをOSが細かい単位（タスク、またはプロセスと呼びます）に分割して、少しずつ互い違いに実行するよう管理しているから。そのため、**あたかも同時に2つのプログラムを実行している**ように見えるのです。

たこ焼き屋チェーンの店舗で、社員がたった1人で「たこ焼きを焼きながら、すぐ横で、たい焼きも焼いている」ようなものですね。

攻略MEMO　出題用語「BIOS」

ITパスポート試験では、**「PCに電源を入れて起動させるとき、どのような順番で各ソフトウェアが起動するのか？」**が問われます。

一番最初に起動するのは**BIOS**（バイオス）（Basic Input Output System）というソフトウェア。BIOSはPCの基板（マザーボードといいます）にあるROMチップに書き込まれており、**最初にPC全体のチェックや入出力機能の基本的な制御**をおこないます。そして、

BIOS → OS → デバイスドライバ → 常駐アプリケーションプログラム

以上の順番で起動します。常駐アプリケーションプログラムには、セキュリティや通信に関するものなどがあります。

フリーで使えるオープンなソフトウェア
OSS

さきほどの項で扱ったソフトウェア（アプリケーションソフトウェアやOS）は有料のものだけでなく、無料で使えるものもありますよね。

無料で使えるもののうち、さらに、だれでも自由に使えるように**ソースコードとともにオープン（公開）されているソフトウェア**を**オープンソースソフトウェア（OSS）**といいます。

だれでもOSSを自由に使えるほか、**ソースコードの改良も許可**されています。ただし、これは別に**著作権を放棄したわけではない**、ということには注意してください。ソースコードを改良した場合は、規約にしたがって、**その改良ソースコードも公開**しなければなりません。そのほか、OSSには、

- 再配布する個人やグループを差別してはいけない
- 再配布を特定分野に絞ってはいけない
- 有償での再配布やサポートは特に禁止されてない

などの特徴もあります。OSSは**「ソフトウェアを広く発展・流布させたい」という考え方がベースになっている**のが読み取れますよね。現在、次のようにさまざまなジャンルで、たくさんのOSSが活用されています。

ジャンル	OSSの例
コンピュータ用OS	**UNIX**（ユニックス）、**LINUX**（リナックス）
スマートフォン用OS	**Android**（アンドロイド）
インターネットブラウザ	**Firefox**（ファイアーフォックス）
メールソフト	**Thunderbird**（サンダーバード）
オフィスソフト	**OpenOffice**（オープンオフィス）
データベース管理システム	**MySQL**（マイエスキューエル）
Webサーバプログラム	**Apache**（アパッチ）

ITパスポート試験のソフトウェア分野のなかでは**OSSがもっとも頻出**、と言っても過言ではないぐらい、毎回のように出題されます。

問題形式もバラエティに富んでおり、「スマートフォン用OSのOSSは？」など具体例を問うものから、OSSの一般的な特徴を問うものまでさまざま。本項をおさえて、ぜひ得点源にしてくださいね。

どんなに高機能でも、使えなければ意味がない

ユニバーサルデザイン／アクセシビリティ／ユーザビリティ

ソフトウェア製品は、「だれでも使えるか」「ホントに使いやすいか」という観点でチェックすることが必要です。以下3つの用語を確認しましょう。

ユニバーサルデザイン	ユニバーサルは**「万人向け」**という意味で、国籍や年齢、障害の有無などに関わらず、**だれもが利用できるデザイン**（設計）のこと。（例）外国の方でも使えるように「多言語対応のソフトウェア」にする、など
アクセシビリティ	年齢や障がいの有無に関わらず、**だれでも使えるか**の度合いのこと。「多くの人が使えるか」が評価ポイント。
ユーザビリティ	ユーザビリティは**「使いやすさ」**という意味で、**どれだけ快適に目標を達成できるか**の度合いのこと。「どれぐらい使いやすいか」が評価ポイント。

「3つとも似た用語だなあ」と思うかもしれません。たしかにわかりにくいですよね。それぞれの関係性や違いを理解しておきましょう。

ユニバーサルデザインは、アクセシビリティとユーザビリティの両方をふくむ概念です。また、**アクセシビリティ**が「使えるのか／使えないのか」を焦点にしているのに対し、**ユーザビリティ**は「使えること」は前提条件で「使いやすいか否か」に焦点をあてています。

ファイルを指定するときの2つの方法

絶対パス／相対パス

業務では非常に多くのファイルを扱います。そのため、フォルダをいくつも作成して、ファイルを分類するでしょう。その「フォルダ」という名称は、より一般的には**ディレクトリ**と呼びます。

現在のパソコンのハードディスクはとても大容量なので、「○○ファイルを使いたい！」と思ったときに「どのディレクトリに格納した、何というファイルか」をコンピュータに指示しないと、そのファイルを利用できません。

ファイルの場所を指定する文字列を**パス**といい、パスを指定する方法は2種類あります。

●絶対パス指定

1つ目の**絶対パス指定**は、かならず最上位のディレクトリである**ルートディレクトリ**から指定する方法です。これは「基点となる駅から目的地を説明する」方法に似ています。

たとえば、たこ焼き屋両国店は、両国駅を基点とすると、下図の場所にあります。

両国店の地図

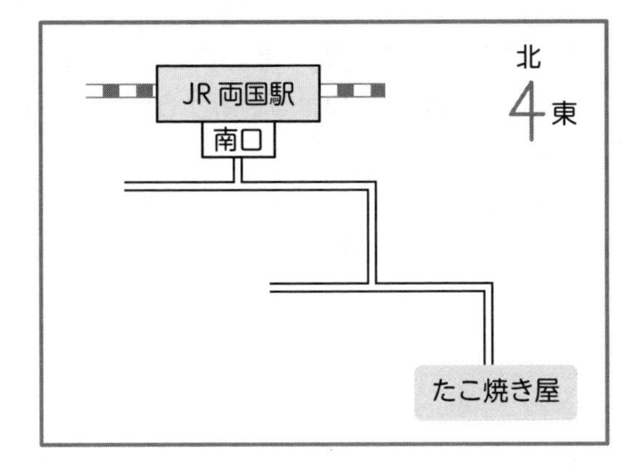

この場合、「両国駅南口から東に進み、角を曲がって、さらに交差点で東に進む」と説明するでしょう。同じように、**「A ディレクトリの 003.txt というファイル」**を指定する場合は、下図のように書きます。

¥A ¥003.txt

ここで、最初の「¥」は**基点となるルートディレクトリ**を表し、2 番目にある「¥」は**ディレクトリまたはファイルの区切り**を表しています。

ファイルの指定（絶対指定）

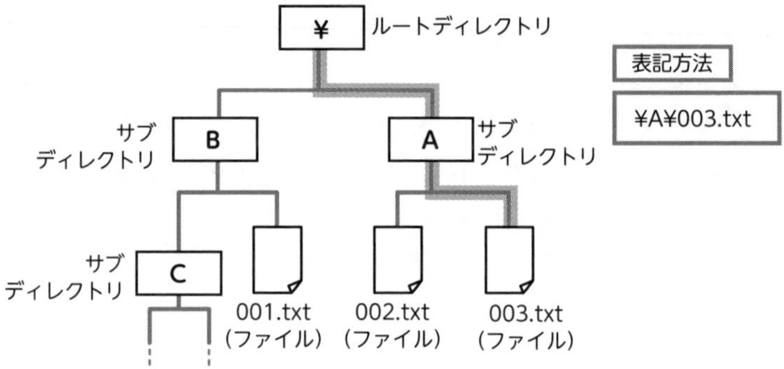

¥ ルートディレクトリ
表記方法
¥A¥003.txt
サブディレクトリ B
A サブディレクトリ
サブディレクトリ C
001.txt（ファイル）
002.txt（ファイル）
003.txt（ファイル）

●相対パス指定

もう 1 つの指定方法が**相対パス指定**です。こちらは、道に迷ったお客様から電話があった場合「そのお客様の居る場所から、正しい道順をご案内する」方法に似ています。

たとえば、現在操作対象のディレクトリ、**カレントディレクトリ**が B だとすると、003.txt の位置は以下のように示すことができます。

.. ¥A ¥003.txt

ここで「..」は**親ディレクトリ**を表しています。

ファイルの指定（相対指定）

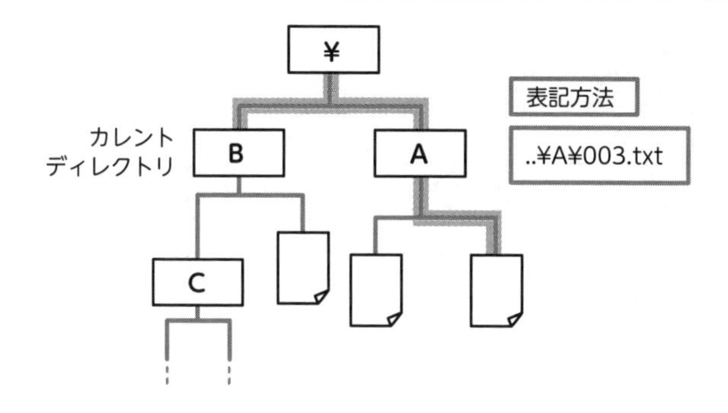

攻略MEMO　**ファイルパス指定の出題ポイント**

ファイルパス指定の問題は、**出題パターン**がおおよそ決まっています。次の3点をおさえておいてください。

- **絶対パス指定と相対パス指定**の違い
- **ルートディレクトリとカレントディレクトリ**の違い
- カレントディレクトリから対象ファイルへの**相対パス記述方法**

表計算ソフトでの「絶対」と「相対」の違いとは

相対参照／絶対参照

「絶対」と「相対」の違いは、表計算でも出てきます。ここでは、たこ焼き屋各店舗で販売された「たこ焼き」と「たい焼き」の売上金額を、毎日、表計算ソフトで集計する場合をイメージしてみましょう。

次の図にあるとおり、表計算ソフトでは**縦方向の左右に並べた項目1つひとつ**を**列**と呼び、それぞれにアルファベットがつけられています。

また、**横方向の上下に並べた項目1つひとつ**は**行**と呼び「1」から始まる数字がつけられています。

そして、**それぞれのマス目**を**セル**と呼び、図のように**「C2のセル」**というような言い方をします。

00 勉強前
01 ストラテジ
02 マネジメント
03 テクノロジ
04 記憶術
05 計算問題
06 直前＋本番

各店舗の集計が書かれた表計算ソフトのワークシート

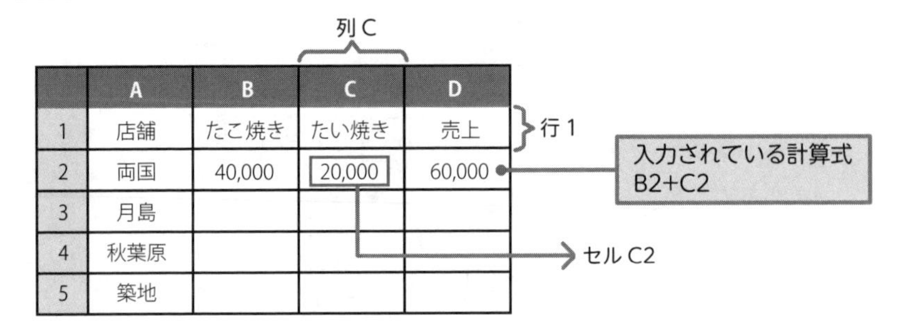

	A	B	C	D
1	店舗	たこ焼き	たい焼き	売上
2	両国	40,000	20,000	60,000
3	月島			
4	秋葉原			
5	築地			

図の売上集計表を見ると、両国店では以下のようになっていますね。

- **セル B2** → たこ焼きの売上金額である「4 万円」が書かれている
- **セル C2** → たい焼きの売上である「2 万円」が書かれている

合計欄であるセル D2 には、セル B2 の数字とセル C2 の数字の合計を書く必要があります。

ここで、セル D2 に **B2 + C2** と書くだけで、**自動的にセル B2 とセル C2 の数字を合計した値がセル D2 に表示**されるようになります。

なお、マイクロソフト社の Excel をお使いの方は、**= B2 + C2** のように、**「=（イコール）」**をつける必要があるのではないか、と思うかもしれませんが、IT パスポート試験で問われる表計算では**「=」は不要**です。

以上のように、セルの中に、**ほかのセルの番地や計算式を書くこと**を**参照**と呼びます。

続いて、両国店と同じように、月島店、秋葉原店、築地店にも合計金額を表示させましょう。

このとき、セル D2 の内容を、セル D3・D4・D5 にコピーするとどうなるでしょうか。なんと、それぞれ **B3 + C3**、**B4 + C4**、**B5 + C5** と**自動的に計算式が置き換わる**のです。

このように、セル内容のコピーにあわせて**自動的に計算式を置き換える参照方法**を**セルの相対参照**といいます。

セル D2 の内容を各セルにコピー（相対参照）

	A	B	C	D
1	店舗	たこ焼き	たい焼き	売上
2	両国	40,000	20,000	60,000
3	月島	30,000	20,000	50,000
4	秋葉原	60,000	40,000	100,000
5	築地	30,000	30,000	60,000

入力されている計算式　B2+C2

計算式が B3+C3 になる

計算式が B4+C4 になる

計算式が B5+C5 になる

コピー

一方、下図のケースでは、セル C1 の番地が自動的に置き換わってしまっては困ります。この場合 **C$1** と記述すれば、セル内容を複写しても、セル番地は変化しません。**「$」を列番号または行番号の前に付ける**ことで、**その番号は変化しなくなる**のです。

このようなセル参照の指定方法を**セルの絶対参照**と呼びます。

絶対参照

	A	B	C	D	E
1		営業時間	10		
2					
3	店舗	たこ焼き	たい焼き	売上	時間あたりの売上
4	両国	40,000	20,000	60,000	6,000
5	月島	30,000	20,000	50,000	5,000

複写後の計算式は D5/C$1

計算式は D4/C$1　※“/（スラッシュ）”は除算の意味

表計算については、第 5 章（→ P.440）でも学習しますので、ここで基礎知識をおさえておきましょう。

CHALLANGE! 最速アウトプット ○×問題

Q1 平成 25 年度秋期　問 66　改題

マルチコアプロセッサでは，一つの CPU 内に演算などを行う処理回路を複数個もち，それぞれが同時に別の処理を実行することによって処理能力の向上を図ることができる。

Q2 平成 29 年度秋期　問 75　改題

同じ構造の CPU において，クロック周波数を上げると処理速度が向上する。

Q3 平成 31 年度春期　問 97　改題

32 ビット CPU や 64 ビット CPU の "32" や "64" は，CPU の処理速度を示す。

Q4 令和 3 年度　問 64　改題

CPU 内部にある高速小容量の記憶回路であり，演算や制御に関わるデータを一時的に記憶するのに用いられるものは，レジスタである。

Q5 平成 25 年度春期　問 63　改題

DRAM，ROM，SRAM，フラッシュメモリのうち，電力供給が途絶えても内容が消えない不揮発性メモリは，SRAM とフラッシュメモリである。

Q6 平成 28 年度春期　問 72　改題

SSD は，機械的な可動部分が無く，電力消費も少ないという特徴をもつ補助記憶装置である。

Q7 平成 27 年度春期　問 52　改題

キャッシュメモリとは，PC の処理効率を高めるために，CPU が主記憶にアクセスする時間を見かけ上短縮することを目的としたものである。

Q8 平成 29 年度秋期　問 67　改題

フラッシュメモリとは，紫外線を利用してデータを消去し，書き換えることができるメモリである。

Q9 令和 4 年度　問 92　改題

Bluetooth4.0 で追加された BLE は，一般的なボタン電池で，半年から数年間の連続動作が可能なほどに低消費電力である。

Q10 令和元年度秋期　問 58　改題

HDD を初期化して OS を再インストールした場合，OS とは別にインストールしていたデバイスドライバは再インストールする必要がある。

Q11 平成 23 年度秋期　問 76　改題

PC に周辺機器を接続すると，デバイスドライバの組込みや設定を自動的に行う機能のことを，ホットプラグという。

Q12 平成 23 年度秋期　問 86　改題

シンクライアント端末とは，アプリケーションソフトウェアの実行やファイルなどの資源の管理は全てサーバ側で行う，ユーザインタフェース専用の端末のことである。

Q13 平成 24 年度春期　問 71　改題

複数のプロセスに CPU の処理時間を順番に割り当てて，プロセスが同時に実行されているように見せる方式をマルチタスクといい，CPU が持つ機能である。

Q14 平成 27 年度春期　問 57　改題

Thunderbird は，OSS のメールソフトである。

Q15 平成 29 年度春期　問 93　改題

自社で OSS を導入した際のノウハウを生かし，他社の OSS 導入作業のサポートを有償で提供することは，規約違反である。

【解答】

A1 ：○（→ P.287）

A2 ：○（→ P.288）

A3 ：×　“32” や “64” は、CPU が一度に扱える処理量（→ P.287）

A4 ：○（→ P.291）

A5 ：×　正しくは、**ROM** と**フラッシュメモリ**（→ P.294）

A6 ：○（→ P.294）

A7 ：○（→ P.290）

A8 ：×　正しくは、電気的に書き換え可能な、不揮発性のメモリ（→ P.294）

A9 ：○（→ P.297）

A10：○（→ P.296）

A11：×　正しくは、**プラグアンドプレイ**（→ P.296，297）

A12：○（→ P.298）

A13：×　前半のマルチタスクの説明は正しい。しかし、マルチタスクは CPU ではなく、OS の持つ機能である（→ P.300）

A14：○（→ P.301）

A15：×　OSS を有償で販売したり、有償サポートを提供したりすることは問題ない（→ P.301）

3-05

システムが安定して動くための工夫

スマートフォンの電池がすぐに切れてしまったり、フリーズしてしまったりしても、ガマンすればなんとかなるかもしれません。しかし、情報システムはそうはいきません。システムが止まってしまったら、自分たちだけでなく、お客様にも迷惑がかかってしまうからです。

そこで、情報システムには**かんたんに止まらないようにする工夫**が施されています。それらを見ながら、たこ焼き屋ネットショップを例に、**情報システムの中身**も覗いていきましょう。

システムを安全・安心に動かすための考え方

フォールトトレランス／フェールソフト／フェールセーフ

ネットショップに限らず、情報システムが障害などで停止すると、多大な影響が発生します。中には病院のシステムや交通のシステムなど、人間の生命に関わるものもあります。

とはいえ、**「絶対に障害が発生しないシステム」は存在しません**。たとえ、絶対に障害が発生しないシステムを作ることができても、そのためには膨大な費用がかかってしまいます。

そこで、**「情報システムに障害が発生しても、システムを停止させずに制御する」**という考え方が出てきました。そのような考え方を**フォールトトレランス**と呼びます。フォールトとは**「失敗・障害」**という意味であり、トレランスとは**「許容」**という意味です。あわせて、「障害が発生しても、それを許容する（そして制御していく）」となります。

フォールトトレランスにはさらに２つの考え方があります。

●フェールソフト

飛行機のエンジンを思い出してください。大型のジェット機は、4つエンジンがありますが、3つ壊れても、残り1つだけで航行を継続できます。

このように**「機能が低下してでも、なんとかシステム全体を継続させる」**という考え方を**フェールソフト**と呼びます。

●フェールセーフ

もう1つは、交差点の信号などに採用されている考え方です。

交差点の信号を制御しているシステムは、障害が発生すると「すべての信号が赤になって停止」します。もちろん、交通は混乱しますが、「信号が青の状態」で停止して、衝突事故などが発生することに比べればはるかにマシですよね。

このように、**「障害が発生した際に、あらかじめ決められた、より安全な状態でシステムを停止させる」**ことを、**フェールセーフ**と呼びます。

人間は「ミスを犯す生き物」と考える

フールプルーフ

「ミスを犯す」という意味では、情報システムよりも、人間のほうがタチが悪いかもしれません。

たとえば私は、Wordで原稿を書いていますが、ときどき保存せずに「×」(終了)ボタンを押してしまうことがあります。そのたびに、「まだ保存していません。保存しますか?」という**メッセージ**が出てヒヤリとしますが、おかげでうっかり保存せずに終了してしまうことはありません。

このように、**「人間がミスを犯すことを前提に、情報システムを設計する」**ことを**フールプルーフ**といいます。

攻略MEMO　フォールトトレランスの各用語の覚え方

「フェールソフト」「フェールセーフ」「フールプルーフ」は頻出です。どれも似た用語で混乱してしまいますが、見分けるポイントは、それぞれの用語を**2つに区切って**理解すること。

たとえば、**フェールソフト**の場合、フェールとソフトに区切って意味を理解しましょう。フェールは**「失敗・障害」**で、ソフトは**「柔軟」**です。つまり、**「障害が発生しても、柔軟に対応できるようにしよう」**という意味になります。

つづいて、**フェールセーフ**。フェールはさきほどと同じ**「障害」**で、セーフは**「安全な」**という意味。つまり、**「障害が発生したら安全な状態へ移そう」**ということです。

最後の**フールプルーフ**は、フールは**「愚者」**、プルーフは**「耐える」**という意味ですので、直訳すると**「バカ（な操作）にも耐える」**となります。なかなかストレートな表現ですよね。

2重化すれば信頼性が増す

デュプレックスシステム／デュアルシステム

「たこ焼き屋ネットショップのシステムがうまく稼働しない！」

このようなトラブルは、考えたくないかもしれませんが、十分起こりえます。

そんな事態に備える一番かんたんな考え方は、**システム構成を二重**にしておき、もし動かなくなったら、もう片方を動かすことです。
「二重にしておく」といっても、通常使うシステム（**主系**）は1つで十分。もう1つのほう（**従系**）は、システム構成は主系と同じでも、ふだんは月に1度の給与計算などに利用するのが効率的です。万が一、主系に障害が発生した場合、主系の代わりが務まればいいのです。

このように、**システム構成は二重化**しているものの、**通常は主系だけで処**

理して、何かあった場合に従系で処理を継続するシステムを**デュプレックスシステム**と呼びます。

デュプレックスシステム

メインの仕事をしています

主系

切替機

通常は別の仕事をしています

従系

ただ、デュプレックスシステムにも問題はあります。従系のシステムの再起動などで、主系に障害が起きた場合、システムが使えるようになるまで、**数分〜十数分のタイムラグ**が発生することです。たこ焼き屋ネットショップではそれでも十分なのですが、病院の生命維持装置など、わずか数分の停止が命取りになるシステムもあります。

そのような場合は、**二系統のシステムを、どちらも完全に二重化して動かすこと**になります。そのようなシステム構成を**デュアルシステム**と呼びます。デュアルシステムの場合は、２つのシステムがまったく同じ処理を実施しますから、**それぞれの結果を照合させれば、処理の信頼性もアップさせる**ことができます。

デュアルシステム

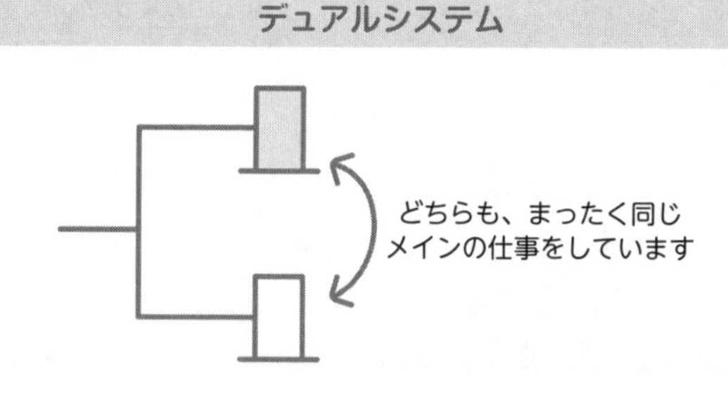

デュアルシステムとデュプレックスシステムは、一概に「こちらを選べばいい」といえません。デュアルシステムならば停止しなくなりますが、そのぶんコストもかかります。「システム停止による影響の大きさ」と「発生するコスト」を天秤にかけ、最もバランスのいい構成にすることが必要なのです。

攻略MEMO　セットで覚える「デュプレックスシステム／デュアルシステム」

「デュプレックスシステム」と「デュアルシステム」も定期的に出題されます。どちらも**二重化させるシステム構成**ですが、違いをしっかりおさえておきましょう。

- **デュプレックスシステム**：片方は待機
- **デュアルシステム**：2つがまったく同じ処理。処理結果を照合して高い信頼性

ハードディスクも二重化して高速化＆信頼性向上を実現

RAID

コンピュータのハードウェア機器の中で、ハードディスクはもっとも壊れやすいものの1つ。データの読み書きを繰り返しているうちに破損することがあります。

ハードディスクの破損に備えるには、複数のハードディスクを使うのが有効です。**複数のハードディスクを使って、アクセス速度や信頼性を高める技術**を**RAID**（レイド）（Redundant Arrays of Inexpensive Disks）直訳すると**「安価なディスクを使った冗長な配列」**という意味になります。安いディスクをいくつも使い、そのぶん信頼性や利便性を高めている、というイメージです。RAIDには、いくつかの種類がありますので見ていきましょう。

● RAID-1（ミラーリング）

まず、複数のハードディスクに**まったく同じ情報を書き込む方法**を**ミラーリング**と呼びます。まさに鏡のように、複数のハードディスクに同じ情報を書き込むわけです。これで、1つのハードディスクが破損しても別のハードディスクにデータが残っているので、信頼性が上がります。

● RAID-0（ストライピング）

ミラーリングの場合、信頼性は上がりますが、**アクセス速度は1つのハードディスクに書き込むのと変わりません**。そこで、複数のディスクに**データを分割しながら書き込む**ことで、高速化できる**ストライピング**という方法があります。

ただし、ストライピングではアクセス速度は向上しますが、データを二重に格納していないため、**信頼性は向上しません**。

ミラーリングとストライピング

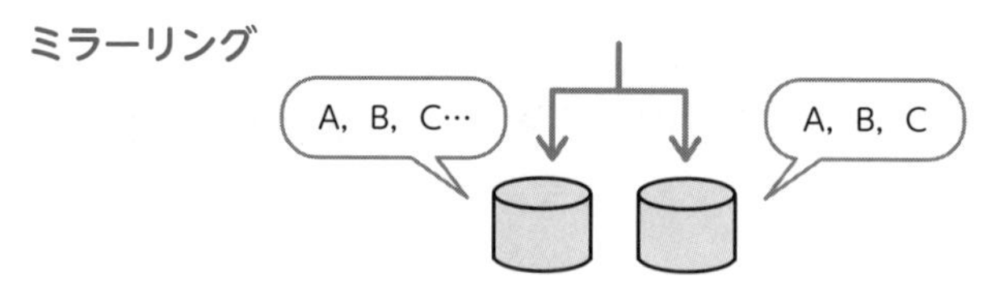

複数のハードディスクにまったく同じデータを書き込みます

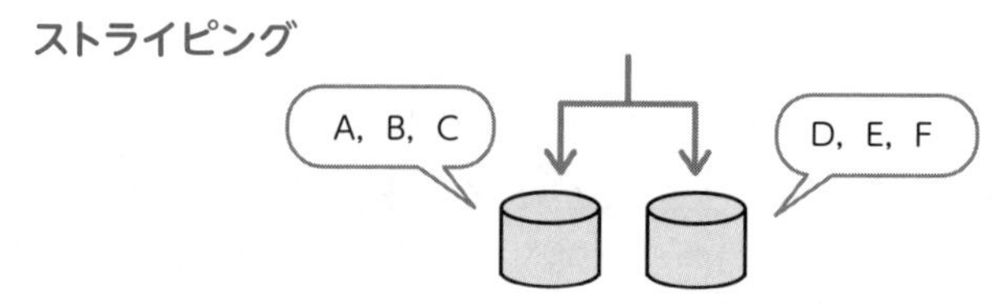

複数のハードディスクにデータを分割して書き込みます

● RAID-5

このように、ミラーリングとストライピングは、それぞれ一長一短あるのですが、これらを同時に実現するのが**RAID-5**です。RAID-5では、複数のハードディスクに**「データを分割して格納」しながら、一方で障害時の復旧情報（パリティ）を書き込む**ことで、信頼性とアクセス速度の向上を実現します。なお、RAID-5では、最低でも**3台のハードディスク**が必要となります。

RAID-5のしくみ

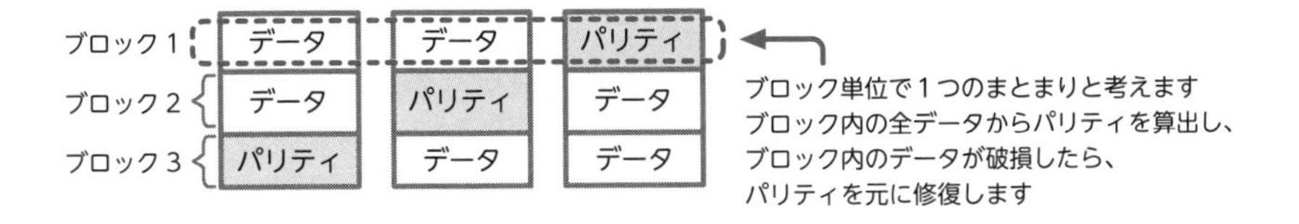

攻略MEMO　RAIDの出題ポイント

頻出は**「RAID-1」と「RAID-0」**。また、**RAID-5**も定期的に出題されます。本文中の**太文字**を重点的におさえましょう。特に「RAID-1」と「RAID-0」はそれぞれの内容があいまいになりやすいので、次のようにイメージするといいですよ。

❶**ミラーリング** → **鏡**のようにまったく同じ内容を2つのHDDに書き込む → 信頼性高い（信頼性**ゼロではない**）→ RAID-**1**

❷**ストライピング** → ミラーリングではないほう → 信頼性低い（**ゼロ**）→ RAID-**0**

反応速度がいいだけではダメ

レスポンスタイム／ターンアラウンドタイム

たこ焼き屋チェーンでは、ネットショップの立ち上げにあたり、最初から大々的に宣伝はしませんでした。「少数の方から使っていただき、評判がよければ、広告などで少しずつユーザー層を広げていこう」という戦略です。

すると、スタート当初からシステムのレスポンスがよく、担当者は「ユーザーも満足だろう」と思っていました。
　ところが、オープンしてすぐ、何人ものユーザーから以下のようなクレームのメールが届きました。

「会員登録の画面がわかりにくく、入力がめんどう」
「全部入力が終わって入力ミスがあると、すべてのデータが消えて、最初から全部入力しなければならない」

　これらのクレームは、最後に「注文する」ボタンを押して**コンピュータで処理をはじめる以前の問題**です。
　コンピュータの性能というと「情報を入力したあと、コンピュータの処理がはじまって、処理が終わり、回答が戻りはじめるまで」と考えがちです。しかし、お客様にとっては、**データを入力しはじめて、ネットショップの注文が完全に終わるまで**（もっと言えば、注文した品が届くまで）が重要です。
　以上のうち、**「純粋にコンピュータが処理をする時間」**を**レスポンスタイム**と呼びます。そして**「お客様が入力をはじめて、回答を完全に返し終わるまで」**を**ターンアラウンドタイム**と呼びます。
　お客様にとっては、システムの性能を向上させることだけでなく、ターンアラウンドタイム全体が短縮されることが望ましいのです。

レスポンスタイムとターンアラウンドタイムの違い

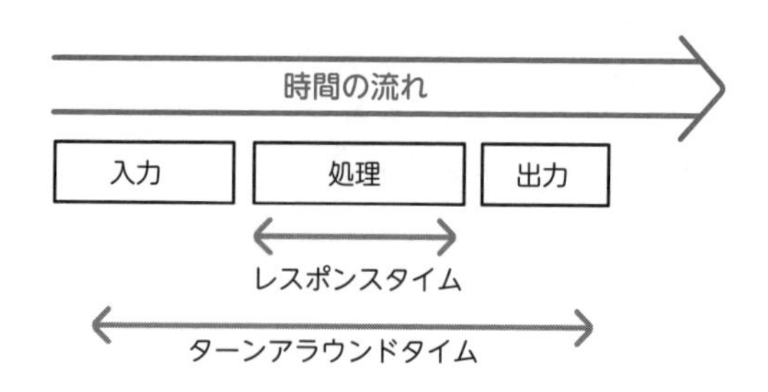

システムの費用はどう考えるの？

TCO／システムの経済性

システム会社に開発を依頼するときは、**複数社に見積もりを依頼**して、提案内容や価格を比較するのが一般的です。たこ焼き屋チェーンの企業も、ネットショップを制作する際、A社とB社、2つのシステム会社に見積もりを依頼しました。

両社から出てきたシステム開発の見積もりは、A社の金額に対して、B社は1.5倍高いものでした。しかし、A社の提案には、以下の条件がありました。

「ネットショップの運用開始後、商品が追加されるたびに、追加作業をA社に発注しなければならない（有償）」

それに対して、B社は初期費用が高いものの、以下のような条件でした。

「商品の追加は、自社のスタッフでできる（無償）」

ネットショップでは、商品の追加は頻繁に発生します。試算したところ、**ネットショップ稼働後わずか半年で、A社のシステムのほうが、B社より高価になってしまう**ことがわかりました。

このように、システムの総費用は、次のようにトータルで考える必要があります。

初期開発費用＋その後の運用・保守費用

この**全体のコスト**のことを**TCO**（Total Cost of Ownership：**所有総コスト**）と呼びます。

最初に安く作っても、運用で修正に費用がかかったり、トラブルが多く発生したりすれば、かえってコストがかかります。たこ焼き屋チェーンの企業もTCOを考え、トータルで安くなるB社に発注することにしました。

攻略MEMO　注目用語「TCO」

近年、システム総費用において、**運用費の占める割合が増大**しています。そこで、**「初期費用だけじゃなくて運用費もトータルで考えよう」**というTCOの考え方が重要視されているのです。TCOはまさしく**システムのユーザー側が知っておくべき用語**なので、**出題は今後も増えていく**と考えられます。

適材適所で処理の形態を使い分ける

対話型システム／リアルタイム処理／バッチ処理

一般的に、ネットショッピングはWebブラウザ上でしますよね。

ネットショッピングをするとき､ブラウザ画面に**「商品を選んでください」**や**「決済画面に移動しますか」**など、操作のたびに**メッセージが表示**されます。ユーザーは、それに従って「YES」「NO」あるいは「続行」などのボタンをクリックします。このような処理形態は、**コンピュータと利用者が対話しているように見える**ことから、**対話型システム**と呼びます。

たこ焼き屋チェーンの冷凍食品加工工場ならば、火を使うことや、細かい温度管理が必要な工程があります。目を離すと危険な作業ですから、工場が稼働中であれば、センサーがそれらの工程を**絶え間なく監視**し、火加減や温度に異常があった場合、すぐにアラームを流すなど、適切な処理をしなくてはなりません。このように、**随時細かく監視をするような処理形態を****リアルタイム処理**と呼びます。

一方、従業員の給与計算のように、1ケ月に一度など、**たまにおこなえば十分な処理**もあります。このように、**ある程度のデータをまとめて処理する形態**を**バッチ処理**と呼びます。

ネットショップは「表示」「データアクセス」「処理」の3つに分けられる

ネットショップのシステム構成を、もう少しくわしく見ていきます。

そのために、まず**ユーザーがどのようにしてネットショップで商品を注文するのか**、考えてみましょう。ざっくりこのような流れでしょう。

ブラウザ上で商品を選択する
➡ 購入する商品を確定する「購入」ボタンを押す
➡ 商品の届け先やクレジットカードの番号を入力する

このとき、**ユーザー側のパソコン**（サーバに対して**クライアント**と言います）のブラウザには、以下の役割があります。

❶ ユーザーに**情報を表示**したり、ユーザーからの**入力を受けたり**する

一方、**サーバ**には、以下の2つの役割があります。

❷ 商品情報などのデータを保管する**「データベース」**（→ P.327）にアクセスする
❸ データベースやユーザーから受け取った**データを処理**して（届け先データの追加など）、ユーザーに出す**メッセージを作成**する

以上、それぞれを❶**プレゼンテーション層**、❷**データベース層**、❸**ファンクション層**と呼びます。そして、**これら3層からなる全体のシステムを3層クライアントサーバシステム**と呼びます。

ネットショップのシステム構成

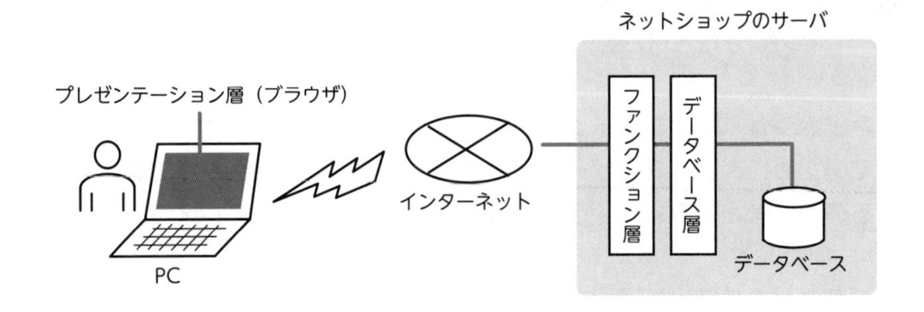

情報システムは「分散」と「集中」の 2 つに分かれる

「Web システム」は**クライアントサーバシステム**の 1 つです。クライアントサーバシステムとは、「クライアント」と呼ばれるコンピュータと、「サーバ」と呼ばれるコンピュータで、役割を分担して構成するシステムのこと。

そして、クライアントサーバシステムは**分散処理システム**という**システム構成**の 1 つです。分散処理システムとは、その名のとおり、**複数のコンピュータやプロセッサに分散して処理をおこなう**ものです。

分散処理システム＞クライアントサーバシステム＞ Web システム

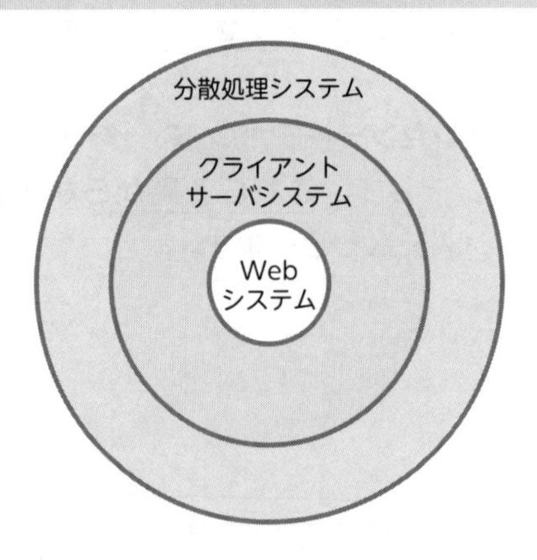

分散処理システムに対して、**集中処理システム**というものもあります。これは、**中央のコンピュータ（ホストコンピュータ）にさまざまな処理をさせ、ユーザーが使う端末にはほとんど機能を持たせない方式**です。

集中処理システムは、銀行のATMネットワークのように、「計算（数字）を一元管理する」ことが重要なケースでよく使われます。エンジニアにとっても、中央のホストコンピュータに集中すればいいので管理はラクですが、一方で、ホストコンピュータにトラブルがあるとシステム全体に影響が出ます。また、アクセスが集中した場合、1ヶ所で処理しているので、処理速度が低下するなど、パフォーマンスに影響しやすいという弱点もあります。

一方、分散処理システムは、オフィスのコンピュータのように、**ネットワークにつながっていながらも、1人ひとりの個別のパソコンで、ある程度の処理をします。**処理を分散しているので、どこかのパソコンに障害が発生しても、全体に影響することは少ないですが、トラブルの発生時は対象が広いぶん、原因究明や保守が複雑になります。ちなみに、P.298で学習した**シンクライアントシステムも分散処理システムの1つ**です。一緒に整理しておきましょう。

このように、集中処理と分散処理は、それぞれメリットとデメリットがあります。業務に合った形を選択するのがポイントです。ほかにも下記のようなシステムの接続形態があります。あわせてチェックしてくださいね。

✅ ピアツーピア	複数のコンピュータが、それぞれ**役割分担することなく、対等な関係でネットワークに接続**している形態
✅ スタンドアローン	そもそも**ネットワークに接続することなく、独立してコンピュータを利用**する形態。直訳すると「孤立」

1つのサーバがあたかも複数あるように見せる

仮想化

ネットショップをオープンするためにはさまざまなサーバを用意する必要があります。

- Web ページを公開するサーバ（Web サーバ）
- 商品データベースを稼動させるサーバ（DB サーバ）
- お客様の注文を処理するサーバ

たこ焼き屋ネットショップを立ち上げるにあたり、オープン当初は限られたアクセス数になる見通しです。そのため、1 つのサーバの中に Web サーバだけなど 1 つの機能しか使わないとすると、CPU の処理能力や記憶装置の容量などにかなり余裕が出てしまいそうですね。そうすると、あまった処理能力や記憶容量（これらをまとめて「資源＝**リソース**」と呼びます）を有効活用し、かつコストを抑えたくなります。

そこで、実際には 1 つのサーバしかなくても、その内部を**仮想的に分割**して、「DB サーバと注文処理サーバ」など複数の機能を利用できたら便利そうですよね。それを実現する機能を、**「仮想的にサーバが複数台あるように見せる」**ということで、**仮想化**と呼びます。

さらに仮想化ではさきほどと逆に**「複数のサーバをあたかも 1 台だけのように使う」**こともできます。非常に負荷が大きい処理をするときにはありがたいですよね。

このような技術のおかげで、仮想化では、**「必要なときに、必要なだけ CPU やメモリなどの資源（リソース）を利用する」**ことができるようになったのです。

なお、仮想化には、次のような方式があります。

- **ホスト型**：メインの OS（ホスト OS）上で動く仮想化ソフトをインストールする
- **ハイパバイザ型**：OS 不要で直接ハードウェアに仮想化ソフトをインストールする
- **コンテナ型**：1 つのホスト OS 上に複数の独立空間を作る

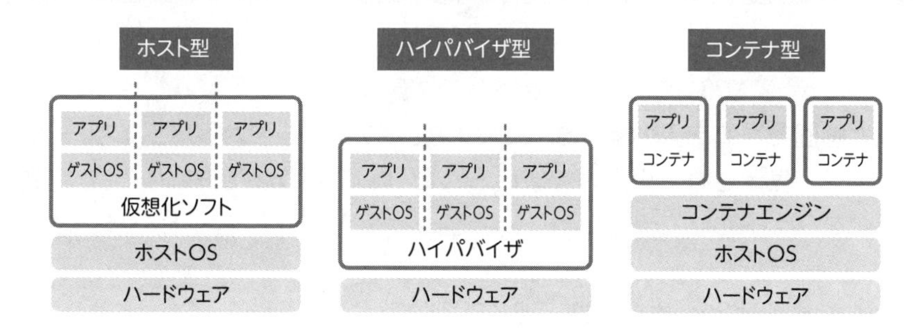

仮想化では、ある物理サーバ上で稼働中の仮想化サーバを、**OS やアプリケーションが動いたまま、別の物理サーバへ移動させ、ずっと処理を継続する技術**が使えるものもあります。

この技術を**ライブマイグレーション**といいますが、これなら、たこ焼き屋ショップのサーバに何かあっても安心ですよね。

攻略MEMO　出題用語「グリッドコンピューティング」

グリッドコンピューティングとは、インターネットやLANなどに接続された**複数のコンピュータで並列処理を実行**することで、**仮想的に処理性能の高いコンピュータ**（スーパコンピュータ）を作り出す技術です。**ネットワーク上に点在するコンピュータのパワーを結集する点**（「オラに元気を分けてくれ」状態）が仮想化と異なります。

CHALLANGE! **最速アウトプット ○×問題**

Q1 平成 31 年度春期　問 90　改題

入力画面で数値を入力すべきところに誤って英字を入力したらエラーメッセージが表示され，再入力を求められた。このような工夫をしておく設計思想をフェールソフトという。

Q2 平成 21 年度春期　問 65　改題

フェールセーフとは，故障や操作ミスが発生しても，安全が保てるようにしておくことである。

Q3 平成 23 年度秋期　問 82　改題

RAID1（ミラーリング）は，2 台以上のハードディスクに同じデータを書き込むことによって，データの可用性を高めることができる。

Q4 平成 22 年度春期　問 84　改題

TCO とは，システム導入後に発生する運用・管理費の総額のことである。

Q5 令和元年度秋期　問 74　改題

サーバの仮想化では，1 台のコンピュータを複数台のサーバであるかのように動作させることができるので，物理的資源を需要に応じて柔軟に配分することができる。

【解答】

A1：×　正しくは、**フールプルーフ**（→ P.312）

A2：○（→ P.312）

A3：○（→ P.316）

A4：×　TCO は、システム導入後に発生する運用・管理費に加え、システム導入時に発生する費用も含む（→ P.319）

A5：○（→ P.324）

3-06

多くのデータをどうやって管理すればいい？

「大量の情報を高速で処理できること」がITの最大のメリットです。テクノロジ分野の最後となる本節では、**大量の情報を処理するしくみ（データベース）**について見ていきましょう。

まずはデータを安全に管理するために**「データベースにはどんな工夫がされているのか」**をおさえていけば、全体もつかみやすくなるはずです。

大量のデータを安心して扱うために

データベース管理システム／トランザクション／コミット

ネットショップのシステムでは、会員様の情報、商品の情報、会員様から受けた注文の情報など、大量のデータを取り扱う必要があります。

このようなさまざまなデータを**効率よく保管**し、万一トラブルが起こったときには**復旧できるようなソフトウェア**が必要です。そのようなソフトを**データベース管理システム（DBMS）**と呼びます。

ネットショッピングを考えると、システムが停止する以上に「やってはならない、まずいこと」があります。それは、

「お客様のクレジットカードからお金を引き落としたにも関わらず、お客様の注文を受け付けていないこと」

です。お客様がネットショッピング中にシステム障害が起こったとしても、「カードの引き落とし」と「注文の受付」は、**必ずセットで処理しなければなりません**。もし、たこ焼き企業側で「注文の受付」ができなかった場合、確実に「カードの引き落とし」もキャンセルしないと、お客様に多大な迷惑

をかけてしまいますよね。

以上のように、**決して分割してはならない一連の処理**のことを、**トランザクション**と呼びます。データベース管理機能には、このトランザクションを問題なく処理する機能が含まれています。

そして、一連のトランザクションが完全に終了してから、**データベースの更新を確定**させます。このことを**コミット**といいます。

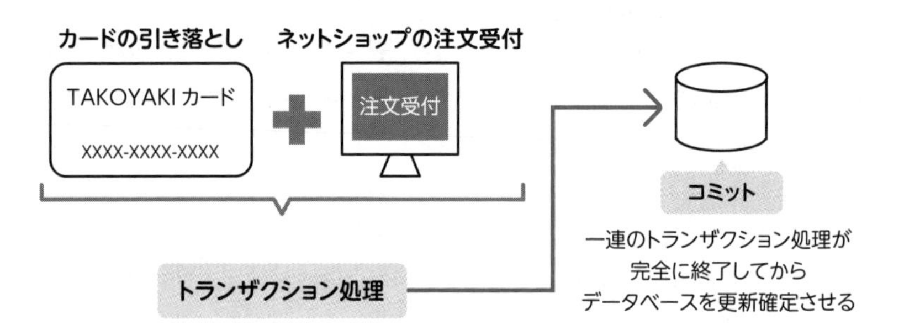

攻略MEMO 出題用語「ACID 特性」

ACID 特性とは、データベースのトランザクション処理に必要な 4 つの特性、**Atomicity**（原子性）、**Consistency**（一貫性）、**Isolation**（独立性）、**Durability**（耐久性）の頭文字を取ったものです。

- **原子性**：トランザクションは、「すべての要素が実行される」または「すべての要素が実行されない」のいずれかが必要、ということ
- **一貫性**：トランザクションの前後でデータの整合性が保たれ（一貫して）いること
- **独立性**：複数のトランザクションはそれぞれ独立しており、お互いに影響しないこと
- **耐久性**：トランザクション完了後、記録された結果が失われないこと

在庫が1個なのに、2個の注文を受けてはいけません

排他制御／ロック

たこ焼き屋ネットショップの「全品割引キャンペーン」の期間中は、ネットからだけではなく、電話でも注文がどんどん入ってきます。電話で注文を受けた担当者は、受注システムで商品の在庫を見ながら、在庫があれば、その場ですぐに注文情報を入力します。

以前、その方法で大きなトラブルが発生しました。2人の担当者が同時に在庫数を確認したところ、それぞれの画面に「冷凍たこ焼き：在庫1個」と表示されていたので、2人とも注文情報を入力したのです。当然、片方のお客様には商品を発送できなかったため、お客様から苦情が入ってしまいました……。

このときの反省を活かすべく、システム担当者と販売担当者が話しあい、あたらしく**排他制御**の機能をつけることになりました。これにより、

「担当者の1人が在庫を確認してから注文を入力し終わるまで、別の担当者が画面を見ることができない」

という**制限**を設けたのです。

このように、排他制御では、複数の人が同時にデータを更新しようとするときに、**データの不整合や矛盾を防ぐ**ことができます。また、排他制御の一環として**データへのアクセスを制限すること**を**ロック**といいます。

攻略MEMO　出題用語「レプリケーション」

DBMSの機能として、もう1つ**レプリケーション**をおさえましょう。レプリケーションとは、**ほかのサーバにデータのコピーを作成し同期すること**で、性能や可用性を高める手法です。次項で説明する「バックアップ」と違い、**リアルタイムに近い状態**でデータが更新されるので、**障害に強く、より信頼性が高い**といえます。

大事なデータを守る「バックアップ」の3つの種類

ネットショップで扱うデータは、どれも貴重なものです。ハードディスクの中に細心の注意を払って管理・保管しても、それだけでは不十分。ハードディスクが壊れる可能性もあるからです。

万一のトラブルに備えるために、**日々利用するデータの複製を「別の場所」に保管しておく**と安心です。これを**バックアップ**と呼びます。データを守るための基本といえます。

本来は、**毎日すべてのデータをバックアップする**、**フルバックアップ**が王道です。ただ、扱うデータは日々増えていくので、バックアップも日ましに時間がかかるようになってしまいます。

そこで、**毎週日曜日にフルバックアップ**したあと、月曜日は**「月曜日に増えた分」**、火曜日には**「火曜日に増えた分」**……と、**その日に増えた分だけをバックアップ**すれば効率的ですよね。そのような方法を**増分バックアップ**と呼びます。

単純に、バックアップにかかる時間だけを考えると、増分バックアップのほうが短くてすむのですが、問題もあります。じつは、増分バックアップだと、**復旧（リカバリ）するときに時間がかかってしまう**のです。

というのも、復旧のときは、これまでのバックアップファイルを**結合**して1つにしなければなりません。たとえば、**土曜日に障害が発生した場合**を考えると、以下のように多くのファイルを結合させる必要があるのです。

❶ 先週の日曜日に実行したフルバックアップ
❷ 月曜日に実行した増分バックアップ
❸ 火曜日に実行した増分バックアップ
……
❻ 金曜日に実行した増分バックアップ

そこで役立つのが、以下のように**2つのファイルの結合**ですむ**差分バックアップ**という方式です。

❶ 先週の日曜日に実行した**フルバックアップ**
❷ 金曜日に「月～金曜日で変更したぶん」を実行した**差分バックアップ**

差分バックアップ

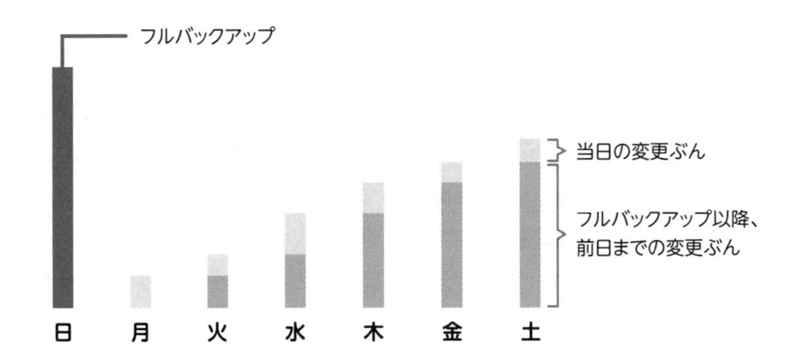

差分バックアップは、増分バックアップほどバックアップにかかる時間は短くありませんが（金曜日に月〜金曜日で変更したぶんをまとめてバックアップするので）、そのぶん**復旧にかかる時間もさほど多くはありません。**

まとめると、表のように、それぞれ一長一短があります。

項目	日々バックアップにかかる時間の長さ	復旧にかかる時間の長さ
フルバックアップ	×	○
差分バックアップ	△	△
増分バックアップ	○	×

データベースを復旧させる方法は 2 種類ある

データベースに障害が発生した場合、どのように**リカバリ（復旧）**させるのでしょうか？

前項で「バックアップの方法」を確認しましたが、じつはバックアップしたデータを元に戻すだけでは不十分です。

たとえば、今日が土曜日だとしましょう。土曜日の午後に、データベースに障害が起きたとします。昨夜（金曜日の晩）に取得したバックアップのデータを使って復旧すると、**「土曜日の朝から、障害が起きる直前までのデータ」**はなくなってしまいますよね。わずか半日ぶんとはいえ、大切なお客様の情報や注文情報。なくしてしまうわけにはいきません。

では、どうしているかというと、**データベースが更新されるたび**に、その前後のデータベースの状態を**ジャーナル（ログ）ファイル**という形で保存しています。そして、ハードディスクの破損などが起きた場合、**最新のバックアップ（金曜深夜の状態）＋更新後のジャーナルファイル**を組み合わせて、**障害が発生した直前の状態を再現**するのです。

これを**ロールフォワード（フォワードリカバリ）**と呼びます。**バックアップの状態を起点**にして**「前方（フォワード）＝将来」**の方向にデータを**「巻き戻す（ロール）」**という意味です。

ロールフォワード

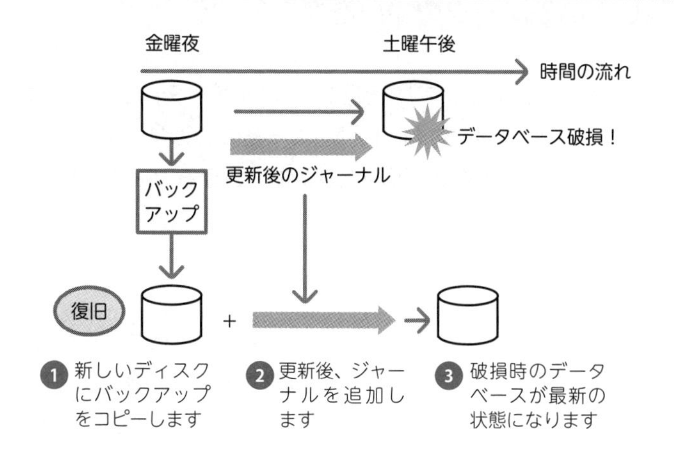

一方、ハードディスクの障害ではなく、データベースを更新したときに**通信障害などでうまく更新できなかった場合**は、障害が発生したデータベースに**更新前のジャーナル**を組み合わせて、**障害が発生した直前の状態**に戻します。これを、**ロールバック（バックワードリカバリ）**と呼びます。直訳すれば**「巻き戻す」**となりますが、文字どおり、**データを障害発生の直前**の状態まで巻き戻す、という意味です。

ロールバック

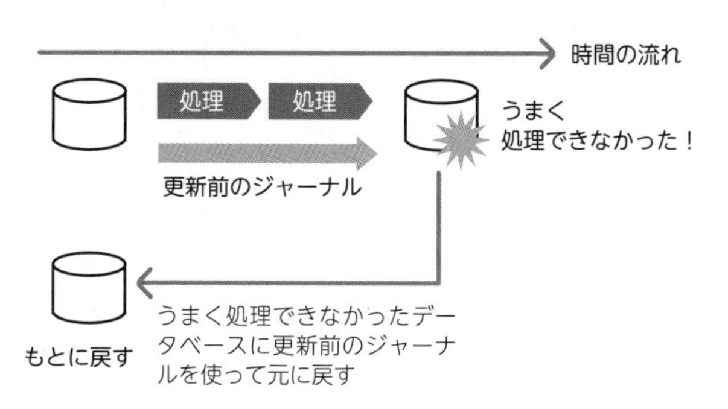

管理しているデータの中身を見てみよう

ひとくちに「ネットショップで管理しているデータ」といっても、本当に多くの種類のデータがあります。「百聞は一見にしかず」ということで、たこ焼き屋ネットショップではどのような情報が存在するのかを見ていきましょう。

●会員表

まずは、ネットショップに会員登録したユーザーの情報です。

現在の情報システムは、下図のように**表でデータを管理する**のが主流です。この表を**テーブル**と呼びます。テーブルとは「表」を英訳したものです。

また、表の**縦一列**を**フィールド**、**横一行**を**レコード**といいます。

会員表

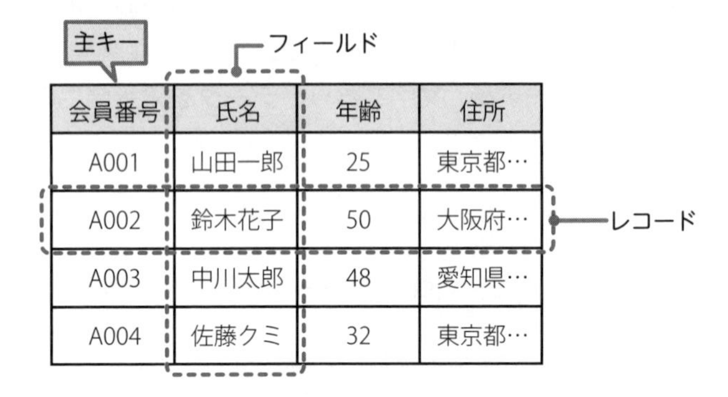

会員番号	氏名	年齢	住所
A001	山田一郎	25	東京都…
A002	鈴木花子	50	大阪府…
A003	中川太郎	48	愛知県…
A004	佐藤クミ	32	東京都…

さて、表をよく見ると、1人ひとりのお客様情報は、横一行（レコード）単位で管理しています。Excelで住所録を作るイメージに近いですね。

そして、Excelの住所録では同一人物を2回以上記入しないのと同じように、データベースでも**同じお客様のレコードが複数存在してはいけません。**

そこで、それぞれのお客様の情報を見分けるために、**「会員番号」**の項目を使います。情報システムの内部では、「今回の注文は**山田太郎さん**から受けた」ではなく、「今回の注文は会員番号が **A001 の方**から受けた」というようにデータ処理するのです。なぜなら、「山田太郎」という同姓同名のユーザーが今後現れないとも限らず、もし名前が重複したらどちらの「山田太郎」さんの注文かわからなくなるからです。

このように、**レコードを判別するために使う項目**を**主キー**と呼びます。

なお、主キーの「重複しない」という性質は、試験で**「行を一意に識別する」**なんて表現で記載されます。チェックしておいてくださいね。

●商品表

次に「商品表」を見てみましょう。商品表の主キーは、「商品番号」です。それと今回は、「生産工場表」という別のテーブルも存在します。

商品表と生産工場表

商品表

外部キー

商品番号	商品名	価格	生産工場コード
B001	たこ焼き	500	K001
B002	たい焼き	300	K002
B003	チーズたこ焼き	500	K001
B004	大判焼き	400	K002

リレーション

生産工場表

主キー

生産工場コード	工場名	担当者	住所
K001	千葉工場	加藤	千葉県…
K002	埼玉工場	川田	埼玉県…

よく見ると、**商品表の「生産工場コード」という項目と、生産工場表の「生産工場コード」が接続されている**のがわかるでしょう。

これを**リレーション（関連づけ）**と呼びます。このリレーションこそ、データベースと一般の表計算ソフトの最大の違いです。現在主流のデータベースは、このように「テーブルのリレーション」を多用することから、**リレーショナルデータベース（関係データベース）**といわれています。

では、どうしてリレーションを使うのでしょうか？　じつは、リレーションを使わなくても、商品表を作ることはできます。次の「商品表（リレーションを使っていないもの）」をよく見てください。

商品表（リレーションを使っていないもの）

商品番号	商品名	価格	工場名	担当者	住所
B001	たこ焼き	500	千葉工場	加藤	千葉県…
B002	たい焼き	300	埼玉工場	川田	埼玉県…
B003	チーズたこ焼き	500	千葉工場	加藤	千葉県…
B004	大判焼き	400	埼玉工場	川田	埼玉県…

以下の２点に気づくと思います。

❶ 各レコードに、千葉工場または埼玉工場のデータがすべて結合されている
➡ 同じ内容が繰り返し書かれており、**記憶装置の容量を多くとる**

❷ もし千葉工場の担当者が変更になったら、千葉工場で生産している商品のレコードの「担当者」項目をすべて書き直さなければならない
➡ そうなると**非常に工数がかかるし**、書き換えを忘れてしまうレコードが出てきて、**データに不整合が発生してしまう可能性がある**

以上の理由から、リレーショナルデータベースはできるだけ**データの重複やデータの不整合を防ぐ**ために表を分割します。これを**正規化**と呼びます。

●注文表

続いて、注文表を見てみましょう。このテーブルの主キーは何でしょうか？「注文番号」を見ると、同じ番号が入っているレコードが複数ありますよね。

注文表

主キー（複合キー）

注文番号	明細番号	受付日	会員番号	商品番号	個数
Z001	001	10/10	A001	B001	2
Z001	002	10/10	A001	B002	1
Z002	001	10/10	A004	B003	2
Z003	001	10/11	A003	B001	3
Z003	002	10/11	A003	B003	2

じつは、たこ焼き屋ネットショップでは、お客様が一度に複数の商品を購入した場合、商品ごとにレコードが分かれます。そして、「どんな商品がいくつ購入されたか」は注文表の**「明細番号」**ごとに割りふられます。

以上より、**「注文番号」＋「明細番号」を組み合わせたもの**が、ダブりなくレコードを指定できる**主キー**です。このように、主キーは**複数の項目の組み合わせから構成されること**もあり、その場合は**複合キー**と呼ばれます。

存在しない工場は、データベースに入力できない！

外部キー

もう一度、前項の「商品表と生産工場表」の図（→ P.335）を見てください。どちらの表にも「生産工場コード」の列がありますよね。

このうち、**生産工場表の「生産工場コード」**の列は**主キー**なので一意です。一方、**商品表の「生産工場コード」**の列は、**ほかの表（ここでは生産工場表）の主キーを参照**しています。このような列を**外部キー**といいます。

じつは外部キーにも制約があります。それは**「参照先の列に存在しない値は入力できない」**というもの。

生産工場表には千葉工場と埼玉工場のコードしかありませんから、商品表の生産工場コードには、千葉工場と埼玉工場のコードしか入力できません。

もし新しく神奈川工場ができたなら、まずは**生産工場表にきちんとデータを入力**して、それから商品表から参照する形になります。このようなルールを守ることで、データの不整合を防いでいくのですね。

攻略MEMO　出題用語「インデックス」

ここまで出てきた「主キー」「外部キー」と一緒に覚えてほしいのが**インデックス**。

インデックスは**「索引」**と訳され、**データベースの検索を高速にする**ために、必要に応じて設定したり、利用したりするものです。

ちなみに、関係データベースの表1つに対して、**主キーは1つだけ**ですが、**外部キーやインデックスは複数**設定できます。過去に出題されたので、覚えておきましょう。

関係データベースを設計するには？

E-R図

ここまで、さまざまな関係データベースの表を見てきましたが、これらを設計するにはどうしたらいいのでしょうか？

たとえば、商品表と生産工場表は関連付けられていましたが、**データベースの設計には「データとデータがどう関連しているか」を分析**することが重要です。

そこで使われるのが**E-R図**です。Eは**E**ntity（**実体**）、Rは**R**elationship（**関連**）の意味で、商品・生産工場・注文・会員などのデータの集まりを**実体**といい、その実体同士の**関連**を明らかにするためにE-R図は使われます。

例として、商品と生産工場のE-R図を見てみましょう。

E-R図

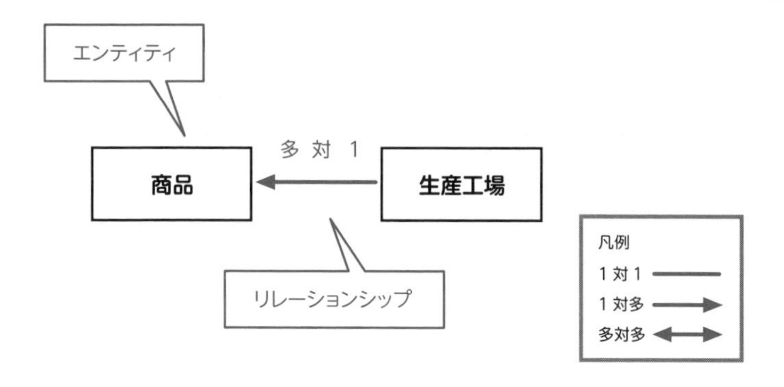

上記では、**商品と工場が「多：1」**であることを示しています。

それぞれの工場では複数の商品を生産しますが、特定の商品はどこか1つの工場でのみ生産される、という関連があるわけです。

P.335の「商品表と生産工場表」にあるとおり、千葉工場ではたこ焼きとチーズたこ焼きを生産し、埼玉工場ではたい焼きと大判焼きを生産していることを表しています。

このような分析をしたうえで、関係データベースは作られるのです。

関係データベースのデータを操作する3つの方法

選択／射影／結合／SQL

たこ焼き屋ネットショップの会員表には、数十万人分の会員情報が登録されています。この中から、**東京都内に住む方にだけ**お知らせメールを発信するためには、**「都道府県」の列（フィールド）が「東京都」となっているレコード（行）だけを取り出す**必要がありますね。このような操作をリレーションデータベースの**選択**と呼びます。

また、商品表には、数千にもわたる商品のさまざまな情報が登録されています。それぞれの商品の「アレルギー物質の含有状況」を調べるには、**すべてのレコード（行）のうち、「商品名」と「原材料」の列だけを抜き出す**必要がありますね。このような操作を**射影**と呼びます。

00 勉強前
01 ストラテジ
02 マネジメント
03 テクノロジ
04 記憶術
05 計算問題
06 直前＋本番

さて、ネットショップの商品表の中に、じつは商品の価格は含まれていません。価格は頻繁に見直されるので、別の表に分けて作られているのです。ですが、価格を含めた各商品の詳細情報の一覧がほしいことはよくあります。そのときにおこなわれるのが、**結合**と呼ばれる操作。その名のとおり、**商品コードをキーに、2 つの表の項目を結合させる**のです。

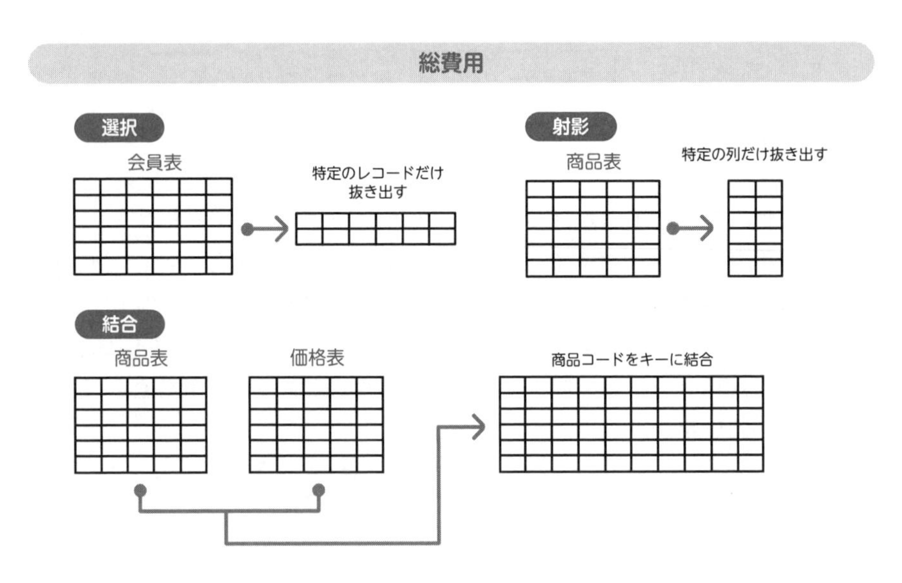

どのようなデータベースも、この 3 つを覚えておくだけで基本的な操作はできます。意外とシンプルですよね。

また、関係データベースの操作には **SQL** というデータベース言語を使います。あわせてチェックしておいてくださいね。

以上でテクノロジ分野は終わりです。また、第 1 ～ 3 章を経て IT パスポートの全体像を把握できました。全体のイメージをおさえたうえで、次章の細かい用語をおさえれば、丸暗記よりスルスル覚えられますよ！

最速アウトプット ○×問題

Q1 令和3年度　問62　改題

データベースに対する一連の処理をトランザクションとして扱い，矛盾なく処理が完了したときに，データベースの更新内容を確定することをロックという。

Q2 令和元年度秋期　問64　改題

データベース管理システムにおける排他制御の目的は，誤ってデータを修正したり，データを故意に改ざんされたりしないようにすることである。

Q3 初級シスアド　平成21年度春期　問37　改題

バックアップからの復旧時間を最短にするためには，差分バックアップ方式を採用するべきである。

Q4 平成21年度春期　問88　改題

ログファイルは，データベースの障害回復に用いられるファイルで，データベースの更新に関する情報が格納されている。

Q5 平成22年度春期　問83　改題

関係データベースにおいて主キーを指定する目的は，主キーに指定した属性（列）で，レコード（行）を一意に識別できるようにすることである。

Q6 平成28年度秋期　問95　改題

関係データベースにおいて主キーは，複数フィールドを組み合わせて設定することができる。

Q7 平成30年度秋期　問73　改題

外部キーを設定したフィールドには，重複する値を設定することはできない。

Q8 平成 31 年度春期　問 92　改題

データの正規化を行う目的は，データの矛盾や重複を排除して，データの維持管理を容易にすることである。

Q9 平成 30 年度春期　問 95　改題

関係データベースの操作で，指定したフィールド（列）を抽出することを「選択」という。

Q10 平成 24 年度秋期　問 53　改題

E-R 図では，対象世界を構成する実体（人，物，場所，事象など）と実体間の関連を表現することができる。

【解答】

A1：×　正しくは、**コミット**（→ P.328，329）

A2：×　正しくは、複数のプログラムが同一のデータを同時にアクセスしたときに、データの不整合が生じないようにすること（→ P.329）

A3：×　復旧時間が最短なのは、**フルバックアップ方式**（→ P.330，331）

A4：○　ログファイルは、ジャーナルファイルとも呼ばれる（→ P.332）

A5：○　（→ P.335）

A6：○　（→ P.337）

A7：×　外部キーを設定したフィールドには、重複する値を設定することができる（→ P.337）

A8：○　（→ P.336）

A9：×　正しくは、**射影**。**選択**とは、指定したレコード（行）を抽出することである（→ P.339）

A10：○　（→ P.338）

CHAPTER 04

最小限の労力で効率的に覚える「ラク短」単語記憶術

第３章までを学習してきたあなたは、IT パスポート試験を構成する３分野の本質や全体像を十分に理解できているはずです。しかし、それだけでは合格には及びません。詳細部分を補うために、出題される用語をおさえる必要があるためです。

とはいえ、あとは時間をかけずに、１つひとつ知識を積み上げていくだけ。すでに３分野の全体像や本質をおさえていますから、新しい用語を吸収するたびに、あなたの頭の中で、どんどん新しい化学反応が起き、本物の血肉のような知識になることでしょう。

用語の暗記において、最もつまずきやすいポイントは以下の４つ。

①無機質で覚えにくい英略語
②語感からは意味を想像できないカタカナ語
③数は少ないものの、非常に混同しやすい同音異義語
④バリエーションが多くややこしい分野の用語

これらを徹底攻略した後、残りの「合格に必要十分な用語」を重要度の高いものから順におさえていきましょう。

4-01

ビジネス系の英略語は「C」「E」「B」に注目して覚える

IT パスポート試験の用語を覚えるうえで最もやっかいなのが、**無機質な英略語**。そんな英略語も、**「同じ頭文字から始まるもの」**などでグループ化すれば、攻略の糸口が見えてきます。

「記憶したものを思い出す」ためのとっかかりになるような説明を加えているので、ふつうに覚えるよりマスターする速度がダンゼン早まるはずです。

以下の流れで略語を見ていきましょう。

- 会社のお偉いさんは**「C（チーフ）」**から始まる
- 「全社的」なものは**「E（エンタープライズ）」**で始まる
- やっぱりビジネス用語には**「B」**から始まるものが多い

会社の役職は「C（チーフ）」から始まる

はじめに「Chief」から始まる**会社の役職**を知っておきましょう。

CEO	Chief Executive Officer の略。企業の**最高経営責任者**のこと。
CIO	Chief Information Officer の略。企業の**最高情報責任者**のこと。

「CIO」は経営戦略に整合した**情報システム戦略を企画・実施**する責任を持っています。一番偉いのは「CEO」ですが、IT パスポートでは CIO のほうが出題されやすいですよ。

「E」で始まる英単語は「エンタープライズ」のイメージ

「C」の次は「E」。第１章にも出てきましたが**「エンタープライズ（全社的）」**というイメージでとらえるといいでしょう。

✓ ERP	企業の**経営資源**（人、モノ、金）の**情報をトータル**にみて、**経営の効率化を図る活動**のこと。日本語にすると**「企業資源計画」**です。
✓ EA	Enterprise Architecture の略。企業の業務と情報システムの**現状**を把握したうえで目標となる**「将来のあるべき姿」**を設定し、**全体を最適化するための方法論**、または考え方のこと。**現状とあるべき姿を比較**し、課題抽出する**ギャップ分析**を用いる。
✓ エンタープライズサーチ	組織内部にあるさまざまな資料や情報の中から、必要なものを見つけるための**企業内検索エンジン**のこと。

ちなみに、「ERP」に関連した単語に **MRP** があります。セットで覚えてしまいましょう。

✓ MRP	Material Requirements Planning の略。**「資材所要量計画」**と訳され、企業の計画に従い、**必要な資材や部品の量、発注時期を割り出していく手法**のこと。ERP は、この MRP の発展形といわれています。スペルも似ていますね。

「B」から始まる英略語はビジネス系が多い

「B」はビジネス（**B**usiness）の頭文字なので、**ビジネス系の用語**がちらほらあります。これを意識しておくと、用語の意味を問う問題で有利です。

✅ BCP	**事業継続計画**（Business Continuity Plan）。災害や事故などが発生しても、**事業が止まらないように**、あらかじめ計画を立てておくことです。たとえば「会社の拠点を東日本と西日本に分ける」なども有効な措置です。第２章でも出てきました。
✅ BCM	**事業継続管理**。BCP をマネジメント（管理）していくこと。
✅ BPR	**業務プロセス再構築**（Business Process Re-engineering）。企業全体の仕事の流れを整理・見直しして、より合理的に業務プロセスを再設計し、コスト削減を実現します。
✅ BPM	BPR をマネジメント（管理）していくこと。
✅ BPMN	Business Process Modeling Notation の略。表記がかんたんでわかりやすさが特徴の**ビジネスプロセスの表記法**のこと。人間がおこなう業務プロセスの記述に使われます。

あとは、インターネットなどを通じて商品を売買する**電子商取引（EC）**に関する用語で B から始まる英略語が２つあります。

✅ B to B	**企業間**の電子商取引（Business to Business）。より簡略化して「B2B」と書くことも。
✅ B to C	**企業と消費者**の電子商取引（Business to Consumer）。一般的なネットショップがこれにあたります。

あわせて、電子商取引に関連する以下の単語も覚えてしまいましょう。

✅ C to C	**消費者同士**の電子商取引（Consumer to Consumer）。インターネットオークションなどがあります。
✅ EDI	**電子データ交換**（Electronic Data Interchange）。企業間の取引において、電子データを交換するしくみのことです。

4-02

英略語をカテゴリ別にまとめておさえる

無機質な英略語は、単独で覚えるより、**関連性のあるものをまとめておさえる**ほうが、記憶を想起する際のとっかかりになります。どのように関連しているのか、意識しながら覚えると効果的です。

標準化

ISO を中心に団体や規格をおさえよう

標準化の団体は、世界規模のものが多くあります。まず、標準化団体の親分格は **ISO** であることは要チェックです。そのうえで以下2点をおさえておきましょう。

- **I** は International の略で、**国際的**という意味（ただし、IEEE だけは例外）
- **J** からはじまるものは、**日本を対象**にした団体

ISO	正式にはInternational Organization for Standardization。**「国際標準化機構」**と訳されます。世界中でモノやサービスが共通して使えるように、標準的な規格を作るのです。
IEC	**電気および電子分野**の標準化をおこなう国際団体。International Electrotechnical Commission の略です。
IEEE	**電気・電子分野**に関するアメリカの標準化推進団体。The Institute of Electrical and Electronics Engineers の略です。
W3C	**ウェブで使われる技術**の標準化を推進する団体。WorldWide Web Consortium の略です。

JIS	Japanese Industrial Standards の略で、**日本工業規格**のこと。日本の工業製品の標準化を進める団体です。

ISO では、以下**3 つのマネジメントシステム**が制定されています。マネジメントでは「PDCA を回す」ことが大切でしたね。そこで、特定の目的のために、**企業が PDCA を回しながら管理する手法**の標準的な形式を制定したのです。

ISO 9000	**「企業の品質管理」**に関するマネジメントシステム。
ISO 14000	**「企業の環境管理」**に関するマネジメントシステム。
ISO/IEC 27000	**「企業の情報セキュリティ管理」**に関するマネジメントシステム。IEC と共同で制定しています。

ISO 9000 の**品質管理**に関連して、下記用語もおさえましょう。

QC 運動	現場のメンバーが**自主的に品質を改善する**取り組み。QC は Quality Control（**品質改善**）の略。
TQC	**全社レベル**で QC 運動を実施すること。Total Quality Control の略。
TQM	**経営も含めて**品質改善する取り組み。TQC は全社レベルとはいえ、生産に関係する部門が中心だったので、それをさらに進化させたものです。Total Quality Management の略。
シックスシグマ	アメリカで開発された品質改善運動。シックスシグマとは**「100 万分の 3.4」**という意味で、「それぐらい非常に少ない割合に不良の発生を抑える」ということを意味します。

システム開発

部品を組み合わせる考え方

ここでは、**RAD**（ラッド）と**SOA**という、**システム開発手法**2つをおさえます。RADはスペルそのままの意味。SOA（サービス指向アーキテクチャ）は、以下のゴロ合わせで攻略してしまいましょう！

「**そお**、**あ**っという間に、部品の組み合わせで作る**サービス指向アーキテクチャ**」

RAD	Rapid Application Development。直訳すると**「急いでアプリケーションを開発すること」**。その名のとおり、開発ツールなどを利用して、時間をかけずにソフトウェアを開発する手法のことです。
SOA	Service Oriented Architecture の略で、**「サービス指向アーキテクチャ」**と呼ばれます。ソフトウェアの機能や部品を構成単位とし、それらを組み合わせて、時間をかけずに大規模なソフトウェアを実現する考え方のことです。

グラフィック

現実世界とバーチャルな世界の融合へ

VR（バーチャル・リアリティ）は**仮想現実**で、**現実と仮想世界を融合**させるのが**AR**です。

「**えー**、**ある**ある、スマホのカメラで拡張現実AR」と覚えましょう。

VR	Virtual Realityの略で、日本語では**「仮想現実」**。コンピュータグラフィックスなどで構築した疑似の世界をユーザーに体験させる技術。
AR	スマホなどのカメラに映し出した**現実の映像にバーチャルな情報を重ねて**、より豊富な情報を提供したり、楽しい体験をさせたりする技術。Augmented Realityの略で、**「拡張現実」**と訳されます。

00 勉強前
01 ストラテジ
02 マネジメント
03 テクノロジ
04 記憶術
05 計算問題
06 直前＋本番

ネットワーク

ファイルサーバ、コンテンツ配信をおさえよう

ネットワークは広い範囲を扱うため、覚える用語も多いですが、1つずつおさえていきましょう。

●機器

ネットに接続する機器を1つ。ネットワークに接続して便利に使える**ハードディスク（HDD）**です。

「**ナ**ットクの**ス**トレージ → **NAS**（ナス）」と覚えましょう。

NAS	直接LANに接続し､複数のPCから使える**ファイルサーバ専用機**(ディスク装置)。Network Attached Storageの略。

●コンテンツ配信

動画などの**大容量コンテンツ**を、多くの人が閲覧（ダウンロード）しようとすると、インターネットが渋滞してしまいます。そのときに活躍する技術が**CDN**。「コンテンツ・デリバリ・ネットワーク」と、そのままの意味なので、こちらも3回唱えて覚えてしまいましょう。

CDN	Content Delivery Networkの略であり、かんたんにいえば、**「コンテンツを配信するために最適化されたネットワーク」**のこと。CDNを使うことで、大容量コンテンツをダウンロードしようとしているユーザーの**一番近くにあるコピーサーバ**（キャッシュサーバ）から、そのコンテンツをダウンロードできるようになります。これにより、特定のサーバにアクセスが集中することを防いだり、ユーザー1人ひとりのダウンロード時間が短くなるなどのメリットがあります。

4-03

意味が想像しにくいカタカナ語を対比して覚える

漢字の場合、初見でも「へん」や「つくり」を見て意味を類推できることが多くあります。しかし、カタカナ語や英略語の場合、パッと見ただけでは意味が想像しにくいものも多いですよね。

IT パスポートに出てくる用語も、**意味が想像しにくいカタカナ語**が多くあります。しかし、中には 2 種類のものを対比しながら覚えるとグンとわかりやすくなる用語もあります。

ここでは、そのような用語を見ていきましょう。

データ構造

キュー／スタック

データ構造とは、データを格納する方法のことです。ここでおさえておきたいのが、**キュー**と**スタック**。

キューは、**「銀行の窓口に並ぶ列」**のイメージ。スタックは、**「エレベーターに最後に乗った人は、重量オーバーのブザーが鳴ったら降りなければいけない」**という感じでとらえてみてください。

✓ **キュー**	プログラムにおけるデータ構造の 1 つで、**「先入れ先出し法」**ともいわれます。最初に入れたデータから行列を作り、自分が処理をされるのを待ちます。
✓ **スタック**	プログラムにおけるデータ構造の 1 つで、**「先入れ後出し法」**ともいわれます。キューの正反対。

キュー

スタック

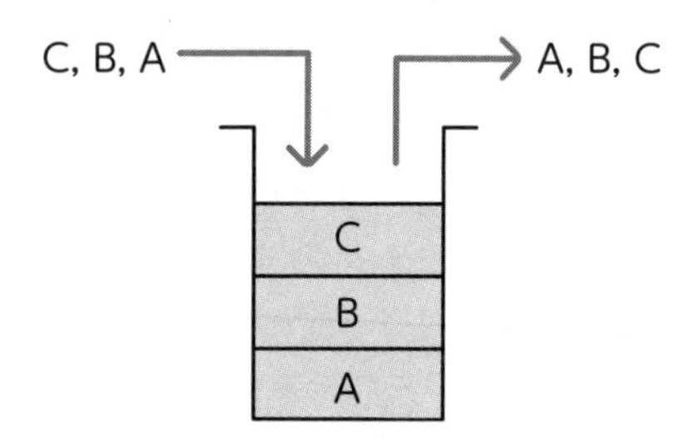

入出力インタフェース

シリアルインタフェース／パラレルインタフェース

周辺機器をパソコンにつなぐために必要なのが USB などの**インタフェース**です。

これらは、**シリアル（直列）**と**パラレル（並列）**の 2 種類に分かれています。シリアルと言っても、朝ゴハンではありませんので注意してください。

シリアルインタフェース	シリアル（**直列**）。信号線を 1 本だけを使い、その中に次々と信号が送られます。
パラレルインタフェース	パラレル（**並列**）。複数の信号線を使い、同時にいくつもの電気信号が発信されます。

パラレルのほうが効率的に思えるかもしれませんが、じつは「複数の信号

が互いに干渉する」という弱点があり、**高速化しにくい**という弊害があります。そこで近年は、**シリアルインタフェースが主流**となっていて、USBやIEEE1394などもシリアルインタフェースです。

情報システムの分類

SoE ／ SoR

社内の情報システムは大きくわけて**SoE**と**SoR**に分類できます。これは英略語ですが、**「エンゲージのE ／レコードのR」**と、セットで覚えると理解しやすいですよ。

SoE	Systems of Engagementの略。**顧客との関係性を深める**ような役割を持つシステム。直接ユーザーと接触できるスマートフォンのアプリやSNSなどが該当します。
SoR	Systems of Recordの略。従来からある基幹システムのように、**データを正確に記録・保管する**役割を持つシステム。なお、**基幹システム**とは「販売管理」や「会計」のように、**企業の主要な業務を支援するシステム**のことです。

データを**記録**（レコード:R）するだけの従来型のシステムではなくて、ユーザーと**つながり**（エンゲージメント：E）ができるシステムも求められる、というイメージです。

00 勉強前
01 ストラテジ
02 マネジメント
03 テクノロジ
04 記憶術
05 計算問題
06 直前＋本番

4-04

まったく同じなのに意味が異なる 3つの用語をおさえる

たった3つだけですが、**1つの用語でまったく異なる意味を持つ単語**があります。これらをあいまいにしているとややこしいので、短時間できっちり理解してしまいましょう。

MBO

●経営陣による事業買収【分類】ストラテジ（経営戦略手法）

M＆Aの手法の1つで、Management Buy Outの略。株主（オーナー）ではない**経営陣**が、資金を調達して株主から会社の株式を買い取り、自分たちの会社とすることです。

●目標管理制度【分類】ストラテジ（経営・組織論）

Management By Objectivesの略。上司と部下が一緒に部下の目標を考え、部下がコミット（納得）したうえで、**その目標の達成度を人事評価の対象とする制度**です。部下は「自分で決定した目標」なので言い訳ができず、「やらされ仕事」ではないのでモチベーションも上がります。

ベンチマーク

●トップ企業の経営と自社を比較する【分類】ストラテジ（経営戦略手法）

業界トップ企業のビジネスのやり方を調査・分析したり、自社と比較したりして、**自社の経営に活かす**こと。**ベンチマーキング**とも呼ばれます。

●コンピュータ性能を測る【分類】テクノロジ（システムの評価指標）

システムの性能を評価する**専用のソフトウェア**を使い、同じ条件で、いくつもの項目をテストして、**個々のシステムの性能を測定する**こと。**ベンチマークテスト**とも呼ばれます。

リーン生産方式／リーンスタートアップ

この２つはまったく関連がないわけではありませんが、同じ名称で内容は異なりますので、あわせて覚えましょう。なお、リーンとは**「ぜい肉のない（引き締まった）」「ムダのない」**などを意味します。

●リーン生産方式【分類】ストラテジ（エンジニアリングシステム）

生産プロセスを徹底的に効率よく管理することで、従来の大量生産と同等の品質を確保しながらも、時間やコストを削減できる方式です。トヨタ生産方式を研究して一般化したもの。

●リーンスタートアップ【分類】ストラテジ（技術開発戦略・技術開発計画）

最小のコストと時間で、最低限の商品・サービスを顧客に提供し、顧客のニーズを探り当てる**起業の方法論**のことです。「リーン生産方式」から名づけられました。

4-05

バラエティの多い分野の頻出用語を一気に攻略

ほかにも覚えるべき用語はまだまだたくさんあります。ただ、1つひとつ機械的に覚えるのは得策ではありません。

コツは、**「同じカテゴリで関連する用語」をまとめて覚えていくこと**。セットでおさえていくことで、記憶の想起に役立つ「とっかかり」が生まれます。一気にカタをつけましょう！

法規

「何から、どんな権利を守るのか」をおさえれば、たちどころにわかる

「法律って難しい文章が多くて苦手だ！」

そんな風に考えていませんか？　しかし、法律はすべて「ズルをしようとするモノから正当な権利を守る」という点で一致しており、とても心強い味方です。それぞれの法律によって「どんな権利を何から守るのか」は異なりますが、そのことを**「法の精神」**と呼びます。

法律をマスターする近道は、まずは「法の精神」をおさえること。ITパスポートで問われる法律知識は、それだけで十分対応できます。

●産業財産権

第1章で、産業財産権は「特許権」「実用新案権」「意匠権」「商標権」の4つから構成されていることに触れましたが、覚えていますか？ （→ P.140）ここでは**「ズルいライバル会社などから、自社の仕事のやり方やブランドを守る」**ことがポイントです。

特許、商標に関連する次の3つをおさえましょう。

ビジネスモデル特許	**ビジネスの方法**、つまり「儲けのしくみ」に新規性や独創性がある場合に保護する。
トレードマーク	**商品を特徴づけるマークやロゴ**などのこと。よく（TM）という印がついています。
サービスマーク	**サービスの商標**のこと。

●個人情報保護法

こちらも第１章で学んだ項目ですね。現在はネットで情報が拡散しやすい時代ですから、**「消費者の個人情報を漏えいさせない！」**という考えはますます重要視されています。試験でも「個人情報保護法」の関連用語は頻出です。P.147 とあわせてチェックしましょう。

個人識別符号	個人情報の中でも特に、**生体情報をデジタルデータにしたもの**（指紋や DNA）。あるいは**公的に割り振られた番号**（パスポート番号、運転免許証番号、住民票コードなど）のこと。
要配慮個人情報	個人情報のうち、**特に配慮が必要な情報**のこと。具体的には、**本人の人種、信条、社会的身分、病歴、犯罪の経歴、犯罪の被害歴**……などが該当します。「要配慮個人情報の収集には、本人の同意が必要」など、一般の個人情報より厳しい義務が事業者に課せられています。2015 年の法改正で設けられた区分。
個人情報保護委員会	**個人情報を管轄する組織**。個人情報保護委員会は強大な力を持っており、法律に従わない事業者に立ち入り検査したり、改善勧告や命令を出したりすることもできます。
プライバシポリシ（個人情報保護方針）	**自社サイトで収集した個人情報**をどのように扱い、どのように保護するのか、その考え方を説明するもの。
安全管理措置	個人情報保護法で定められているもので、**個人情報取扱事業者**が取り扱う個人データの漏えいや滅失・き損の防止、そのほか**個人データの安全管理のために実施すべき措置**のこと。

●使用許諾契約とライセンス形態

ソフトウェアを購入する、というのはプログラムそのものを購入しているのではなくて、**「使用権（ライセンス）」を購入しているだけ**なのをご存じでしょうか？ですから、私的利用以外の目的でコピーするのは違法です。

そういった取り決めをまとめたものが**使用許諾契約**です。一般にソフトウェアは「開発費が莫大であっても、複製はかんたんにできる」特徴があるので、そのため、**「違法コピーをしようとするズルいユーザーから、メーカーの権利を守る」**契約を交わすのです。

使用許諾契約	メーカーとユーザーの間で結ばれる、**「ユーザーがプログラムを使用すること」を認める契約**。
シュリンクラップ契約	ソフトウェアパッケージの**包装を開封**することで、使用許諾契約が発生する契約。ユーザーが理解せずに開封しても契約は発生します。
アクティベーション	ソフトウェアを利用する時に、インターネットなどを通じてメーカーにシリアル番号などを伝え、**正規ユーザーであることを証明する**こと。おもにソフトウェアのコピー防止が目的です。アクティベーションをしなければ、ソフトウェアを利用することはできません。**「ライセンス認証」**ともいいます。
サブスクリプション	ソフトウェアの利用形態の１つであり、月額など**利用期間に応じて料金を払う方式**。ソフトウェアは、もともと「使用権の買取」といった形態が多かったのですが、最近ではサブスクリプション方式も増えています。ちなみに、サブスクリプションとは本来、「予約金」や「購読」といった意味。
ボリュームライセンス	複数のソフトウェア使用権（ライセンス）を、割引価格で**まとめて提供する**販売形態のこと。
サイトライセンス	企業・教育機関・官公庁などの組織の単位で**一括導入するソフトウェア使用権**のこと。通常より割引価格で導入できます。

CAL（キャル）	サーバとクライアントに機能が分かれているソフトウェアにおいて、サーバにアクセスするための**クライアントの使用権**のこと。クライアント・アクセス・ライセンスの略。

●**通報・報告に関する法律**

違法行為があっても、**事実を隠ぺいされてしまっては問題**ですよね。透明性の高い健全な企業を育成するためには、**「通報・報告」の制度**が必要です。ポイントは以下になります。

- 不正な企業の仕返しから**告発者**を守る
- ムダな税金を使っている官庁から**市民**を守る

公益通報者保護法	公益通報者とは「公共の利益になるような通報をした人」という意味。企業の不正や法令違反を、**社内外問わず通報した人のこと**を指します。そのような人が**企業から不利益な取り扱いをされない**ように定められた法律。
情報公開法	**行政機関など**に情報公開を求める権利をまとめた法律。

●**通貨・金融商品に関する法律**

電子マネーや暗号資産など、さまざまな**通貨・金融商品から消費者を守る法律**を2つほど。

資金決済法	電子マネーやプリペイドカード、現金の送金、暗号資産の取引などを扱う**事業者**（銀行を除く）を規制し、消費者を保護するための法律。
金融商品取引法	消費者保護を目的として**幅広い金融商品**（株式や国債など）を対象に必要な規制をする法律。

●環境を守る法律

資源を有効活用して、**環境を守る**法律です。

✓ リサイクル法	**資源・廃棄物の分別回収や再資源化、再利用**などについて決められた法律。パソコンリサイクル法は、パソコンメーカーにパソコンの回収を義務づけています（ただし、回収の費用負担は顧客である点がポイント）。

●労働基準法で定義された働き方

法律そのものではありませんが、労働基準法の関連から２つ。どちらも**「労働時間」**に関係するものです。以下のように覚えましょう。

「ちょっとうれしい**フレックスタイム**」
「残業してもお金が増えないちょっぴり残念な**裁量労働制**」

✓ フレックスタイム制	直訳すると「柔軟な時間」であり、**「柔軟な勤務時間制」**のこと。一定期間内（１ヶ月以内など）の総労働時間を定めたうえで、**従業員は自らの判断で、日々の勤務開始時間・終了時間を決定できます**。ただし、必ず就業しなければならない**コアタイム**が決められていることがあります。また、上司による労働時間管理も必要です。
✓ 裁量労働制	仕事の具体的な進め方や時間配分を、**従業員の裁量に委ねる労働形態**。仕事の内容に応じて「○時間働いたことにする」という**みなし労働時間**を定めます。

そもそも、労働基準法は**「立場の強い企業から、立場の弱い労働者を守る」**という考え方でした。裁量労働制は「時間に縛られず、結果を出した労働者に報いる」ことが目的ですが、それを逆手に取り、「いくら仕事をさせても、一定額しか給料を支払わない」企業があって、よく問題になっています。

●サイバー攻撃から国を守るための法律

法律系の最後は、**サイバーセキュリティ基本法**。情報セキュリティに関する頻出の法律で、以下について定めています。

❶ 我が国のサイバーセキュリティ施策の**基本理念**、および**具体的な戦略**
❷ 国・地方自治体・公共インフラ企業や通信関連企業の**責務**、および**国民の努力すべきこと**
❸ **政府組織**の設置

❷をひとことで言えば**「総力戦」**。国内すべての関係者がすべきことを定めています。また、❸の具体的な例を挙げると、**「サイバーセキュリティ戦略本部」**や**「内閣サイバーセキュリティセンター（NISC）」**の設置です。

サイバーセキュリティ基本法	サイバー攻撃に対応するための基本理念や、国・自治体から企業・国民まで全関係者の責務、政府組織の設置などを定めた法律

また、ややこしいのですが、**サイバーセキュリティ経営ガイドライン**というものもあります。ただ、こちらは名前のとおり、**企業の経営者を対象**にしたもの。経営者が認識しておくべき3原則などが記載されています。

文字コード

古い順にゴロ合わせで覚える

コンピュータは0と1の2進数しか扱えません。よって、パソコンやスマホで表示されるすべての文字も、じつはコンピュータ内部で**2進数の番号**が割り当てられています。

文字を表示するには「どの文字が何番に割り当てられているか」という**一覧表**が必要で、これを**文字コード**といいます。

覚えておきたい文字コードは次の表の3種類。下にいくほど新しい規格です。とはいえ、どのコードもまだ現役で使われています。**英数字** → **日本語対応** → **マルチ言語**の順なのですが、ゴロ合わせで、**「アイ・ジス・ユー」**と3回唱えておきましょう。

ASCII(アスキー)コード	1バイトで英数字を表す文字コード。最も古いものです。
JIS(ジス)コード	日本産業規格（JIS）が制定。2バイトの文字コード。
Unicode(ユニコード)	**世界中の言語を1つのコード体系で表す**文字コード。最初は2バイトでしたが、文字の種類が多いため、3バイト・4バイト……と、どんどん膨らんできています。

プログラム言語

処理の順番を記述するさまざまな言語

プログラム言語にはさまざまな種類がありますが、ここでは出題頻度の高い定番のもの・最近注目されているものを中心に説明します。

機械語（マシン語）	コンピュータが解読できる**0と1だけで作られた言語**のことです。人間にとっては非常に読みづらいので、理解しやすいプログラム言語でプログラムを書き、それを機械語に翻訳します。
C(シー)	現在**最も普及しているプログラム言語**です。もともとは、サーバ用OSとして広く使われている「UNIX」の開発用言語でした。
Java(ジャバ)	**Webシステム**でよく使われます。Javaで作成したプログラムは、**どのOSやCPUでも動作する**のがメリット。過去問では**Javaアプレット**が出題されました。これは、「Webサーバからダウンロードして、クライアント側で動作させるJavaプログラム」のこと。後述の**「オブジェクト指向」の言語の代表選手**です。

ジャバスクリプト JavaScript	**Webブラウザ上**で動作させる処理の内容を指定するための言語。Javaと名前が似てますが、いっさい関係ありません。
パイソン Python	**人工知能（AI）開発**などによく使われる、オブジェクト指向のスクリプト言語。
アール R	**統計解析**に向いた、オープンソースソフトウェアの言語。
ローコード ノーコード	**ローコード**はプログラム言語による**記述を極力減らして**ソフトウェア開発ができる手法。一方、**ノーコード**はプログラム言語による**記述をすることなく**ソフトウェア開発ができる手法です。

ちなみに、表中で登場した**スクリプト言語**とは**簡易言語**のことで、複雑で重厚なプログラム作成には向かないものの、**ちょっとした変更を手軽におこなえる言語**です。上表のなかでは、JavaScript、Python、Rが該当します。

圧縮技術とマルチメディア

圧縮の種類とデータの用途がポイント

圧縮技術は、メールでファイルを添付するときや、画像ファイルなどで利用されており、毎日お世話になることが多い技術です。

圧縮では、まず**「圧縮前とまったく同じ状態にできるか？」**をおさえましょう。次の「可」か「不可」は、その違いです。「圧縮から戻すときに以前とまったく同じ状態にできない」ということは、圧縮した画像ファイルなどが**「劣化する」**ということです。

可逆圧縮	画像などのファイルを圧縮した後、**完全に元どおりに戻せる**圧縮方式。
不可逆圧縮	画像などのファイルを圧縮した後、**完全には元に戻せない**圧縮方式。

●静止画像のファイル形式

静止画像のファイル形式の違いは、データの色数と圧縮の方式をおさえるとわかりやすいでしょう。G → P → J の順に、**「手軽・デラックス・非可逆」**と覚えてください。

GIF（ジフ）	静止画像を**256色**（8ビット）で圧縮し保存する形式です。色の種類が少ないものに向きます。**可逆圧縮方式**なので、画質は落ちません。
PNG（ピング）	**24ビットフルカラー**を扱える画像圧縮方式。**可逆圧縮方式**なので、画質は落ちません。
JPEG（ジェイペグ）	**24ビットフルカラー**を扱える画像圧縮方式。**非可逆圧縮方式**なので画質が落ちます。

●動画のファイル形式

動画のファイル形式は、**MPEG**だけ覚えておけばOKです。頭文字のMは、**「モーションのM」**と覚えましょう。

MPEG（エムペグ）	動画像や音声を圧縮して保存する形式のファイルです。

●音声のファイル形式

音声ファイル形式は2つ。**MP3**と**MIDI**が代表的です。

MP3の3は、**「高圧縮でサンキューの3（サン）」**と覚えましょう。**MIDI**は楽譜データですが、「MIDI」の単語の並び、よーく眺めてみると鍵盤に見えてきますよね！**「鍵盤⇒譜面」**というイメージで覚えましょう。

MP3（エムピースリー）	音楽を**高い圧縮率で保存**する形式のファイル。携帯音楽プレーヤーやネットの音楽配信でよく使われています。
MIDI（ミディ）	**楽譜データ**を保存するファイル形式。電子楽器やパソコンでの演奏・作曲などによく使われます。

●文書のファイル形式

最後にオフィス業務で必須の**文書ファイル**である **PDF**。著者も、取引先の出版社さんなどに、見積書や請求書を PDF にしてメールで送ります。

PDF（ピーディーエフ）	ビジネスで多用される電子文書フォーマット。

情報セキュリティ

「2つの組織」と「中小企業の取り組み」をおさえよう

情報セキュリティの脅威は日々大きくなっています。次の2つはかなり**責任重大な組織**なんだろうと想像できますね。

情報セキュリティ委員会	**企業や組織内**における情報セキュリティ対策の**最高意思決定機関**。
サイバーレスキュー隊（J-CRAT）	**標的型サイバー攻撃**の被害拡大を防止するために、**IPAが設置した組織**。通称、J-CRAT（ジェイクラート）。IPA内に「標的型サイバー攻撃特別相談窓口」を設置し、相談や情報提供を受けつけるほか、「重大な標的型サイバー攻撃の被害が発生するだろう」と予見される組織の支援をします。

我が国の企業の大多数は**中小企業**ですが、大企業と比べ、中小企業は**情報セキュリティ対策が進んでいない傾向**にあります。そんな中小企業がセキュリティ対策に取り組むことを後押しする制度が **SECURITY ACTION** です。

SECURITY ACTION（セキュリティ アクション）	**中小企業**が、自社の情報セキュリティ対策に取り組むことを**自ら宣言する制度**です。IPAが推進しており、目標に応じて「★一つ星」や「★★二つ星」のロゴマークを広告物などに表示し、社内外に取り組みをアピールできます。

CHALLANGE! 最速アウトプット ○×問題

Q1 平成 22 年度秋期　問 17　改題

経営戦略に基づいた情報システム戦略の策定とその実現に直接の責任を持つ役職は CEO である。

Q2 平成 29 年度春期　問 7　改題

現状の業務と情報システムの全体像を可視化し，将来のあるべき姿を設定して，全体最適化を行うためのフレームワークのことを EA という。

Q3 平成 23 年度特別　問 24　改題

大規模な災害などによって，企業活動を支える重要な情報システムに障害が発生したような場合でも，企業活動の継続を可能にするために，あらかじめ策定する計画は BPR である。

Q4 平成 25 年度秋期　問 59　改題

LAN に直接接続して，複数の PC から共有できるファイルサーバ専用機を NAS という。

Q5 平成 30 年度秋期　問 76　改題

複数のデータが格納されているスタックからのデータを取出す場合，最初に格納されたデータを最初に取り出すことになる。

Q6 オリジナル問題

顧客との関係性を深めるような情報システムを SoR という。

Q7 平成 24 年度秋期　問 18　改題

事業の再編などに用いられる MBO とは，経営者が，自社の株式の大半を買い取ることで経営権を取得することである。

Q8 平成 31 年度春期　問 10　改題

企業経営で用いられるベンチマーキングとは，自社の製品やサービスを測定し，他社の優れたそれらと比較することである。

Q9 平成 31 年度春期　問 15　改題

ジャストインタイムやカンバンなどの生産活動を取り込んだ，多品種大量生産を効率的に行うリーン生産方式の特徴として，生産ラインが必要とする部品を必要となる際に入手できるように発注し，仕掛品の量を適正に保つことがある。

Q10 令和 4 年度　問 13　改題

情報公開法に基づいて公開請求することができる文書は，総務省などの行政機関が作成，保有する行政文書である。

【解答】

A1：×　正しくは、**CIO**（→ P.344）

A2：○（→ P.345）

A3：×　正しくは、**BCP（事業継続計画）** BPR は業務プロセス再構築である（→ P.346）

A4：○（→ P.350）

A5：×　正しくは「最後に格納されたデータを最初に取り出す」である。設問の「最初に格納されたデータを最初に取り出す」のは**キュー**である（→ P.351）

A6：×　設問の情報システムは **SoE**。SoR とは、データを正確に記録・保管することを主目的とした情報システムのこと（→ P.353）

A7：○（→ P.354）

A8：○（→ P.354）

A9：○（→ P.355）

A10：○（→ P.359）

4-06

3つの重要度に分けて、優先度の高い用語から記憶していく

いよいよ用語の記憶も後半戦。ここからは、残りの重要用語を、**出題頻度が高いもの**から覚えていきましょう。用語は以下の3パターンに分類しているので、上から順に覚えていくのが効率的です。

- **頻出** → 過去の試験で複数回出題されたり最近出題が増加したりするなど、今後の出題可能性が高いと考えらえる、必ず覚えておくべき用語
- **新傾向** → ITパスポートのシラバス6.0および5.0で新しく追加された用語。今後の試験に出題される可能性が高い。
- **無印** → 「頻出」「新傾向」以外の用語

まずは**「頻出」**から、時間をかけずにサクっと攻略してしまいましょう！

頻出<ストラテジ>

ストラテジで頻出の**5つの用語**をチェックしましょう。

●ソリューションビジネス

PoCはアイディアの実現可能性を証明するための手法です。毎回のように出題されているので要チェックですよ！

✓ **PoC**	Proof of Conceptの略。**「概念実証」**や**「コンセプト実証」**と訳されます。**新しいアイディアが実現できることを証明する**ためにおこなう検証のこと。試作品の前段階に実施されます。

●業務プロセス

ワークフローシステムを直訳すると「仕事の流れ」ですが、特に**「稟議から決裁までの承認処理」を電子化したシステム**のことです。部長が出張中でもPC1台あれば承認がもらえるので、紙の稟議書を回していた時代の会社員から見ると、とてもうらやましいシステムです。

また、あわせて社内の情報共有やコミュニケーション活性化を促す**グループウェア**もおさえておきましょう。Google Workspace や Microsoft Office 365 などが代表的です。

ワークフローシステム	申請書などを電子化し、申請 → 稟議 → 決裁までの**承認手続きをオンラインで処理**できるシステム。
グループウェア	メールや掲示板、スケジュール管理、データ共有機能など、**共同作業を支援するソフトウェア群**のこと。組織としての業務効率を高めることが目的です。

●システム活用促進

これからの時代、**ITの活用能力**を高めないと、さまざまな**格差**が広がってしまいます。ITに関する「能力」と「格差」について抑えましょう。

情報リテラシー	パソコンを使って情報を分析したり、インターネットで情報を収集・発信するなど、業務のために**情報を活用する能力**
デジタルディバイド（情報格差）	パソコンやインターネットなど情報技術の利用機会や、活用能力の有無により、**経済的な格差や社会的な格差**が発生すること

頻出<マネジメント>

マネジメントでは**「システム開発（オブジェクト指向）」「見積り手法」「運用管理」**の3つの分野が頻出します。

●システム開発

オブジェクト指向は、比較的新しいシステム開発の考え方です。たとえば、我々は、自動車の細かい内部構造を知らなくても、自動車を運転できますよね。そのような考え方を、ソフトウェア開発に持ち込んだのがオブジェクト指向です。

オブジェクト指向は**カプセル化**、**継承**というキーワードとともに出題されることもあります。これらのキーワードが出たら、まちがいなく**「オブジェクト指向」の問題**です。

✓ オブジェクト指向	オブジェクトとは**「モノ」**のこと。**ソフトウェアの中身をすべて知らなくても**、それぞれの部品（オブジェクト）の**使い方だけ覚えておけば**、部品の組み合わせだけでかんたんに**ソフトウェアが完成する**、という考え方。
✓ カプセル化	オブジェクトのデータやふるまいを**外部から隠ぺい**すること。プログラムの変更や拡張に強くするためにおこなわれます。
✓ 継承	オブジェクトの性質をほかのオブジェクトに**引き継ぐ**こと。プログラムの再利用や拡張のためにおこなわれます。

●見積手法

システム開発の**工数や費用を見積もる方法**を2つおさえましょう。ポイントは以下のとおり。

- **ファンクション**（機能）を**ポイント制**（点数制）にした**ファンクションポイント法**
- 過去の事例から**類推**して見積もる**類推見積法**

このように、名前と中身が直結しています。この2行を3回つぶやいて覚えましょう。

ファンクションポイント（FP）法	システム化する画面や機能の**難易度を数値化**して、その合計でシステム開発の工数や費用を見積もる方法のこと。
類推見積法	**過去の類似プロジェクト**の状況を参考にしながら、現在のプロジェクトにかかるコストを見積もる方法。

●サービスの運用管理業務

サービスマネジメント、つまり**運用フェーズ**では、必須な管理業務がいくつかあります。しかし、こちらも名前と内容が一致しているので、かるく眺めていれば OK です。

1 点だけ注意していただきたいのは**変更管理**。**実際にシステムを変更する**のは**リリース管理**の仕事で、変更管理は、システム変更の**手順を検討する**→ **準備をする**ところまでです。

構成管理	情報システムを構成するハードウェアやソフトウェアの**最新構成**を適切に管理すること。
変更管理	情報システムに**変更を反映させる**必要が出てきた際、**適切な手順を検討**し、**安全かつ効率的な反映**ができるようにすること。
リリース管理	**「変更管理」の決定内容**に沿って、**確実に変更を反映**させます。
バージョン管理	情報システムのソフトウェアやプログラムの**バージョン**を管理すること。最新版の改訂者や改訂日時、改訂内容だけでなく、過去の版数の履歴も管理します。

頻出<テクノロジ>

テクノロジでは、**「データ記述言語」**と**「情報セキュリティ」**の便利＆安心な機能が頻出です。

●データ記述言語

データ記述言語とは、コンピュータ上で取り扱うさまざまなデータを表現するための言語です。まず、データ記述言語のうち代表的な**マークアップ言語**を見ていきましょう。

マークアップ言語とは、**「タグ」**と呼ばれる特別な文字列を使って、文書の構造を記載できるテキストファイルの形式のことです。SGML → HTML → XMLの順に進化してきました。HTMLとXMLは3章でも出てきましたね。それぞれ以下の略です。

- **SGML**：**Standard** Generalized Markup Language（**スタンダード**）
- **HTML**：**Hyper** Text Markup Language（**ハイパー**）
- **XML**：**eXtensible** Markup Language（**拡張可能**）

✓ **SGML**	**マークアップ言語の元祖**。インターネットではあまり使われていません。
✓ **HTML**	インターネットの標準的存在として、**最も有名**。Webの画面は、HTMLで記述されています。
✓ **XML**	**「タグ」の中身を自分で決める**ことができ、電子商取引におけるデータ交換など広い範囲で使われます。

次の**JSON**（ジェイソン）はマークアップ言語ではありませんが、XMLと同じようにデータ交換の目的で使われます。

✓ **JSON**（ジェイソン）	JavaScript Object Notationの略で、データ記述言語の1つ。JSONの特長として、**「軽量」「人間が見てわかりやすい」**などがあり、近年、**異なるプログラム言語でデータ交換するとき**によく使われています。

●情報セキュリティ

情報セキュリティに関する用語は出題が多いので、頻出用語を優先的におさえましょう。

まずは、ログインを簡略化することで、情報セキュリティ対策になり、かつ便利にコンピュータを使える**シングルサインオン（SSO）**という機能です。

✓ シングルサインオン	**一度の認証処理**（IDやパスワードの入力など）で**複数のサービスを利用**できるしくみのこと。Googleや各種SNSのアカウントで会員登録・ログインできたりするのもその一例です。

つづいて、**技術的セキュリティ対策**を見てみましょう。**「すかし」**は一般社会でも使われる用語。使っている技術や方法はまったく違いますが、**電子すかし**も**目的は同じ**です。

また、ここに出てくる用語は、いずれも意味さえ知っていれば得点できる基本的な出題が多いです。取りこぼさないようにチェックしてくださいね。

✓ 電子すかし	1,000円札などのお札にある「すかし」は、お札が不正コピーされるのを防いだり、偽札を検出するのに使われます。電子すかしとは、**コンテンツに埋め込む形のデータ**です。一般的なコンテンツの利用では目に見えない存在ですが、検出用のソフトを使うことで、その存在を確認できます。**著作権対策や不正コピー対策**に有効です。
✓ デジタルフォレンジックス	特許侵害や情報が盗難されると、最悪の場合、刑事事件や法的な争いへと発展しますが、その際に**証拠**となるデータや機器を調査して情報を集めること。フォレンジックスとは**「鑑識」**という意味です。

耐タンパ性	ハードウェアの**偽造や情報抽出に、高い耐性を持っている**こと。たとえば、IC カードによっては、不正な方法で無理に情報を抽出しようとすると、IC カード内のチップの情報が自動的に消去されるものがあります。このような IC カードを「耐タンパ性が高い」といいます。
TPM	コンピュータの基盤に実装された**セキュリティ機能を持つ IC チップ**。Trusted Platform Module の略。外部からチップ内部の情報の取り出しが困難。
PCI DSS	**クレジットカード情報セキュリティ**の国際統一基準。Payment Card Industry Data Security Standard の略。
サイバーキルチェーン	**標的型攻撃の手順**を、攻撃者の視点から **7 段階にモデル化**したもの。攻撃を防御する者にとって、対策立案などの参考に使えます。7 段階のモデルとは①偵察、②武器化、③配送、④攻撃、⑤インストール、⑥遠隔操作、⑦目的達成、になります。

さらに、**認証技術**から 2 つほど。用語の名称が内容を表しているので覚えやすいでしょう。

SMS 認証	スマートフォンや携帯電話の **SMS**（Short Message Service）の仕組みを使って認証するシステム。自分のスマートフォン等に届く**ショートメッセージ**に**ワンタイムパスワード**が書かれてあり、それを入力してアプリやシステムなどにログインします。
タイムスタンプ（時刻認証）	ファイルなどが**「いつ作られたのか」**、その時間を**記録し証明するもの**。タイムスタンプは「その時間には、まちがいなく、そのファイルが存在した」ことと「その時間以降、ファイルが改ざんされていない」ことを証明します。

新傾向<ストラテジ>

頻出の次は、シラバス6.0～5.0で追加された用語をおさえていきましょう。シラバス6.0～5.0では、ストラテジ分野とテクノロジ分野に新しい用語が多く追加されました。まずはストラテジ分野から1つずつチェックしていきましょう。

●経営・組織論

まずは、企業活動や社会生活におけるIT利活用の動向について、次の3つの用語をおさえておきましょう。

Society5.0（ソサイエティ）	**サイバー空間**（仮想空間）と**フィジカル空間**（現実空間）を高度に融合させたシステムにより、経済発展と社会的課題の解決を両立する、**人間中心の社会**（Society）のこと。政府（内閣府）が「第5期科学技術基本計画」で定義しました。
データ駆動社会	現実空間のさまざまな**データ**を、ITなどを活用して可視化し、社会の問題点を発見したり将来予測につなげたりして、よりよい姿になろうとする社会の考え方。
国家戦略特区法（スーパーシティ法）	規制改革や国・自治体が持つデータ活用などを推進することで、**よりよい未来都市を先行的に実現する**ための法律。

●業務分析・データ利活用

次の3点は難しそうな名前ですが、実際の図を見れば、「なんだ、あの図か」と見覚えがあるでしょう。イメージで覚えてしまいましょう。

マトリックス図	表の縦軸と横軸に項目を並べ、**縦と横（行と列）の交点**に、それぞれの関係性や結果などを記したもの。たとえば、横軸を「商品の種類」、縦軸を「商品の詳細項目」にしたマトリックス図を書くと、さまざまな商品の詳細一覧表ができます。
モザイク図	**棒グラフの幅と高さ**を使い、**クロス集計表**（アンケートなどの集計で2つ以上の観点でまとめた表）の内容を表現する図法。たとえば、以下のモザイク図では、棒グラフの幅で「それぞれの商品の販売構成」を表し、高さで「購入者の男女比」を表しています。
系統図（ロジックツリー）	ある目的を達成するための手段を記載し「その手段を実現するためにはどうするか」という手段を繰り返し記載していくことで、その目的を達成するまでの道筋を明らかにする手法です。

マトリックス図／モザイク図／系統図

マトリックス図

	たこ焼き	たい焼き	イカ焼き
価格	¥200	¥150	¥300
原材料	タコ 小麦粉	つぶあん 小麦粉	イカ ソース
重さ	300g	200g	350g

モザイク図

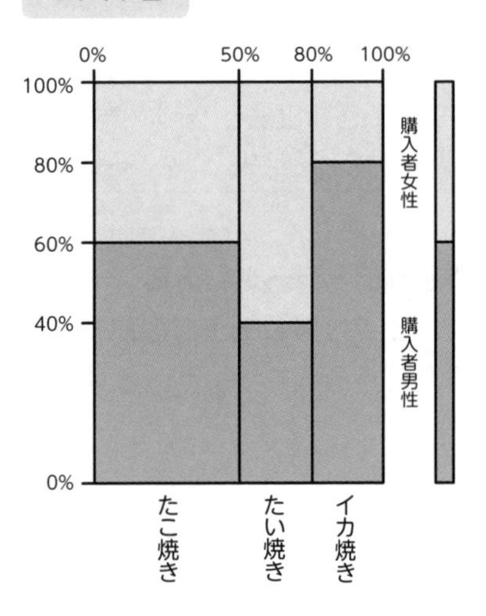

系統図

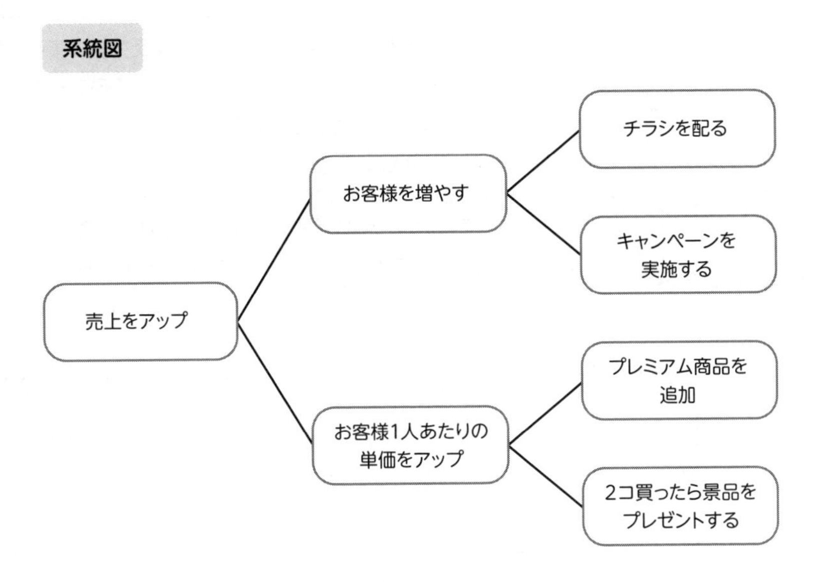

箱ひげ図は**株式取引のチャート**でよく使われている図です。**GIS** は、英語のスペルそのままの意味なので、正式名称を 3 回唱えて覚えてしまいましょう。

✓ **箱ひげ図**	**データのバラつき**をわかりやすく表現する図法で、「箱」と「ひげ」を用いて表記するもの。
✓ **GIS データ**	GIS とは、Geographic Information System の略で、**地理情報システム**と訳されます。**地図データ**の上に、さまざまな統計データを重ねることで、**視覚的に地理・統計情報を把握**できます。GIS で利用するデータ(GIS データ)のうち代表的なものが**シェープファイル**で、地理情報や属性などを含む複数ファイルから構成されます。

Web マーケティングによく使われるデータ分析手法もぜひ知っておきましょう。

ヒートマップ	2次元マップの各座標の値の大小を、**色の濃淡**を使って視覚的に表すもの。Webマーケティングでは「多くのユーザーがクリックした場所ほど色が濃く表示される」など、視覚的に把握できるツールとして使われます。
A/Bテスト	Webページなどで、**一部を変更した複数のパターン**を作成し、それらを**ランダムに表示（公開）するテスト手法**のこと。実際のユーザーの反応を比較しながら、評価の高いパターンを選択できます。

データの種類は1章の「構造化データ」「非構造化データ」以外にも、分類の仕方によって、下記のような種類があります。

1次データ	**自社（自組織）**が独自に集めた情報。（例）自社の顧客に直接ヒアリングした情報、自社のWebサイトのアクセス情報、など。
2次データ	**他社など**が収集した情報。（例）官公庁が公開している統計データ、調査会社が販売している各種データ、など。
オープンデータ	だれもがアクセスできる**公開された**データ。公開元はおもに**国・地方自治体・事業者**などで、膨大な統計情報・科学技術情報などが該当します。「だれもが使えて、再配布も自由」という考え方のもと、国や地域の活性化・科学技術の進展など社会の発展のために広く公開されており、ビッグデータの1種です。

●経営戦略

自社の差別化を徹底したり、ライバルの差別化要素を無効化したり。**経営戦略**の手法は「血で血を洗う抗争の手法」でもあります。

VRIO（ブリオ）分析	VRIOとは経済的価値（Value）、希少性（Rarity）、模倣可能性（Imitability）、組織（Organization）の頭文字をとったもの。VRIO分析とは、この**4つの切り口で企業の強み（弱み）を分析する**ことです。
同質化戦略	業界2位以下の企業がおこなう「差別化戦略」を無効化するために、業界トップ企業が、その**差別化戦略と同じ内容の戦略を実行する**こと。
ブルーオーシャン戦略	**従来存在しなかった市場**（ブルーオーシャン）を創出し、**競争を回避しながら進めていく戦略。レッドオーシャン**（血で血を洗う、競争が激しい市場の意）の対義語。
ESG投資	環境（Environment）、社会（Social）、企業統治（Governance）を重視している企業を選んで**投資**すること。

●ビジネスシステム

AI・仮想空間・サイバーと、SF的なワードがならんでいますが、どれも私たちの生活を便利にするものばかりです。

AI利活用ガイドライン	AI関連サービスを提供する事業者を含む**AIの利用者**が、AIの利活用段階において留意すべき事項を**10個の原則**としてまとめ、解説を加えたもの。総務省傘下の推進会議にて検討されました。
デジタルツイン	IoTなどを利用して現実世界で取得したデータを元に、**仮想空間の中で現実世界を再現したもの**。「**デジタル**を利用して作られた現実世界の双子（**ツイン**）」という意味。仮想空間の中の現実世界（の双子）では、実際の現実世界では不可能なシミュレーションなどをおこなうことができます。
CPS（サイバーフィジカルシステム）	現実世界でセンサなどを使って取得したさまざまな情報を**サイバー空間で分析**し、得られた結果（情報や知識）を**現実にフィードバックして活用する手法**のこと。

自動車にまつわるIT技術を使ったシステム・サービスは、以下の用語があります。

ITS	Intelligent Transport Systemsの略。**高度道路交通システム**のことで、情報通信技術を活用して、人間と道路や車両を連携させるシステムです。事故や渋滞、環境への対応など、多くの課題の解決を図ります。
CASE（ケース）	Connected（コネクティッド）、Autonomous（自動運転）、Shared & Service（シェアリング／サービス）、Electric（電動化）の頭文字から作られた造語。**次世代のモビリティ技術・サービスの総称**として使われます。
MaaS（マース）	Mobility as a Serviceの略。直訳すると、**サービスとしての移動**。目的地に移動する際、MaaSを利用することによりルート検索・最適な交通手段の組み合わせ・決済などをシームレスなサービスとして享受できます。現状では専用アプリの形態を取るものが多いです。
テレマティクス	ITシステムや無線データ通信などを使い、自動車などに**さまざまな情報サービスを提供するしくみ**のこと。交通情報、テレビ会議、オンデマンド映画配信など、リアルタイムでさまざまな情報を提供します。

新傾向<テクノロジ>

テクノロジの新傾向も、ちょっと多めですが、あとひと息です！

●データベース

まず、相反する2つのタイプの**データベースの特徴**を押さえましょう。

RDBMS	現在主流である**リレーショナル型データベース**（関係データベース）を採用したデータベース管理システムのこと。**定型的なデータ**を管理することに向いている一方、データのサイズが大きくなりすぎると、性能（速度）低下を起こしやすいです。
NoSQL	**リレーショナル型以外のデータベースの総称**。RDBMS では取り扱いが難しい**ビッグデータの扱いに向いている**こともあり、近年注目を浴びています。

NoSQL データベースには、以下の 3 種類があります。

キーバリューストア（KVS）	**値**（value）と、その値を一意に識別するための**キー**（key）をセットで保存するデータベースです。
ドキュメント指向データベース	データ構造が自由であり、**ドキュメント 1 件がそのまま格納データ**となります。XML（→ P.234）や JSON（→ P.372）などのデータ形式を、そのままドキュメントとすることが多くあります。
グラフ指向データベース	**グラフの構造**をもつデータベース。ただし、ここでのグラフとは、アローダイアグラム（→ P.194）のように、**頂点（ノード）**と**辺（エッジ）**を組み合わせたモデルのことです（グラフ理論に基づくグラフ）。「棒グラフ」「折れ線グラフ」などの量を表すグラフとは関係ないので注意してください。

データベースの最後は、**データベース設計の基となるモデル**を 3 つ覚えましょう。

関係モデル	前述の**関係データベースの基になるモデル**です。行と列からなる**表の形式**でデータを表します。
階層モデル	**木構造**（→ P.388）**のモデル**です。データ同士が親と子の関係を持ち、親と子は 1：多の関係となります。
ネットワークモデル	データ同士が**メッシュ（網の目）のように関係するモデル**です。各データは多：多の関係となります。

●ネットワーク

私たちがインターネットを便利に使うために、**目に見えないところで動いているしくみ**を覚えましょう。

SDN	Software Defined Networking の略。従来は、ルーターやスイッチなどのさまざまな機器を組みあわせて配線接続などしていたネットワークの構築を、すべて**ソフトウェアの設定だけ**で実施してしまう技術。「ソフト（**S**）だけで（**D**）ネット（**N**）を設定！」と語呂合わせで覚えましょう。
ビーコン	ほかの利用者やコンピュータに識別してもらうために、**ある主体が発信する情報や信号**のこと。たとえば、無線 LAN のアクセスポイント（AP）は、無線 LAN 機能を持つパソコンなどに AP 自身の存在を認識してもらうため、パケット信号（ビーコン）を発信しています。パソコンユーザーはこの発信信号情報をパソコン上で確認することで、近くに利用できる無線 LAN の AP があることを認識できます。
メッシュ Wi-Fi	メッシュとは「網の目」のことで、複数の機器（無線ルーターやアクセスポイントなど）を利用して、**建物内で電波の届かない死角を無くすように構築した Wi-Fi のしくみ**のこと。
VLAN	Virtual LAN の略で、物理的な LAN の接続形態に関わらず、**任意の組み合わせで仮想的に LAN を構築する技術**のこと。

●情報セキュリティ

まずは**セキュリティを守るしくみ**。**IDS**と**IPS**は名前が似ていてまぎらわしいのですが、

- IDS → Detection → **検出**
- IPS → Prevention → **予防**

と覚えましょう。検出するだけのIDSより、検出して予防（ブロック）するIPSのほうが高性能なのですが、なぜか試験には**IDSのほうが出やすい**です。とはいえ、IDSを選ばせる問題の選択肢にIPSの説明がまぎれていたりしますから、結局どちらも覚えなければなりません。

IDS	不正侵入を**検知**するシステム。Intrusion Detection Systemの略。
IPS	不正侵入を**防止**するシステム。Intrusion Prevention Systemの略。
UTM	上記のIDSやIPSをはじめ、ファイアウォールやウイルス対策などの**複数のセキュリティ機能を統合**し、**1台の機器に搭載して管理するしくみ**のこと。Unified Threat Managementの略で、日本語では「統合脅威管理」と訳します。U → Unified → **統合**、でおぼえてしまいましょう。

次は、やってはいけない事例。いわゆる**「脆弱性」**の1つです。

シャドーIT	**社内で許可されていない**クラウドサービスや、個人所有のパソコンなどを**業務に利用すること**。適切なセキュリティ対策が取られていないことが多く、セキュリティ事故の原因となりやすい。

新傾向の最後はセキュリティの脅威や攻撃方法。ちょっと数が多いですが、「名は体を表す」ということわざどおり、**名称と意味を関連づける**ようにすれば覚えやすいですよ。

ビジネスメール詐欺（BEC）	経営幹部や取引先になりすました**巧妙なメール**で担当者を騙し、情報を搾取したり偽の口座へ現金を振り込ませたりする**詐欺**。
クロスサイトリクエストフォージェリ	悪意のあるスクリプトが仕込まれたWebサイトをユーザーが訪問すると、そのスクリプトを知らない間に実行してしまいます。その結果、**ユーザーのブラウザでほかの掲示板へ違法な書き込みをする**などの行為をする攻撃。
クリックジャッキング	ユーザーが**意図しない操作をさせる**ように、悪意のある者が仕掛ける攻撃。ユーザーに透明なボタンを押させるなどの手法を使います。
中間者攻撃	通信している**二者の間に割り込み**、あたかも**両者から見て相手方であるかのようにふるまう**ことで、気づかれることなく内容を改ざんしたり盗聴したりする攻撃。
MITB攻撃	Man in the **Browser**の略。パソコンの**ブラウザ**を乗っ取り、ブラウザとサーバの間の通信を改ざんしたり盗聴したりする攻撃で、**中間者攻撃の1つ**です。偽のインターネットバンキング画面を表示したりします。
第三者中継	**第三者のサーバを利用**してスパムなどの**電子メール送信をすること**。利用される第三者のサーバのことを「踏み台」ともいう。
IPスプーフィング	送信データ内の「送信元IPアドレス」の項目を書き換え、**送信元IPアドレスを偽装する**こと。
クリプトジャッキング	**他人のPCを勝手に利用**して**暗号資産のマイニング**をすること。報酬をもらうことを目的として暗号資産の取引情報の記録のためにコンピュータを利用することを**マイニング**といいます。
ポートスキャン（攻撃の準備）	攻撃対象となるコンピュータは、どのようなサービス（HTTP、電子メール、ファイル転送など）が動作しているのかを**調査**すること。

ファイルレスマルウェア	遠隔操作をしたり、OSの機能を悪用したりすることで、**実行ファイル抜きで攻撃をするタイプのマルウェア**。通常のマルウェアより検知や防御が難しいのが特徴です。

無印<ストラテジ>

最後は**「無印」の用語を残すのみ**となりました。ストラテジは少し多いですが、がんばっていきましょう！

●企業活動

まずは、企業のイメージづくりに必要な**「環境対策」**と**「ブランド」**の2つです。

グリーンIT	情報通信機器の省エネ活用や、資源の有効活用のみならず、そうした機器の活用により**社会全般の省エネルギーを推進**したり、**環境保護を進めていく考え方**のこと。グリーン＝環境の意味。
コーポレートブランド	コーポレート＝企業ということで、（商品でもサービスでもなく）**企業自身のブランド**のこと。企業の社会的価値向上を目指します。

●業務分析ツール

おさえておきたいのは**デシジョンツリー**、**レーダーチャート**の2つ。

デシジョンツリーは「YESとNOで分岐していき、抜けモレを防ぐ」ための手法です。**レーダーチャート**は「バランス」がキーワードですね。

✔ デシジョンツリー	**「決定する（デシジョン）ための木（ツリー）」**ということで、ある物事決定するために必要な**選択や分岐を階層的に書き表した木状の図**のこと。
✔ レーダーチャート	**レーダーのような図**（＝チャート）。複数の項目を比較したり、全体のバランスを見るのに利用します。

デシジョンツリーとレーダーチャート

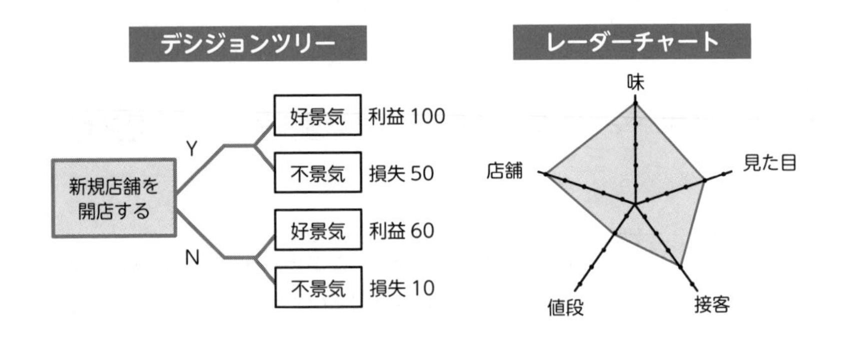

●ビジネス戦略と目標・評価

バリューエンジニアリングは、訳すと**価値工学**。**どうすれば製品の価値をアップできるか？**　を考える手法です。

✔ バリューエンジニアリング	製品の機能を向上させたりコストを下げたりすることで、**製品の価値を向上させる手法**のこと。

●ビジネスシステム／エンジニアリングシステム

企業よりもやや大きな単位の話になりますが、**「改善」**のための手法としておさえておきたい用語が２つあります。**「節電」**と**「観測」**……どちらも、地震大国の日本に必須の技術です。

次のように、英語の意味をおさえて覚えましょう。

•スマートグリッド → 「かしこい」「網」
•センシング → センサを使って測る

✓ スマートグリッド	ITを活用して、**電力の需給を最適化できる送電網**。「次世代送電網」とも呼ばれます。震災以後の電力不足により、一躍脚光を浴びました。
✓ センシング技術	**観測技術全般**のこと。資源探査、海洋調査、火山活動の探索と、多岐に渡ります。

● eビジネス

商品を知ってもらうには広告が欠かせません。次の2つの**デジタル広告**をおさえておきましょう。ただし、**バナー広告**はWeb上に掲載する広告、**デジタルサイネージ**は駅やお店などに置く広告のことです。

✓ バナー広告	**Webサイト**などに貼り付けられている**画像の広告**のこと。クリックすると広告元のWebサイトに遷移します。
✓ デジタルサイネージ	サイネージとは「記号・標識・マーク」の意味。デジタルサイネージは**「電子看板」**を指します。広告面がスクリーンになっているので、広告内容を自由に変更できます。

ネットビジネスでは、顔と顔が見えないで取引されるため、**信頼を担保するしくみ**が欠かせません。それが**エスクローサービス**。エスクローとは、**「第三者に預ける」**ことを意味します。

✓ エスクローサービス	**インターネットオークション**などで注目されているサービス。売り手と買い手の間に**第三者**（オークションのオーナーなど）が入り、売り手の商品が買い手に渡った後、**買い手から代金を回収し、売り手に責任を持って渡します**。ネット時代の消費者同士の（C to C）取引に欠かせません。

無印＜マネジメント＞

マネジメントの無印は**「開発技術」**の１つだけ。サッとこなしてしまいましょう！

●開発技術

情報システムをメンテナンスするときなどに、古いシステムだと設計書が残っていないケースもあります。そうしたときに、**残されたプログラムから内容を解析**する**リバースエンジニアリング**が必要です。

✓ **リバースエンジニアリング**	**すでに完成したソフトウェアを解析・分析**して、そのソフトウェアのしくみや技術などを明らかにすることです。**リバース＝逆**という意味で、一般的なソフトウェア開発とは**逆方向のプロセス**を踏むわけです。

無印＜テクノロジ＞

いよいよ最終コーナーです！

●データ構造

プログラミングでは、どのようにデータが格納されるか（**データ構造**）によって、処理の効率が変わってきます。

代表的なのが、ファイルシステムやデシジョンツリーでも使われている「木（ツリー）」。文字のとおり、イメージしやすいでしょう。

✓ **木構造**	文字どおり、**木（ツリー）をひっくり返したような形式**です。
✓ **二分木**	上位の節（ノード）から分岐する枝が **2つ以下**のもののこと。

木構造

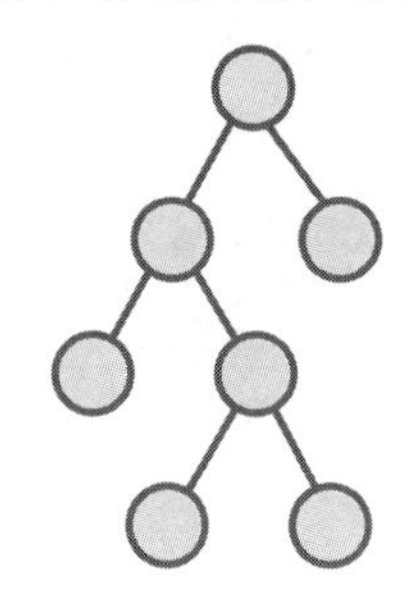

00 勉強前
01 ストラテジ
02 マネジメント
03 テクノロジ
04 記憶術
05 計算問題
06 直前＋本番

●ファイルシステム

データを効率よく扱うためのしくみが**ファイルシステム**。データの読み書きが遅くなる原因・対策を分けて覚えるといいでしょう。

フラグメンテーション	ハードディスクなどの**ディスク装置**の、書き込み⇒消去を繰り返していると、**データが飛び飛びに配置される**ことになります。そうなるとアクセス効率が悪くなり、データの読み書きが遅くなります。この状態を**フラグメンテーション**といいます。これを修正するためには、**デフラグ（データ再配置）**をおこなう必要があります。
アーカイブ	複数のファイルを圧縮して、**1つのファイルにまとめること**。画像ファイルは劣化しても見れますが、プログラムファイルは劣化させると動かなくなるので、アーカイブは可逆圧縮です。

●ハードウェア

コンピュータの**ハードウェア**も、時代とともにどんどん進歩していますね。

ウェアラブルデバイス	主に衣服、時計、メガネなどの形状で、**身に着けて持ち歩けるコンピュータ**のことです。

ブレードサーバ	CPUやメモリ、HDD（ハードディスク）などを**1枚の基板（ブレード）**に実装し、それらを複数枚まとめてラック（棚）型の筐体に搭載する、省スペースなサーバ。
スーパーコンピュータ	**高速かつ大量**に計算でき、**遺伝子情報の解析や地球規模の気象シミュレーション**などに利用されます。

また、最近は**音声**でコンピュータの入力・出力するシステムが増えてきました。

VUI	**音声によってコンピュータとやりとりするインタフェース**のこと。Voice User Interfaceの略。人間が音声でコンピュータを指示するだけでなく、コンピュータから合成音声でレスポンスを得るようなケースも含みます。iPhoneの「Siri（シリ）」やAndroidの「Googleアシスタント」などが有名ですね。

プリンターの種類については定期的に出題されますので、過去に出題された例を挙げておきます。こちらはザックリと眺めるだけで大丈夫。

インクジェットプリンター	**微細なインク**の粒子を、直接紙に吹きつけて印刷するプリンター。
レーザープリンター	**レーザー光線**を使い、トナー（粉末インク）を紙に定着させるプリンター。コピー機と同一の原理で印刷する。
3Dプリンター	3次元の設計データをもとに、**立体物を造形する装置**のこと。

プリンターの印字の美しさを表す**「解像度」**の単位についても、一緒に見ておきましょう。

✓ dpi	dot per inch の略で**「1インチあたりのドット数」**を表します。**dpiの数値が大きいほど、印刷結果が鮮明**になります。なお、画像を取り込む入力装置である**イメージスキャナの性能**も dpi で表します。

●**ネットワーク**

まずは、**ネットワークの回線をオトクに使う技術**を3つ。次のように覚えましょう。

- **PLC** → **Power Line** Communications → **電気の線**で通信コミュニケーションできる
- **PoE** → **Power over** Ethernet → イーサネット(LAN)の上に**電気を流す**！
- **WoL** → **Wake-on**-LAN → LAN を使って、**ウェイクアップ**！（目を覚まさせる）

✓ PLC	電気の配線を LAN ケーブルのように**通信回線として使う技術**。
✓ PoE	LAN ケーブルを使って**電気を供給する技術**。
✓ WoL	Wake-on-LAN の略。ネットワーク経由で**機器を起動**（**電源 ON**）させる技術。

つづいて、**ネットワークを便利に使う仕組み**を2つ。

✓ オンラインストレージ	直訳すると**「ネット上の記憶装置」**。**クラウドサーバ**の一区画を**データ保存用として借りる**ことができるサービス。DropBox、EverNote、OneDrive、GoogleDrive が著名です。
✓ プロキシ	**「代理」**の意味。**インターネットと社内 LAN の間**に置かれ、直接インターネットに接続できない社内 LAN 上のパソコンの代わりに、**ネットから情報を取得しパソコンに渡すサーバ**。

●情報セキュリティ対策

最後に、セキュリティの**脅威**をマスターすれば終わりです！

✓ クラッキング	不正な手段で**情報システムに侵入**し、**情報を破壊したり改ざんしたりする行為**。

このほか、物理的脅威として、「災害」「破壊」「妨害行為」などがありますが、文字どおりなので心配ないでしょう。

人的脅威の「漏洩」「紛失」「破損」「盗み見」「誤操作」「なりすまし」も、名前を見ただけでイメージできますよね。

「最短合格のための記憶術」は以上です。意外とグングン進められたのではないでしょうか。

とはいえ、一度読んだだけで安心せず、2回は見直してください。そうすることで、あなたの中で確実に定着することでしょう。

CHALLANGE! 最速アウトプット ◯×問題

Q1 平成30年度春期　問2　改題

コンピュータなどの情報機器を使いこなせる人と使いこなせない人との間に生じる，入手できる情報の質，量や収入などの格差を表す用語は情報リテラシーである。

Q2 令和3年度　問41　改題

クラスや継承という概念を利用して，ソフトウェアを部品化したり再利用することで，ソフトウェア開発の生産性向上を図る手法をオブジェクト指向という。

Q3 平成28年度春期　問93　改題

最初に認証に成功すると，その後は許可された複数のサービスに対して，利用者が都度認証の手続をしなくとも利用できるようにする仕組みのことをシングルサインオンという。

Q4 平成29年度春期　問61　改題

コンピュータに関する犯罪や法的紛争の証拠を明らかにする技術のことをデジタルサイネージという。

Q5 令和2年度　問28　改題

新しい概念やアイディアの実証を目的とした，開発の前段階における検証を表す用語はPoCである。

Q6 令和2年度　問90　改題

ハードウェアなどに対して外部から不正に行われる内部データの改ざんや解読，取出しなどがされにくくなっている性質を可用性という。

Q7 令和4年度　問55　改題

クレジットカード情報を取り扱う事業者に求められるセキュリティ基準はPCI DSSである。

Q8 平成 30 年度秋期　問 60　改題

オンラインバンキングにおいて，マルウェアなどでブラウザを乗っ取り，正式な取引画面の間に不正な画面を介在させ，振込先の情報を不正に書き換えて，攻撃者の指定した口座に送金させるなどの不正操作を行う攻撃をブルートフォース攻撃という。

Q9 令和 2 年度　問 60　改題

暗号資産（仮想通貨）を入手するためのマイニングと呼ばれる作業を，他人のコンピュータを使って気付かれないように行うことをクリプトジャッキングという。

Q10 平成 29 年度秋期　問 4　改題

電子商取引の商品と代金の受け渡しにおいて，売り手と買い手の間に，信頼のおける第三者が介在することによって，取引の安全性を高めるサービスはエスクローサービスである。

【解答】

A1　：×　正しくは、**デジタルディバイド**。情報リテラシーとは、「業務のために情報を活用する能力」のことである（→ P.369）

A2　：○（→ P.370）

A3　：○（→ P.373）

A4　：×　正しくは、**デジタルフォレンジックス**（→ P.373，387）

A5　：○（→ P.368）

A6　：×　正しくは、**耐タンパ性**（→ P.264，374）

A7　：○（→ P.374）

A8　：×　正しくは、**MITB（Man In The Browser）攻撃**（→ P.255，384）

A9　：○（→ P.384）

A10：○（→ P.387）

CHAPTER 05

計算問題・アルゴリズム問題「頻出パターン」徹底攻略

　前章までで、IT パスポート試験の全体像および、最短合格に必要な重要用語をマスターしました。あとは、毎回 10 問近く出題される**「計算問題」**や**「アルゴリズム問題」**の攻略だけです。

　これらのテーマは多岐に渡りますが、各テーマにおいては、出題されるパターンは決まっています。すなわち、計算問題・アルゴリズム問題に対する最良の攻略法は**「出題パターンをおさえる」**ことなのです。

　そのうえで、**最低限の公式**をきちんと覚えておけば、これらの問題はたちどころに得点源となり、しかも短時間で解答できるようになるでしょう。

5-01

「どれぐらい儲かるか／危ないか」をイメージしてお金の計算に強くなる

「財務諸表」「利益」「費用」……そんな用語を聞くだけで頭が痛くなるかもしれませんが、**損益分岐点売上高**だけは読んでみてください。財務の計算問題の中でも最頻出だからです。ここを攻略するだけでも、得点を積み上げることができるでしょう。

損益分岐点を求めるためには「変動費率」がポイント

試験では、以下のような問題が出題されます。

ある月のたこ焼き屋の売上が下記の場合，損益分岐点売上高を求めなさい。

売上高	200 万円
変動費（小麦粉代ほか）	100 万円
固定費	40 万円

ポイントは最初に**変動費率**を求めること。第１章でも解説したとおり、たこ焼きの小麦粉のように、**売上高に比例して増加する費用**を**変動費**と呼びます。

そして、**売上高に占める変動費の比率**が**変動費率**です。以下のように、変動費を売上高で割れば求めることができます。

変動費率＝変動費÷売上高

今回の数字をあてはめると、次のようになります。

100万円（変動費）÷ 200万円（売上高）＝ 0.5（変動費率）

変動費率がわかったら、あとは**損益分岐点売上高を求める公式**にあてはめるだけです。公式は以下のとおり。

損益分岐点売上高＝固定費÷（1 －変動費率）

今回の数字をあてはめると、以下になります。

損益分岐点売上高＝ 40万円÷（1 － 0.5）＝ 40万円÷ 0.5 ＝ 80万円

用語は難しく聞こえますが、計算自体はとてもかんたんですね。

攻略MEMO　損益分岐点問題の攻略

ここで出てきた用語に不安を覚えたら、1章（→ P.112）で復習しましょう。なお、損益分岐点の問題は解き方の手順と以下2つの公式さえ覚えていれば、7割程度は解けます。コスパがすごく良いので、ぜひ覚えてくださいね。

- 変動費率＝**変動費÷売上高**
- 損益分岐点売上高＝**固定費÷（1 －変動費率）**

「変動費」や「固定費」を求める問題パターンを把握しよう

損益分岐点売上高を求める問題のほかに、利益や売上高などから**「変動費」「固定費」を求める問題**もよく出題されます。2つ過去問を提示しますので、**典型的な出題パターン**をおさえましょう。

●パターン1：利益を求める公式を使う（平成29年度秋期　問9）

販売価格1,000円の商品の利益計画において，10,000個売った場合は1,000千円，12,000個販売した場合は1,800千円の利益が見込めるとき，この商品の1個当たりの変動費は何円か。

ア　400　　イ　600　　ウ　850　　エ　900

これは**「利益を求める公式」**さえ覚えていれば、かんたんに解けます。下記の公式を確認しましょう。

利益＝売上－変動費－固定費

変動費を x、固定費を y として、問題文より連立方程式を作ると、以下のとおりです。

1,000千円＝（1,000 × 10,000）円－ x － y
1,800千円＝（1,000 × 12,000）円－ 1.2x － y

これを解くと、**変動費（x）＝6,000千円**、**固定費（y）＝3,000千円**となります。

問題で問われているのは、**1個あたりの変動費**。10,000個売った時の変動費が6,000千円ですから、1個あたりの変動費は**600円**となります。よって答えは**イ**です。

●パターン2：変動費の特徴を使う（平成30年度春期　問27）

ある商品の前期，当期2期分の売上高と総費用は表のとおりである。この商品の1期間の固定費は何千円か。ここで，総費用は固定費と変動費の合計であり，固定費，及び売上高に対する変動費の割合は，前期，当期ともに変わらないものとする。

単位　千円

	前期	当期
売上高	10,000	11,000
総費用	9,000	9,600

ア　2,400　　イ　3,000　　ウ　3,600　　エ　4,000

この問題は**「利益を求める公式」**より、**変動費の特徴**を思い出すほうが、てっとり早いです。たしか変動費は、**売上高に比例して増加する費用**でしたね。つまり、売上高が 10,000 千円 → 11,000 千円と **1.1 倍増加**すれば、**変動費も 1.1 倍増加**するのです。すなわち、

前期の変動費を x とすると、**当期の変動費は 1.1x** になる

ことがわかります。さらに、**総費用＝変動費＋固定費**なので、**固定費を y** とすると、以下の連立方程式が成り立ちます。

前期の総費用：9,000 千円＝ $x + y$
当期の総費用：9,600 千円＝ $1.1x + y$

以上より、**変動費（x） ＝ 6,000 千円**、**固定費（y） ＝ 3,000 千円**となりますので、解答は**イ**になります。

「損益計算書」は 1 年間の成果、「貸借対照表」はある時点の財産状況

1 年間の**「売上の総合計」**から**「発生した費用の総合計」**を引いて、残ったものが**利益**です。この詳細は**損益計算書**に書かれています。**企業会計では、1 年間のこと**を**会計期間**と呼びます。

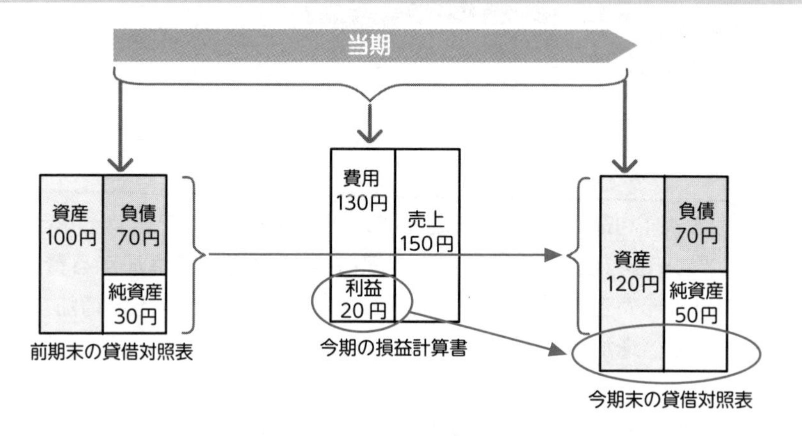

一方の**貸借対照表**は、**会計期間の最初の日**（期初）のものと、**会計期間の最後の日**（期末）のものと、２つあります。「貸借対照表」には、**ある一時点**における企業全体の以下の情報が書かれています。

- **資産**（プラスの財産）
- **負債**（マイナスの財産・借金など）
- 企業の経営活動の**元手**（資本金）

１年前（期初）の貸借対照表に、１年間の経営活動の結果（＝**損益計算書**に書かれているもの）を加味すると、**期末の貸借対照表**が完成するわけです。

貸借対照表とは「企業の全財産を表すもの」。そのため、１年間の経営活動の結果、改善したり悪化したり、毎年変わっていきます。

利益の割合が大きければうれしいし、効率的に稼げてもうれしい

売上高利益率／ROA／ROE

あるチェーン店で、ふだんは１日あたりたこ焼きが 300 箱売れていまし

たが、お祭りの日には500箱売れたとします。すごく忙しい1日になりますが、売上が上がってうれしいですよね。

でも、よく考えてみてください。どんなに売上が上がっても、もし1箱あたりの利益が10円しかなかったら、どうでしょうか？

500箱売れても、5,000円の儲け（利益）にしかなりません。これではアルバイト代にもなりませんよね。このように、**売上高に占める利益の割合**は、本当に大事なものなのです。これを**売上高利益率**と呼びます。

売上高利益率＝利益÷売上×100（%）

上式の「利益」は、問題に応じて「営業利益」「経常利益」「当期純利益」などを使います。

また、同じ利益を得るにしても、**投資した元手**（資本）が少なければそれだけ効率的で、うれしいですよね。

貸借対照表の「3つの資本」

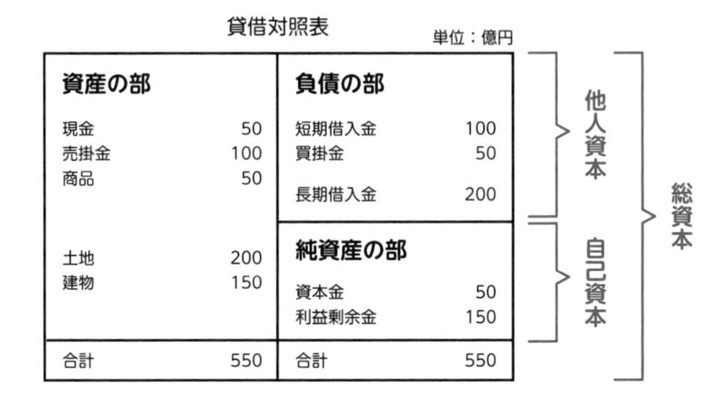
貸借対照表　単位：億円

資産の部		負債の部	
現金	50	短期借入金	100
売掛金	100	買掛金	50
商品	50	長期借入金	200
土地	200	**純資産の部**	
建物	150	資本金	50
		利益剰余金	150
合計	550	合計	550

上図のとおり、**資本には3つ**ありますが、そのうち**他人資本**とは**負債**（≒返済する必要がある借金のようなもの）です。そのため、**効率性の指標の計算**には**総資本**と**自己資本**の2つを使います。

ROA（総資本利益率）＝当期純利益÷総資本× 100（%）
ROE（自己資本利益率）＝当期純利益÷自己資本× 100（%）

ROA（Return On Asset）は、**会社の総資本**（株主から集めた自己資本＋借金などの負債）に対する**当期純利益**の割合を示す指標です。一方、**ROE**（Return On Equity）は、**株主から集めた自己資本**に対する**当期純利益**の割合を示す指標です。

株主としては「自分の投資した金額が効率的かどうか」が気になりますから、**ROE** に目が行きがちです。しかし、ときとして

「ROE は良好だが、ROA は低い」

という企業があります。そういった企業は、じつは「借金をたくさん抱えている（＝自己資本に比べ、負債が大きい）」という意味になるので、**ROA** もあわせてチェックする必要があるのです。

さらに、「借金をたくさん抱えている会社」というのは、一歩まちがえればとてもあぶないですから、会社の安全性を計るために**自己資本比率**という指標もあります。

自己資本比率＝自己資本÷総資本× 100（%）

攻略MEMO　財務指標の出題ポイント

以下の**3つの指標**は頻出です。かならずチェックしておきましょう。

- 売上のなかから、しっかり利益が出ているかをチェックする
  ➡ **売上高利益率**
- 投資した金額が効率的に使われているかを投資家がチェックする
  ➡ **ROE（自己資本利益率）**
- 借金の比率が高すぎて、安全性の低い会社になっていないかをチェックする
  ➡ **自己資本比率**

現金化しやすい財産のほうが、もしものときに助かる

流動比率

貸借対照表の「資産の部」の中でも、**「お金そのもの、またはすぐに（通常は1年以内に）換金できるもの」**を**流動資産**と呼びます。これには、現金・預金や**売掛金**が含まれます。売掛金は1章（→ P.025）でチェックしました。**お店側から見れば「将来、払ってもらう代金」**でしたね。

企業にとって、この売掛金のような「流動資産」が多いことは大切。もし、急にお金が必要になった場合、迅速に対応できるためです。不動産などのことを**固定資産**といいますが、どんなに価値があっても、すぐに売ってお金にできるわけではありませんよね。

一方、**流動負債**という言葉もあります。これは、短期借入金など**「短期間のうちに支払わなければならない負債」**のことです。さきほどの売掛金とは逆に、仕入れなどで先に商品を入手して、**将来払わなければならない代金**（**買掛金**）を含みます。

流動資産／流動負債／固定資産／固定負債

貸借対照表　単位：億円

資産の部			負債の部		
現金	流動資産	50	短期借入金	流動負債	100
売掛金		100	買掛金		50
商品		50	長期借入金	固定負債	200
土地	固定資産	200	**純資産の部**		
建物		150	資本金		50
			利益剰余金		150
合計		550	合計		550

図のうち**「流動資産」と「流動負債」の比率**を見て、経営がどれだけ安定しているか、または苦しいかを把握するための指標が**流動比率**です。流動比

率は、以下のようにして求めることができます。

流動比率＝流動資産÷流動負債×100（%）

図の例で流動比率を求めると、**(50＋100＋50)÷(100＋50)×100≒133%**です。このように流動負債よりも流動資産のほうが大きくないと（流動比率が100%を超えないと）、経営は苦しくなります。

ネットショップはいつから黒字になるのか？

投資回収

システム開発を始める前に、経営層は**「トータルで黒字になるのはいつからか？」**をできるだけ精緻に求め、システム開発を進めるのか、中止（見直し）するのかを決定しなければなりません。

たこ焼き屋ネットショップの開発費や完成後の費用、そして完成後の利益が次のような見通しだった場合を考えてみましょう。

費目	金額
開発の初期投資額	2,400万円
システム稼働後の効果額	100万円（1ヶ月あたり）
システム運用費	20万円（1ヶ月あたり）
年間システム保守料	初期投資額の15%

単位が「月」「年」「%」といろいろ混じっていてわかりにくいですね。まず「年」と「万円」で統一してみましょう。すると、以下のようになります。

費目	金額
開発の初期投資額	2,400万円
システム稼働後の効果額	1,200万円（1年あたり）
システム運用費	240万円（1年あたり）
年間システム保守料	360万円（1年あたり）

これでかんたんな図に表すことができます。

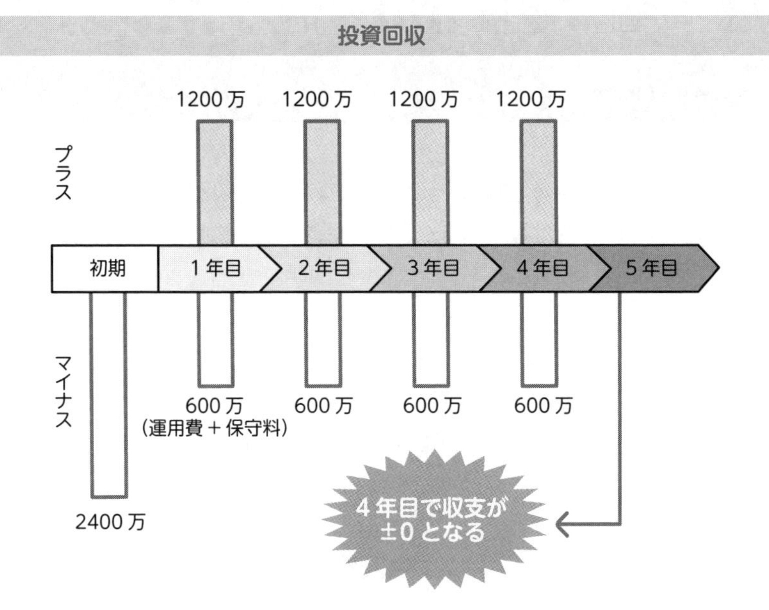

この図を見ると、**4年目**で、「累計の効果額」と「累計の費用」が同額になっていますね。以上より「たこ焼き屋ネットショップが稼働してから**4年後**に費用が回収できる」という見込みになります。

このように、投資回収の計算方法は、図を書くとわかりやすくなりますよ。

5-02

「平均」「偏差値」……よく聞く統計の基礎をおさえる

平均や中央値、最頻値と聞くと、「そんな用語、知ってるよ！」と思うかもしれません。それでは関連する「標準偏差」「偏差値」などはどうでしょうか。聞きなれていても、きちんと定義を説明できる人は少ないのではないのでしょうか？

でも大丈夫。ここでは、「グループのメンバーの身長」や「学力テスト」を例に、これらの**統計用語の基礎**をわかりやすく解説します。これらは統計分析の基本ですので、さっと理解して、データ分析に強くなりましょう。

具体例をもとに「平均」「中央値」「最頻値」を考える

あなたを含めた友人５人グループの身長が､以下のとおりだったとします。

これらを例に**平均**と**中央値**、**最頻値**を求めてみましょう。

190, 190, 180, 170, 160

●平均

まず、**平均**から考えてみます。平均は**すべてのデータの値を合計し、それをデータの個数で割ったもの**です。計算すると……、

(190 + 190 + 180 + 170 + 160) ÷ 5
= 890 ÷ 5 = 178

となります。これはカンタンですね。

●中央値

つづいて**中央値**。「メジアン」とも呼ばれます。データを**小さい順（大きい順）に並べたときに、中央（真ん中）になる値**です。

先に挙げた例で考えれば、中央値はちょうど真ん中にある **180** ですね。
では、データが偶数個だった場合はどうすればいいでしょうか？

たとえば、以下のようにデータの数が6人に増えたら？

190, 190, 180, 170, 170, 160

こうすると、真ん中の値は **180**（3番目）、**170**（4番目）のどちらか迷ってしまいますね。そこで、**偶数個のときは2つの値の平均**を中央値にします。
よって、**(180 + 170) ÷ 2 = 175** より、**175** が中央値です。

●最頻値

つづいて、**最頻値**。最頻値は「モード」とも呼ばれます。**もっとも出現数の多い値**のことです。

最初に挙げた5人の例では、最頻値はもっとも多く（2回）出現している **190** となります。とてもカンタンですが、自然と「モードが……」なんて口から出るようになると、ちょっとカッコいいですよね（笑）

「分散」→「標準偏差」→「偏差値」の順に特徴をおさえる

ここからは、ちょっと難しく感じる**「分散」「標準偏差」「偏差値」**について扱います。しかし、この3つは公式を用いて算出するような問題は今のところ出題されていないので、**公式を覚える必要はありません**。特徴だけでもぜひ覚えてくださいね。

●分散

分散とは、データの集団が**「どれぐらいバラついているか（散らばっているか）」**を表す値です。

たとえば、クラス全員のテスト結果が、**みんな平均点付近**であれば**分散は**

小さくなります。一方、**各自の点数の差が大きい**と**分散は大きく**なります。

よりイメージしやすくなるように、分散の求め方をザッと眺めてみましょう（覚える必要はありません）。分散を求める手順は「❶平均を求める → ❷平均とそれぞれの値の差を求める → ❸それぞれ2乗する → ❹さらにその平均を求める」です。ややこしいですので、5人のテスト結果が以下のケースで考えてみましょう。

100, 100, 90, 70, 40

❶ 平均を求める：**(100 + 100 + 90 + 70 + 40) ÷ 5 = 80**
❷ 平均（80）とそれぞれの値の差を求める：**20, 20, 10, − 10, − 40**
❸ それぞれ2乗する：**400, 400, 100, 100, 1600**
❹ さらにその平均を求める：
　(400 + 400 + 100 + 100 + 1600) ÷ 5 = 520

よって、分散は**520**になります。ところで、なぜ❸で平均点との差を**2乗する**必要があるのでしょうか？

分散は「平均点との差が大きい」ほど、値が大きくなる統計量です。平均点との差が大きいケースは、「平均点より**かなり高い**」「平均点より**かなり低い**」の2通りがあります。

しかし、ここで単純に「平均点との差」で計算すると、「プラスとマイナスが相殺して、数値が小さくなる」という現象が起きてしまいます。そこで「平均点との差」を2乗することで、**すべてを正の値**にしているのです。

●標準偏差

標準偏差とは、分散とおなじく、**データのばらつき**を見る統計量です。より具体的に言うと「分散」の**平方根**を求めたもの。

さきほど述べたように、分散は2乗しているので、平方根を求めることで**「もとに戻す」**操作をしているわけですね。

さきほどの例であれば、分散は520でしたので、標準偏差は$\sqrt{520} \fallingdotseq 22.8$になります。

●偏差値

学生さんであれば、だれもが気にせずにはいられないのが**偏差値**。偏差値とは、ある数値が**集団の中でどの位置にいるのか**（どれぐらい高い or どれぐらい低い）を表す値です。

偏差値の場合、**平均値は必ず 50** として算出されます。学力テストなどで各自が獲得した得点は、平均点（偏差値 50）からどの程度高い（低い）位置にいるのかがわかるのですね。

また、偏差値では**「全体のバラつきの程度」**も影響します。たとえば、2回テストを受けて、どちらも平均点より 30 点高い点数を取ったとしても、**両者が同じ偏差値になるとは限りません**。

あなた以外にも高い点数の人が多ければ、あなたの偏差値は相対的に**低くなります**。一方で、あなた以外では平均点付近の人が多く、あなたの得点だけ突出していれば偏差値は**高くなります**。

偏差値の求め方は以下のとおりです。さきほど述べた標準偏差を用いるのですね。

偏差値＝（ある人の得点－集団の平均点）÷標準偏差× 10 ＋ 50

ためしに、90 点をとった人の偏差値を求めてみましょう。上式に数値をあてはめると、

$$(90 - 80) \div 22.8 \times 10 + 50 \fallingdotseq 54.4$$

よって、90 点の偏差値は **54.4** です。90 点は高得点ではありますが、この 5 人の中ではとびぬけて高得点というわけではなさそうですね。

5-03

仕事を最も効率的にこなすには

大規模なプロジェクトでは、複数の作業が並行しておこなわれることがあります。その場合、文章で書くよりも、**図で表現**したほうが作業の全体像がグッとわかりやすくなります。

最大のポイントは**最も時間がかかる経路を見極める**こと。そこだけ注意すれば、すぐにマスターできるでしょう。

「一番時間がかかる作業」を見極めて段取り上手に

アローダイアグラム

たこ焼き屋ネットショップ開発が、下図のような日程で計画されていたとします。

開発の日程計画

項	作業	作業日数	先行作業
A	システム設計	10日	
B	ハードウェア設計	15日	A
C	ソフトウェア設計	20日	A
D	ハード購入・設置	8日	B
E	プログラミング	10日	C
F	システムテスト	6日	D, E
G	ユーザー教育	3日	C
H	運用テスト	5日	F, G

表中の**「先行作業」**とは、**「前の作業が終わらないと、次の作業に入れないよ」**という意味です。たとえば、Fの「システムテスト」をするためには、Dの「ハードウェア購入・設置」とEの「プログラミング」の両方が終了している必要があります。

このようにプロジェクトが大規模になればなるほど、プロジェクトの各作業の順序関係がややこしくなるもの。表だけだとわかりにくいですよね。

そのようなときにわかりやすく図示するのが、第2章でも解説した**アローダイアグラム**です。これで順序関係がすっきりわかりますよね。

アローダイアグラムでは、以下のルールで作業を表記していきます。

- **各作業**：矢印（→）
- **作業の開始および終了点**：マル（○）

アローダイアグラム

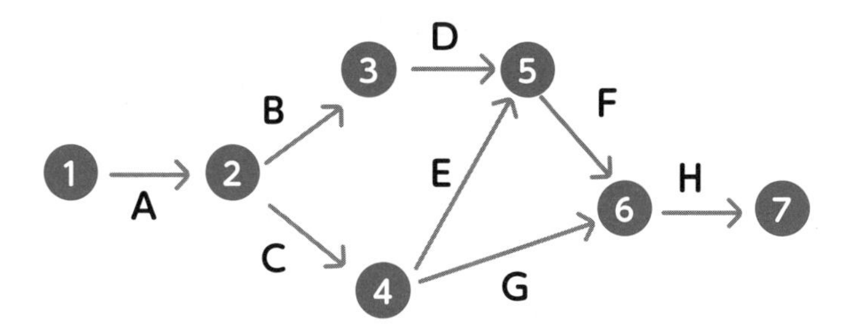

さて、この開発プロジェクトですが、**何日で完成する**でしょうか？

次の図をみて、**最も時間がかかる経路**を見つけることができれば、その日数が「開発に要する日数」となります。

この場合、A → C → E → F → Hが**最も時間がかかる経路**です。**どんなにがんばっても、この経路にかかる日数は必要**ということになります。このような経路のことを**クリティカルパス**と呼びます。

クリティカルパス

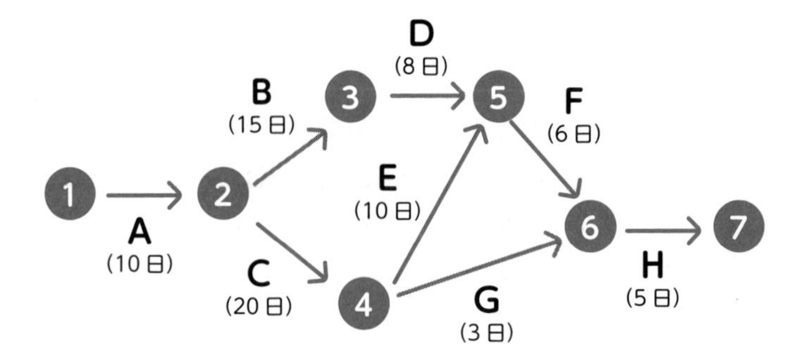

作業を早く始めたい人、ギリギリまでやらない人、いろいろいます

最早開始日／最遅開始日

先行する作業が終わり、担当する作業が開始できる段階になったら、すぐに作業を開始したい方。作業が開始できる段階になっても、ギリギリまで作業をしたくない方。

プロジェクトに参加するメンバーには、さまざまな性格の方がいます。上手にマネジメントするためにおさえたいのが、以下の 2 点。

- 各作業が**最も早く作業を開始**できる時点
  - ➡ これを**最早開始日（最早結合点時刻）**と呼びます
- 全体のスケジュールに影響を与えない範囲で**最も作業を遅れて開始**できる時点
  - ➡ これを**最遅開始日（最遅結合点時刻）**と呼びます

最早開始日と最遅開始日

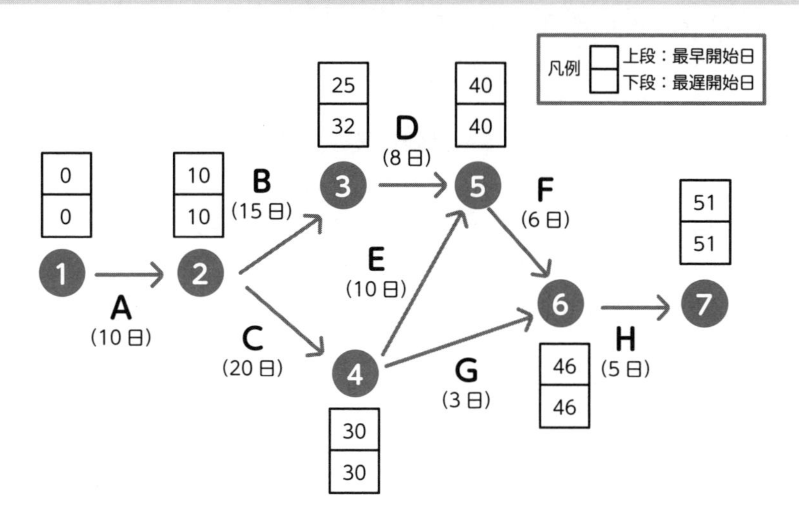

今回のプロジェクトのクリティカルパスと必要な日数は、以下のとおりでした。

- **クリティカルパス**：A → C → E → F → H
- **必要な日数**：**10日＋20日＋10日＋6日＋5日＝51日**

クリティカルパス上にある結合点は、じつは**「作業が開始可能になったら、すぐ始めないと全体に影響が出てしまう結合点」**です。つまり、**最早開始日＝最遅開始日**となります。

一方、クリティカルパス上にない結合点❸は、最早開始日と最遅開始日に若干の余裕があります。

図のとおり、最早開始日は25日なのですが、最遅開始日は32日となっています。つまり、作業開始可能になってから、**7日間は休んでいても全体に影響は出ない**のです。

いっしょに作業すると、どれだけ早く仕事が終わるか？

共同作業

仕事の進捗について、ほかにも**共同作業**の出題パターンをおさえておきましょう。

共同作業の問題では「全体の作業量」が明記されていないケースがあります。その場合、**「全体の作業量＝ x」と仮定**すると、ラクに計算できます。試しに以下の問題を解いてみましょう。

> ネットショップ開発のプログラミング作業担当者として、ベテランのAさんと新人のBさんの２人がいます。Aさんが１人で作業すれば**10日**、Bさんならば**15日**かかる作業量だとします。
>
> この場合、２人で作業したほうが速く完了するのはまちがいなさそうですが、具体的には何日かかるでしょうか？（２人が共同で作業をした場合も、作業効率は変わらないものとします）

このような場合、プログラミング作業全体の量を x とすると、２人の１日の作業量はそれぞれ以下になります。

- Aさんの１日の作業量 → $\frac{1}{10}x$
- Bさんの１日の作業量 → $\frac{1}{15}x$

すると、２人合計の１日の作業量は以下のようになります。

$$\frac{1}{10}x+\frac{1}{15}x=\frac{5}{30}x=\frac{1}{6}x$$

つまり、２人が共同で作業をした場合、１日の作業量は**全体の６分の１**ということです。よって、作業全体が完了するのは**６日後**になります。

5-04

コンピュータの中でおこなわれる計算を覗いてみよう

私たちがふだん使っている10進数で表現された値を「2進数に変換する」など、ある「m進数」を別の「n進数」に変換することを**基数変換**といいます。

一見ややこしそうですが、**「重み表」**だけ理解すれば、あとは機械的に解けますから、まずはそこに集中してマスターしてください。

「重み表」を使えば2進数にかんたんに変換できる

私たちは、ふだん**0～9の10種類の数字**を使い、9の次は「10」というように桁上がりしますよね。これを**10進数**と呼びます。

一方、コンピュータは「電気がONか、OFFか」を判断しています。ON状態を**1**、OFF状態を**0**とすると、コンピュータは**「0と1」の2種類の数字のみ**で計算していることになります。これを**2進数**と呼びます。

2進数では、0 → 1 → 10 → 11と数字が増えていきます。2進数の10は「イチゼロ」と呼び、10進数の「2」と同じ意味です。

しかし「2進数で1011」といわれても、なかなかイメージしにくいですね。2進数を10進数に直してみましょう。

10進数では、1（10^0）の位、10（10^1）の位、100（10^2）の位、1,000（10^3）の位……と桁が増えていくように、2進数では、**1（2^0）の位**、**2（2^1）の位**、**4（2^2）の位**、**8（2^3）の位**……と増えます。

このように、2進数と10進数では、それぞれの**桁の重み**が異なるのです。これを表にまとめると次ページのようになります。この表を**重み表**といい「2進数から10進数の変換」がかんたんに求められます。

10進数の桁上がりと2進数の桁上がり

10進数

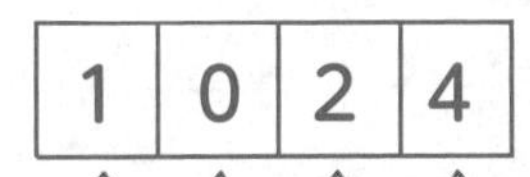

10^0=1の位（重みが1）

10^1=10の位（重みが10）

10^2=100の位（重みが100）

10^3=1,000の位（重みが1,000）

つまり、10進数の「1024」は、
1×1,000+0×100+2×10+4×1=1,024
ということ

2進数

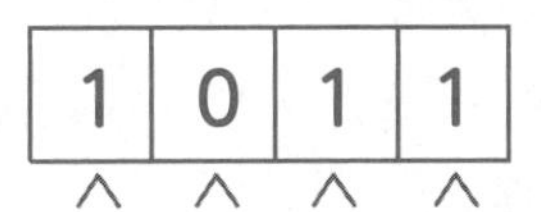

2^0=1の位（重みが1）

2^1=2の位（重みが2）

2^2=4の位（重みが4）

2^3=8の位（重みが8）

つまり、2進数の「1011」は、
1×8+0×4+1×2+1×1=11（10進数）
となる

では、逆に「10進数から2進数への変換」はどうするのでしょうか？

じつは、これにも重み表を使います。例として、10進数の「23」を2進数に変換してみましょう。

重み表を使った10進数から2進数への変換

重み	2^5	2^4	2^3	2^2	2^1	2^0
		1	0	1	1	1

❶ 23は、2^5（=32）より小さい ⇒ 2^5の桁は空欄

❷ 23は、2^4（=16）より大きい ⇒ 2^4の桁に「1」を入れる

❸ $23-2^4=7$は、2^3（=8）より小さい
⇒ 2^3の桁に「0」を入れる

❹ 7は、2^2（=4）より大きい ⇒ 2^2の桁に「1」を入れる

❺ $7-2^2=3$は、2^1（=2）より大きい
⇒ 2^1の桁に「1」を入れる

❻ $3-2^1=1$は、2^0（=1）と同じ ⇒ 2^0の桁に「1」を入れる

以上より10進数「23」は2進数の「10111」となる

5-05

「場合分け」と「クジ引き」のポイントをサクッとおさえよう

学校で習った集合の図といえば……？　答えは**ベン図**です。これを思い出すだけで、**確率の問題**もかんたんに解くことができます。

チーズたこ焼きは「チーズ AND 小麦粉」

あるとき、たこ焼き屋ネットショップで扱っている商品の原材料を調べ、以下のように分類する必要が出てきました。

- チーズを使っている商品
- 小麦粉を使っている商品
- チーズと小麦粉の両方使っている商品
- それ以外（どちらも使っていない商品）

この作業には**ベン図**というものを使うと便利です。

ベン図

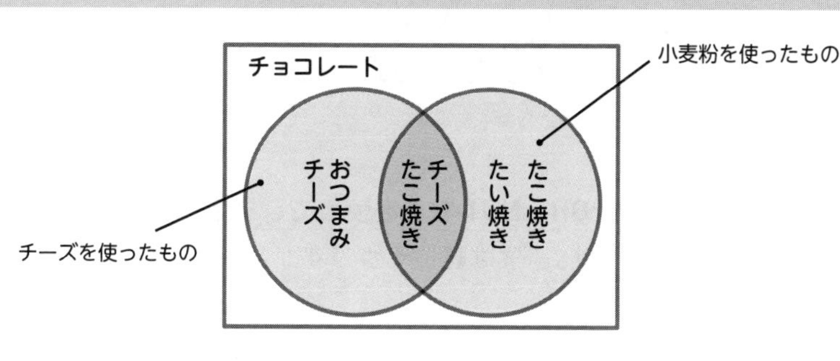

この分類のうち、「小麦粉を使っている」かつ「チーズを使っている」、つまり**「両方を満たす」関係**にある分類を、**論理積（AND）**の関係にあるといいます。

「小麦粉を使っている」または「チーズを使っている」、つまり**「少なくともどちらか一方を使っている」関係**にある分類を**論理和（OR）**といいます。

論理積（AND）と論理和（OR）

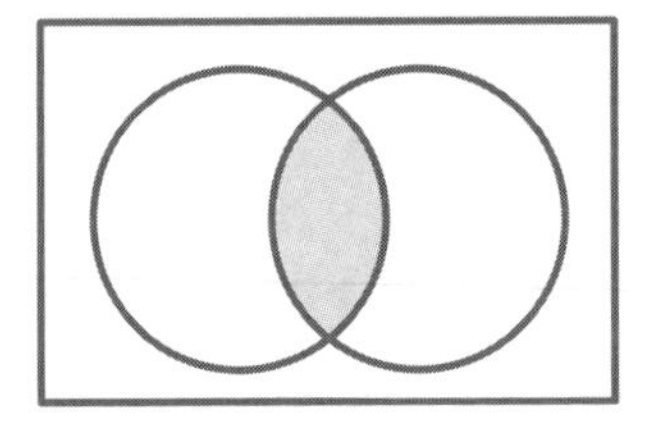

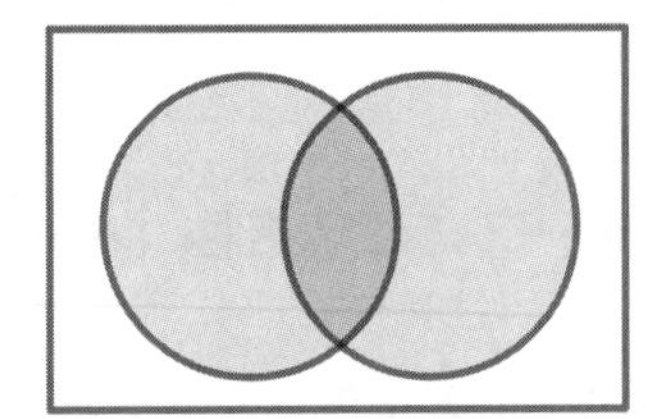

「どちらも使っていない」分類の商品を**否定（NOT）**の関係にあるといいます。

否定（NOT）

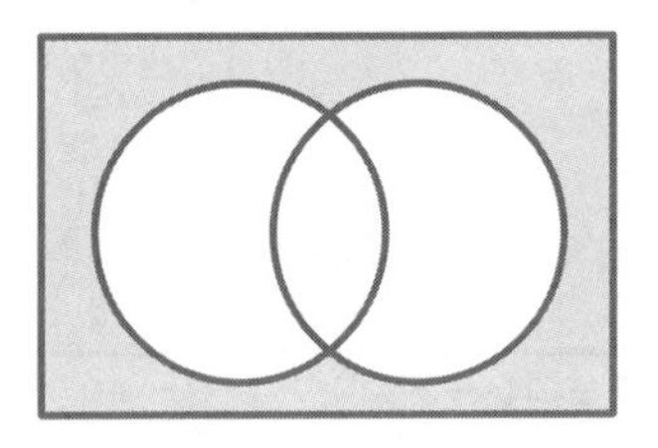

以上のような、**AND、OR、NOT などを使って、ある分類を特定していく方法**を**論理演算**といいます。言葉は難しそうですが、ベン図で視覚的にイメージをつかんでみてください。

ネットショップで購入した商品に「当たりクジ」が入っている確率は？

ネットショップのキャンペーンで、「たこ焼き」と「たい焼き」に**当たりクジ**を入れることになりました。当たりの割合はそれぞれ以下のとおりです。

- たこ焼き → 商品 **10袋につき1個**
- たい焼き → 商品 **15個につき1個**

ここで、あなたが「たこ焼き1袋とたい焼き1個」を購入した場合を考えてみましょう。

●たこ焼きとたい焼き、両方当たりが出る確率

これはよっぽど運がよくないと起こらないでしょう。このケースのように、両方が発生するケースは、**それぞれの発生確率をかける**ことになります。

たこ焼きが当たるケース$\frac{1}{10}$×たい焼きが当たるケース$\frac{1}{15}$ = $\frac{1}{150}$

●たこ焼きとたい焼き、少なくともどちらかが当たる確率

こちらは、グッと現実味が増す気がしますよね。

「少なくともどちらかが当たる確率」は、**すべての事象が起こる確率（＝1）から、どちらも当たらない確率を除く**ことで求めます。

たこ焼きが当たらない確率＝$\frac{9}{10}$

たい焼きが当たらない確率＝$\frac{14}{15}$

つまり、どちらも当たらない確率は、$\frac{9}{10}$×$\frac{14}{15}$＝$\frac{21}{25}$

したがって、少なくともどちらかが当たる確率は、

$$1 - \frac{21}{25} = \frac{4}{25}$$

バイト5人の中から2人を選ぶとき、何とおりの選び方がある？

あるたこ焼き屋の店舗では、**バイトが5人**います。この中から**2人選んで**、ある日のシフトに入ってもらうこととします。

シフトに入る2人が、朝から晩まで共同で働く場合は、2人の組み合わせが「A君、B君」でも「B君、A君」でも**特に区別する必要はない**でしょう。しかし、「午前中1人、午後1人」というようにシフトを組む場合は、「午前中はだれ」「午後はだれ」というように**区別する必要があります**よね。

それぞれの場合に、何とおりの選び方があるか、考えてみましょう。

●2人が共同で働く場合（2人を区別しない場合）

この場合、「5人のバイト」の中から2人取り出して、その組み合わせを考えます。さきほど述べたように、取り出し方が「A君、B君」でも「B君、A君」でも**同じ組み合わせ**とみなします。

これを**組み合わせ**といいます。**「n個の中からr個取り出す」**場合の組み合わせの数は、次の公式で求めます。

「組み合わせ」の公式

$$nCr = \frac{n!}{r!\ (n-r)!} \quad (ただし、n \geqq r)$$

※「r!」はrの階乗といい、rから1までのすべての整数の積を取ります
例）4！=4×3×2×1

したがって、5人のバイトの中から2人を選ぶ組み合わせの数は、下記のとおり**10通り**と求められます。

$$\frac{5\times4\times3\times2\times1}{(2\times1)\times(3\times2\times1)}=\frac{5\times4}{2\times1}=10$$

●1人が午前、もう1人が午後に働く場合（2人を区別する場合）

5人の中から、最初に選んだ人を「午前のバイト」、2番目に選んだ人を「午後のバイト」にするとします。

このように**「n個の中からr個を取り出し順番に並べる」**ことを**順列**といい、以下の公式で求めます。

「順列」の公式

$$nPr=\frac{n!}{(n-r)!}$$

したがって、5人のバイトの中から2人を選んで並べる順列の数は、下記のように**20通り**です。

$$\frac{5\times4\times3\times2\times1}{3\times2\times1}=5\times4=20$$

5-06

カンタンな数を入れて考えるのが、プログラムのコツ

IT パスポートでは**プログラムの読み解き**が出題されます。このときのプログラム言語は**擬似言語**。実際のプログラム開発現場で使われるものではなく**「プログラミング的思考力があるか」を判断するための試験用のプログラム言語**です。

「擬似とはいっても、プログラム言語なんて難しそう！」

と思うかもしれません。しかし、IT パスポートで出題される問題は**パターンが決まっており**、ポイントをおさえるだけで得点できる出題がほとんど。

ただ、擬似言語の問題は複数出題されますので、なかには難問が出されることもあるでしょう。しかし、そんな問題は誰も解けないので気にしなくて大丈夫。取れる問題だけ、確実に得点しましょう。

擬似言語で点を取るための「5 つのポイント」

実際に擬似言語の問題に取り組む前に、以下の 5 つの用語だけおさえてください。

変数／**データ型**／**配列**／**関数**／**コメント**

といっても、これらを完全に暗記する必要はありません。IT パスポート試験では、これら 5 つの用語を含む、擬似言語の文法はすべて**試験中にいつでも参照することができます**。

ここでは、「なるほど、そういうことね！」とイメージできれば十分です。

変数は「箱」をイメージしよう

変数／データ型

変数とは、さまざまなデータを格納するための**「入れ物(箱)」**のようなイメージ。この箱（変数）には、好きな名前を付けることができます。**kyoukaという変数に“国語”という文字列（文字の並び）**を入れてみましょう。

変数のイメージ

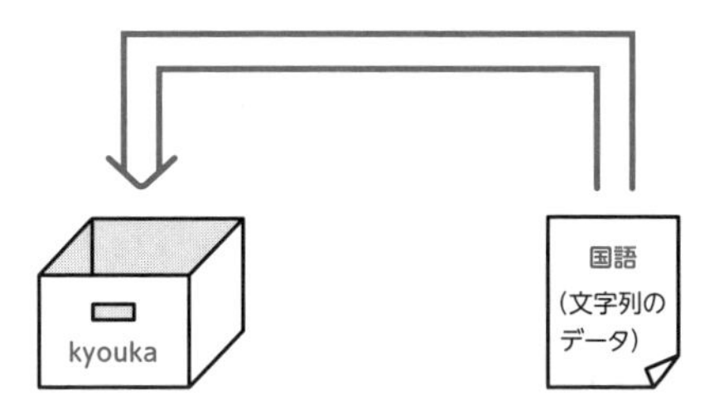

変数を使うときは、最初に1度だけ、「kyouka という変数を使いますよ！」と**コンピュータに教える必要**があります。これを**宣言**といいます。

変数の宣言時、**「この変数には、どんな種類のデータを入れるのか」**もあわせてコンピュータに伝える必要があります。たとえば、変数 kyouka には"国語"という**「文字列」**のデータを入れましたね。こういったデータの種類のことを**データ型**といい、次の3つのデータ型がよく出題されます。

整数型	整数のデータ。(例) －1、0、1、7、16、100、など
実数型	整数に加え、小数点のある数値も含む。
文字列型	文字の並び。

前述の kyouka は文字列のデータを入れますので、擬似言語のプログラム中で宣言するには次のように書きます。

```
文字列型：kyouka
```

また、データの入れ物である**変数にデータを入れる**ときは、以下のように記述します。このことを**代入**といいます。変数にデータを格納する際は、文字列型のみ **「"」** で文字列を囲みますので注意してくださいね。

```
kyouka ← " 国語 "
```

配列は「コインロッカー」のようなもの

配列とは、ざっくり言えば **「同じデータ型の変数が並んだもの」** というイメージです。これは「コインロッカー」をイメージするといいでしょう。

コインロッカーは、ロッカーごとに**番号**が振られていますよね。それと同様に、配列はそれぞれの要素を特定する**添字**と呼ばれる**数字**が使われます。

たとえば、5 つの要素を持つ「kamoku」という名称の配列があるとき、次図のように、kamoku[1]、kamoku[2]……、と記述することで、それぞれの要素を特定できるのです（添字は 0 または 1 から始まる整数値です）。

配列のイメージ

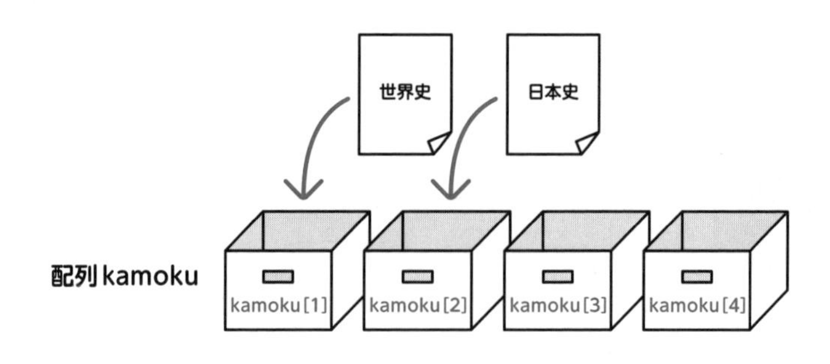

関数は「小さなプログラム」のこと

関数とは、カンタンに言えば**「ミニプログラム」**みたいなものです。

たとえば、「nibai」という名前のプログラム（関数）があり、その機能は「数字を1つ渡すと、2倍にして結果を返す」ものだとしましょう。

以上のミニプログラムを擬似言語で記述すると、

```
○ nibai( 整数型 : a)
  return  a*2
```

となります（＊はかけ算の記号）。はじめての方でも、なんとなくイメージできるのではないでしょうか？ **変数aの中に任意の数字（整数）を代入すると、それを2倍にして戻すイメージ**が伝わると思います。

なお、上記のnibaiの前に**「○」**が付いていますが、これは**「これから『nibai』という名前の関数を使いますよ」と宣言**するための記述ルールです。変数と同じように、**関数でも最初に1度だけ宣言が必要**なのですね。

このようにして宣言した関数は、何度でも大元のプログラム中で使うことができます。たとえば、次の2行のプログラムは関数nibaiを呼び出している例です。

```
整数型：kekka ← nibai(5)
kekka を出力する
```

どういう意味の関数なのでしょうか。

- 1行目：nibai関数に5を渡して計算（処理）し、その結果を変数『kekka』に格納
- 2行目：変数kekkaの中身を出力する

ということで、この2行の実行結果として**「10」が出力**されます。全然難しくないですよね。

ちなみに、**関数を呼び出すときに渡すデータ**（先ほどの例では**5**）を**引数**（ひきすう）と呼びます。また、**関数を実行した後の結果**を**戻り値**といいます。nibai関数では、引数を2倍にした数値が戻り値ですね。

コメントは試験を解くためのヒントになる

いよいよ最後の用語です。以下の**「//」**はコメント（注釈）です。**人間向けの注釈**を意味し、//以降、その行に書かれた内容について、**コンピュータは無視**します。大抵は「プログラムの内容」を記述するので、試験では、問題を解くためのヒントになるでしょう。

```
kekka ← nibai(5)  // 関数 nibai(5) の戻り値を kekka に代入
```

また、**複数行に渡ってコメント**を書きたいときは、コメントを**「/*」**と**「*/」**で括ります。

ここまでで、擬似言語を読むための必要な用語は学習しました。

あとは、P.171で学習した**「プログラムの処理の流れ」**のうち、**条件分岐（選択）**や**繰り返し**の文法をおさえる必要がありますが、これらは実際の問題を解きながらマスターしてしまいましょう。

攻略MEMO　処理の流れの文法

P.171では、処理の流れに**「順次」「条件分岐（選択）」「繰り返し」**の3つがあることを学びましたが、このうち**「順次」**は上から下へ、ふつうに処理が流れるだけなので、特別な文法は存在しません。そのため**「条件分岐（選択）」「繰り返し」**の文法だけを学べば大丈夫です。下記のような文法があります。

- 条件分岐（選択）：**if文**（→ P.432）
- 繰り返し：**for文**（→ P.428）、**while文**と**do-while文**（→ P.434）

擬似言語問題の「最初の注目ポイント」は冒頭文

それでは問題を見てみましょう。下記は令和3年度に公開されたITパスポート試験の擬似言語サンプル問題です。

関数calcMeanは，要素数が1以上の配列dataArrayを引数として受け取り，要素の値の平均を戻り値として返す。プログラム中のa，bに入れる字句の適切な組合せはどれか。ここで，配列の要素番号は1から始まる。

```
○実数型：calcMean(実数型の配列：dataArray)  /* 関数の宣言 */
  実数型：sum, mean
  整数型：i
  sum ← 0
  for (i を 1 から dataArray の要素数まで 1 ずつ増やす)
  sum ← [  a  ]
  endfor
  mean ← sum ÷ [  b  ]    /* 実数として計算する */
  return mean
```

	a	b
ア	sum + dataArray[i]	dataArrayの要素数
イ	sum + dataArray[i]	(dataArrayの要素数+ 1)
ウ	sum × dataArray[i]	dataArrayの要素数
エ	sum × dataArray[i]	(dataArrayの要素数+ 1)

まずは**冒頭文**から問題の意図をしっかり読み取りましょう。冒頭文から、下記のような「関数calcMean」を完成させたいことがわかります。

- 配列detaArrayを**引数**として受けとる
- 配列detaArrayの要素の値を**平均**して、その平均値を返す

攻略MEMO　擬似言語プログラムを読み解くコツ

この段階で、**「平均ということは……、すべての要素を合計する計算と、合計した値を要素数で割る計算が必要だ」**とイメージできるとベターです。**「求められていることを実現するためには、どんな手順に分解できるかな？」**と考えるクセをつけることが、プログラミング的思考能力のレベルアップの鍵となります。

繰り返しの文法「for 文」をおさえよう

それでは、1 行目から見ていきましょう。全部で 9 行のプログラムですが、1 ～ 4 行目はこれまでの知識で読み解くことができるでしょう。

1 行目：**calcMean** という関数を宣言。引数は、実数型の**配列 dataArray** ですね。
2 行目：**sum** と **mean** という 2 つの実数型の**変数**を定義しています。
3 行目：**i** という整数型の**変数**を定義しています。
4 行目：**変数 sum に 0 を代入**しています。

5 行目の「for ～」というのは、はじめて見ますね。この **for 文**は**「繰り返し」の制御構造**で、7 行目の **endfor までを繰り返す**という意味になります。for 文の書き方にはルールがあって、必ず下記のような構造になっています。

```
for（制御記述）
  処理
endfor
```

上記のうち、**制御記述**とは、**繰り返しを続ける条件**のこと。

たとえば、プログラムの 5 行目の制御記述は**「i を 1 から dataArray の要素数まで 1 ずつ増やす」**となっていますが、配列 dataArray の要素数が

3だった場合、**変数iを1から3まで増やしながら**、そのたびに**6行目の処理を実行**するわけです（つまり、6行目の処理を計3回、実行します）。

それでは、6行目の空欄aには何が入るのでしょうか？　平均を求めるには、

❶ 各要素の合計を求める
❷ 合計値を要素数で割る

という手順が必要ですから、今回の5～7行目の繰り返し処理（for文）では、**「①各要素の合計を求める」のだろう**、と仮説を立てます。

擬似言語の問題では、変数や配列の要素に、**実際にカンタンな値を入れて考えるのが有効**ですので、今回は下記の数値を配列にいれてみましょう。

配列 dataArray の要素例

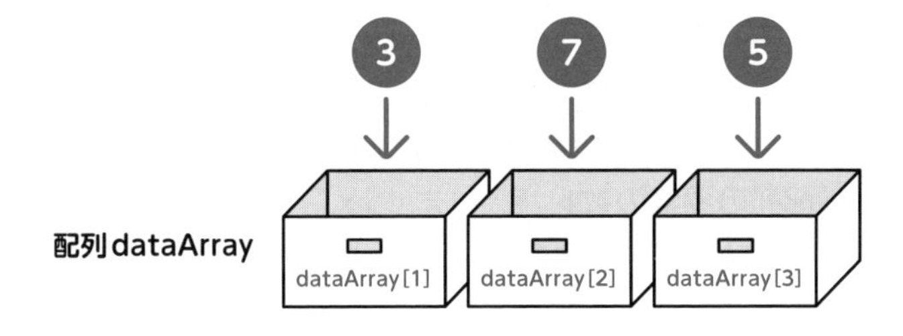

ここで、空欄aに対する解答の選択肢を見ると、「sum + dataArray[i]」と「sum × dataArray[i]」の2つしかありません。

要素の合計を求めるには、各要素を**すべて足すこと（加算）**が必要なので、おそらく前者の**「sum + dataArray[i]」**が正しそうですね。こうやって目星をつけたら、次のプログラムに、さきほどの数値（上図）を実際にあてはめて検証してみましょう。

```
for (i を 1 から dataArray の要素数まで 1 ずつ増やす)
  sum ← sum + dataArray[i]
endfor
```

検証した結果、最終的な sum の値が **3 + 7 + 5 = 15** となれば、空欄 a は「sum + dataArray[i]」でよさそうです。for ループを回すと、sum は次のとおりに変化していきます。

時系列	sum の値	sum の値の根拠
for ループの実施前	**0**	4 行目で sum に 0 を代入したから
for ループ 1 回目の実施後	**3**	sum（値は 0）と dataArray[1] の値の加算の結果を、sum に代入（上書き）したから
for ループ 2 回目の実施後	**10**	sum（値は 3）と dataArray[2] の値の加算の結果を、sum に代入（上書き）したから
for ループ 3 回目の実施後	**15**	sum（値は 10）と dataArray[3] の値の加算の結果を、sum に代入（上書き）したから

無事**「15」**になりました！　目星は正しかったということですね。

つづいて 8 行目。8 行目は、要素の合計値である sum を**空欄 b で割っています（除算）**。これは**「②合計値を要素数で割る」**の計算をしているので、空欄 b には**「配列の要素の数」**が入ります。

以上より、正解は**ア**となります。これで「関数 calcMean」のプログラムが完成しましたね！

もう 1 つ問題を読み解いてみよう

これで、for 文は理解できたと思います。しかし、まだほかの文法は確認できていないので、もう 1 問解いてみましょう。

手続 printStars は，“☆”と“★”を交互に，引数 num で指定された数だけ出力する。プログラム中の a，b に入れる字句の適切な組合せはどれか。ここで，引数 num の値が 0 以下のときは，何も出力しない。

```
○ printStars( 整数型： num)        /* 手続の宣言 */
  整数型：cnt ← 0 /* 出力した数を初期化する */
  文字列型：starColor ← "SC1"    /* 最初は“☆”を出力させる */
  [    a    ]
    if (starColor が "SC1" と等しい )
      "☆"を出力する
      starColor ← "SC2"
    else
      "★"を出力する
      starColor ← "SC1"
    endif
    cnt ← cnt ＋ 1
  [    b    ]
```

	a	b
ア	do	while (cnt が num 以下)
イ	do	while (cnt が num より小さい)
ウ	while (cnt が num 以下)	endwhile
エ	while (cnt が num より小さい)	endwhile

今回も、まず**冒頭の問題文**を確認します。空欄を埋めて、下記のような**手続「printStars」**のプログラムを完成させる問題のようです（ちなみに、IT パスポートのレベルでは**「手続」と「関数」はほぼ同じ**、という理解で OK です）。

- 手続 printStars は、**“☆”と“★”を交互に出力**する
- 引数 num で**指定した回数だけ**出力する
- 引数 num の値が **0 以下のときは何も出力しない**

条件分岐の文法「if 文」

それではプログラムを上から読み解いていきましょう。全部で 13 行のプログラムです。

1 行目：**手続「printStars」**を宣言しています。あわせて整数型の**引数 num** も定義します。
2 行目：整数型の**変数 cnt** を宣言し、同時に **0 を代入**しています。このように、まだ値が入っていない変数に値を代入することを**初期化**といいます。
3 行目：文字列型の**変数 starColor** を宣言し、"SC1" で初期化します。
4 行目：空欄 a です（いったん無視してください）

5 行目で、「if ～」という記述にぶつかりました。この **if 文**は 11 行目の **endif** まで**選択（条件分岐）**の制御構造で、下記のように記述します。

```
if（条件式 1）
  処理 1
elseif（条件式 2）
  処理 2
else
  処理 3
endif
```

if 文の動きは、まず**「条件式 1」**を見て、**条件 1 を満たす**場合は**「処理 1」を実行**して if 文から抜けます。

「条件式 1」を満たさず「条件式 2」を満たす場合は**「処理 2」を実行**して if 文を抜けますし、**「条件式 1」も「条件式 2」も満たさない**場合は**「処理 3」を実行**します。

if 文の流れ図

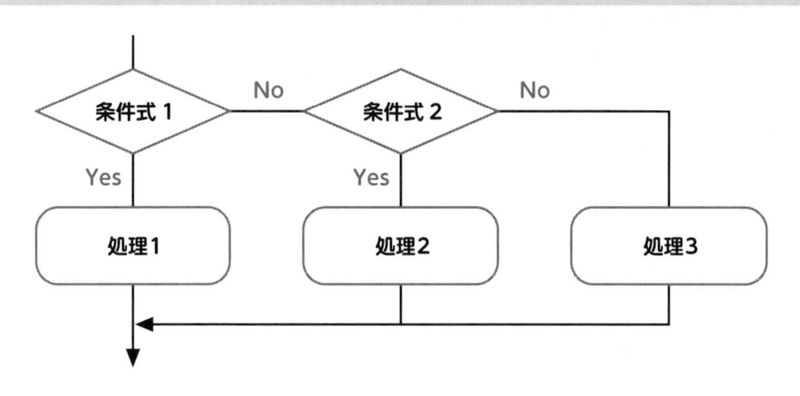

なお、「elseif」と「else」は省略しても問題ありません。下記のようにシンプルな記述になります。

```
if（条件式 1）
  処理 1
endif
```

この場合、**条件式 1 を満たさなければ、何の処理も実行せずに終了**します。

if 文の構文ルールをおさえたら、問題のサンプルに戻りましょう。まずは if 文の「条件式 1」を見るんでしたね。

5 行目の if の条件式は **「starColor が "SC1" と等しい」** です。3 行目で宣言した**変数 starColor** は **"SC1"** で初期化されていました（**条件式 1 を満たす**）ので、6 行目～7 行目が実行されます。

6 行目：**"☆" を出力**
7 行目：変数 starColor の内容を **"SC2" で上書き**

処理が終わりましたので、いったん 11 行目の endif まで飛びます。8 行目～10 行目の else および処理は、ここでは実行しません。

11 行目：選択処理が終了
12 行目：**変数 cnt** に **1** を加えています。
13 行目：空欄 b です（いったんスルー）

プログラムは以上です。

繰り返しは for 文だけではない

現時点の手続 printStars では、**“☆”が 1 つしか**出力されません。完成させたい手続 printStars は、以下のようなものでしたね。

- 手続 printStars は、**“☆”と“★”を交互に出力**する
- 引数 num で**指定した回数だけ**出力する
- 引数 num の値が **0 以下のときは何も出力しない**

このように出力する「しかけ」が空欄 a と b です。ここで、空欄 a と b を埋める解答の選択肢を見てみましょう。大きく**「while () ～ endwhile」**（**while 文**）か**「do ～ while ()」**（**do-while 文**）いずれかの組み合わせが入ることがわかります。while 文と do-while 文は、**どちらも「繰り返し」の制御構造**ですが、違いがありますので、下記で説明します。

● while 文

while 文では、**まず条件式を満たすか判定**します（**前判定**といいます）。条件式を満たした場合、処理を実行し、さらに再度条件を満たすかの判定に戻ります。

```
while ( 条件式 )
  処理
endwhile
```

● do-while 文

do-while 文では、**先に処理を実行**して、その後、**条件式を満たすか判定**します（**後判定**といいます）。**条件を満たさなくても必ず1回は処理を実行**し、条件式を満たす間は繰り返し処理をおこないます。

```
do
  処理
while ( 条件式 )
```

ざっくり違いをまとめると、while 文はまず**条件を満たすかを判定**し、do-while 文はまず**処理をする**点が違うのです。

それでは、この問題はどちらで埋めればいいのでしょうか？　完成させたい手続 printStars は、下記の条件がありましたね。

- 引数 num の値が **0 以下のときは何も出力しない**

この条件に基づくと、選択肢アとイ（do-while 文）は不適切なことがわかります。なぜなら、後判定は**まず処理をする**ため、num の値がもし 0 だったとしても、**必ず 6 行目の“☆”の出力を実行してしまう**のです。これでは、「何も出力しない」という内容と矛盾してしまいますね。

それでは、残りの選択肢ウとエのどちらが正しいか考えましょう。違いは while 文の条件式が「cnt が num **以下**（ウ）」なのか「cnt が num **より小さい**（エ）」のかです。

これも、**引数 num がもし 0 だったとき**を考えれば、一発でわかります。2 行目で**変数 cnt は 0** で初期化されていました。もし空欄 a をウの「while (cnt が num **以下**)」にしてしまうと、num は 0 なのに、**条件を満たしているので 6 行目を実行**してしまいます。以上より、正解は**エ**となります。

以上 2 問を解きながら、「擬似言語プログラム」を読み解くのに必要な知識は身につきました。また、いずれの問題も配列や引数に**カンタンな数字**を入れて解きましたね。そうすると案外あっさり理解したり解決できたりすることがよくあります。プログラムの問題は、ぜひカンタンな数字を代入しながら、解いてみてください。

5-07

情報システムが問題なく動く確率は？

ここでは「稼働率／MTBF／MTTR」の３つの言葉が出てきますが、どれもかんたんです。

稼働率とは「理想と現実のギャップ」のこと。MTBFとMTTRは一見ややこしそうですが、スペルの違いは４文字のうち後半２つだけ。それぞれ以下のように区別できれば、攻略できたも同然です。

- MT**BF** → Between Failure → **故障と故障の間**
- MT**TR** → To Repair → **修復までの時間**（修理している時間）

システムは「きちんと動き続ける」ことが必要

稼働率

たこ焼き屋ネットショップは、１日のうち、夜中の３時～朝７時までの４時間は、メンテナンスのために停止することになっています。つまり、それ以外の20時間は、「ずっと動作する」ことをお客様に約束しているのです。

もし、午前９時～午前11時まで、トラブルでネットショップのシステムが停止したとします。その場合、「本来20時間動く予定」でしたが、**「実際には18時間しか動かなかった」**ことになりますね。

これを表すのが**稼働率**という指標です。稼働率は、以下の公式で求めます。

実際に動いた時間÷本来動くことを期待されていた時間
＝18時間÷20時間＝0.9

つまり、この日のネットショップシステムの稼働率は**「0.9」**になります。

複数システムの稼働率は「乾電池の直列つなぎと並列つなぎ」を思い出そう

では、複数のシステムの稼働率はどうすれば求められるのでしょうか。

一見複雑になりそうですが、心配ありません。小学校のときの**「乾電池の直接つなぎと並列つなぎ」**の実験を思い出してください。

乾電池の直列つなぎ　と並列つなぎ

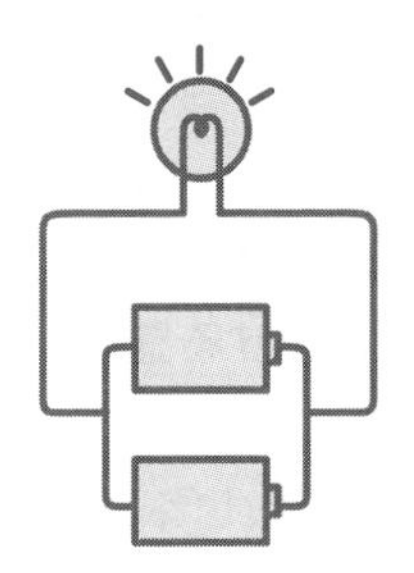

直列つなぎの場合は、2 つの乾電池のいずれにも電気が残っていないと豆球は点灯しませんでしたよね。一方、**並列つなぎ**の場合は、少なくとも 1 つの電池に電気が残っていれば、豆球は点灯しました。

「複数システムの稼働率」の考え方も、これとまったく同じです。

複数システムの稼働率

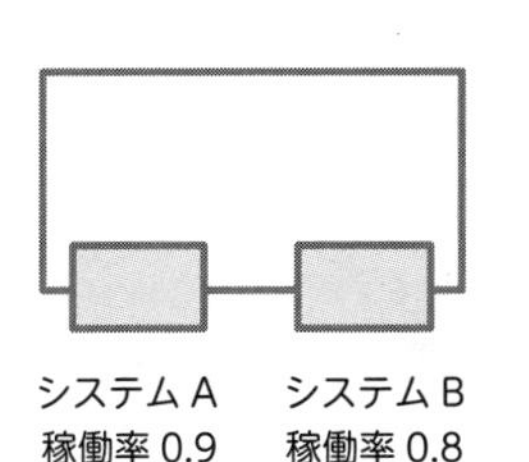

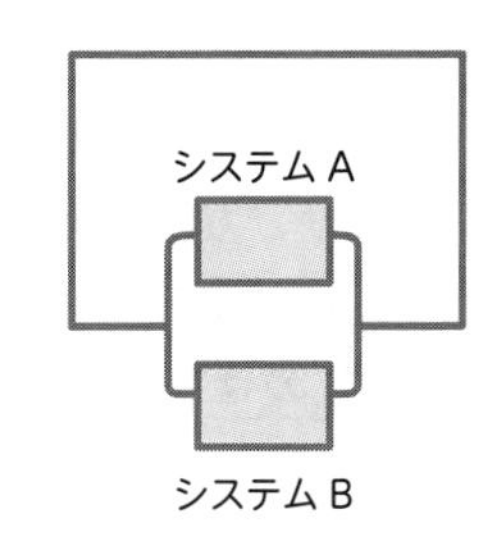

●直列接続

まず、複数システムを直列接続にした場合です。この場合、2つのシステムが「どちらも稼働していること」が必要ですから、単純に**2つのシステムの稼働率をかけ合わせます**。

0.9 × 0.8 = 0.72 → 直列接続の場合のシステムの稼働率

●並列接続

続いて、並列接続の場合です。並列接続の場合は、**「2つのシステムが両方とも故障した場合のみ、システム全体が停止する」**と考えます。つまり、以下の2つをかけ合わせたものが、システム全体が停止する確率となるのです。

- Aのシステムが**停止する確率**：**1 − 0.9 = 0.1**
- Bのシステムが**停止する確率**：**1 − 0.8 = 0.2**

この2つをかけ合わせると**0.1 × 0.2 = 0.02**になります。このシステム全体が停止する確率を、すべてのケースを表す**1から引いたものが、システム稼働率**です。

1 − 0.02 = 0.98 → 並列接続の場合のシステムの稼働率

「故障する頻度」や「故障した場合に回復するまでの時間」をきちんと把握

MTBF ／ MTTR

情報システムには、どうしても故障がつきもの。とはいえ、故障したままでは多くの人に迷惑がかかりますから、「できるだけ故障しないこと」「故障してもすぐ直る」ことが重要です。

「情報システムが故障せず動いている時間」と**「修理にかかる時間」**を表す指標が、**MTBF**と**MTTR**です。

● MTBF（Mean Time Between Failure）

直訳すると「故障と故障の間」→**「故障せずに稼働している時間（の平均値）」**を表します。数字が大きいほど、故障が少ないという意味です。

MTBF は、**「動いていた時間」全体を、故障した回数で割って**求めます。

● MTTR（Mean Time To Repair）

故障したときに「修復まで、どのぐらいの時間がかかるか？」→**「修理している時間（の平均値）」**を表します。数字が小さいほど、早急に修理できるという意味です。

MTTR は、**「止まっていた時間（＝修理していた時間）」の総合計を、故障した回数で割って**求めます。

MTBF と MTTR

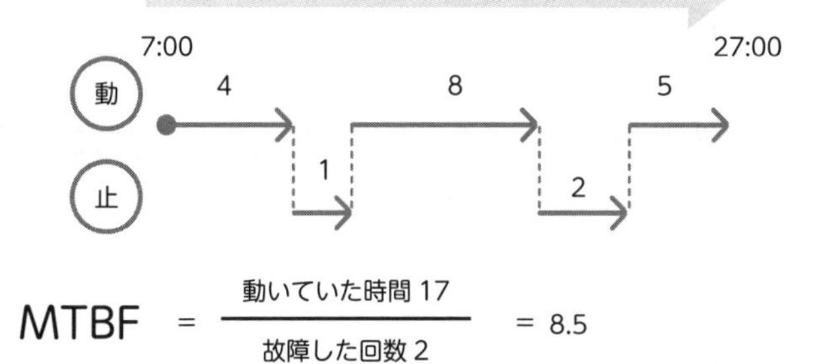

$$\mathrm{MTBF} = \frac{\text{動いていた時間 }17}{\text{故障した回数 }2} = 8.5$$

$$\mathrm{MTTR} = \frac{\text{止まっていた時間 }3}{\text{故障した回数 }2} = 1.5$$

なお、稼働率は {動いていた時間÷（動いていた時間＋止まっていた時間)} ですので、以下のような式で表すこともできます。

稼働率＝ MTBF ÷（MTBF ＋ MTTR)

5-08

表計算は実際に試してみるのが一番の早道

表計算ソフトの**「絶対参照」**と**「相対参照」**の違いは第３章でも学習しましたが、頻出なので、具体的な解き方を見てみましょう。

といっても、素直にセル番号や数値を入力するだけ。一度解法を覚えれば、次回以降、ラクに解けるようになるでしょう。

消費税が 8%、10%のとき、たこ焼きとたい焼きの税込価格がいくらになるか

以下の「たこ焼きとたい焼きの税込価格を求める表」を見てください。

	A	B	C	D	E
1				消費税率 1	消費税率 2
2			税率	0.08	0.1
3	商品名	税抜価格		税込価格 1	税込価格 2
4	たこ焼き	500		540	550
5	たい焼き	100		108	110

表では、消費税率とたこ焼き・たい焼きの税抜価格を、それぞれ以下のように設定しています。

- 消費税率 → セル D2 と E2
- たこ焼きとたい焼きの税抜価格 → セル B4 と B5

このとき、**セル D4 に入れるべき計算式**を考えてみましょう。

なお、セル D4 に入れた計算式は、セル D5、E4 および E5 に複写して使

うものとします。まず、素直にセル D4 に入れる式を考えましょう。

たこ焼きの税抜価格はセル B4 に入力されており、消費税率 8%のときの税率はセル D2 に書かれています。それをふまえると、たこ焼きの消費税 8%のときの税込価格は以下のように表すことができます。

B4 ＊（1.0 + D2）（＊はかけ算の記号です）

続いて、この計算式を、1 つ下の行のセル D5 に複写します。すると、すべて相対参照のため、以下のようになります。

B5 ＊（1.0 + D3）

これを見ると、セル B5 は問題ないですが、セル D3 には消費税率が格納されていないため、問題です。

これを修正するために、セル D4 の計算式は以下となる必要があります。

B4 ＊（1.0 + D$2）

また、セル D4 の計算式 "B4 ＊（1.0 + D$2）" を右隣のセル E4 に複写すると、計算式は以下のようになります。

C4 ＊（1.0 + E$2）

セル B4 がセル C4 となると、たい焼きの税抜価格が参照できなくなります。そのため、セル D4 に入れるべき計算式は以下となることがわかります。

$B4 ＊（1.0 + D$2）

この計算式を E5 に複写しても、問題ありません。絶対参照と相対参照の問題は、素直に**計算式を代入**してみましょう。

5-09

キロ・ミリ・メガ……
単位がわかればかんたんに解ける

いよいよ計算問題も最後です。コンピュータは非常に大きな数字や、逆に非常に小さな数字をよく利用するので、キロ・ミリを始めとする**単位の接頭語**がつきもの。そこだけおさえれば、あとは一般知識で解ける問題ばかりです。

「単位の換算」が適切にできるかどうかがポイント

これまでも何度か出てきましたが、コンピュータの内部は2進数で動いています。**2進数の1ケタでは「1と0」の2つの状態を表す**ことができますが、これを**1ビット**といいます。

また、**8桁の2進数**をまとめて**1バイト**と呼び、$2^8 = 256$通りの情報を表すことができます。1バイト＝8ビットとなります。

ビットとバイト（256通りの情報を表す場合）

11111111 ← 8ビット（=1バイト）

以上が、コンピュータで扱う情報の単位の基本ですが、コンピュータは莫大な情報を超高速で扱うため、「キロ」「メガ」をはじめとする**単位の接頭語**をよく使います。

単位の接頭語の種類

大きいものを表す

キロ（K）10^3 倍 ⇒ 1,000 倍
メガ（M）10^6 倍 ⇒ 1,000,000 倍
ギガ（G）10^9 倍 ⇒ 1,000,000,000 倍
テラ（T）10^{12} 倍 ⇒ 1,000,000,000,000 倍

小さいものを表す

ミリ（m） 10^{-3}倍 ⇒ $\frac{1}{1,000}$
マイクロ（μ）10^{-6}倍 ⇒ $\frac{1}{1,000,000}$
ナノ（n） 10^{-9}倍 ⇒ $\frac{1}{1,000,000,000}$

ポイントは、1つ単位が違うと、1,000違うということ

命令・通信時間などの問題では、**これらの単位をいかに適切に変換できるか**が勝敗を分けます。実際の出題問題を見ながらきちんとおさえておきましょう。

命令実行回数（平成23年度春期　問60）

クロック周波数が1.6GHzのCPUは，4クロックで処理される命令を1秒間に何回実行できるか。

CPUは、クロック周波数にあわせて動作します。1.6GHzのCPUは、**1秒間に1.6G回動作する**ということです。1.6G回＝16億回です。

一方、今回対象となっている命令は、実行するのに4クロックかかります。

CPU は、1 秒間に 16 億回（= 16 億クロック分）動作し、命令を 1 回実行するのに 4 クロック必要です。ですから、単純に割り算して、以下の回数命令を実行できる、という解答になります。

16 億回÷ 4 = 4 億回

ファイル伝送時間（令和 2 年度　問 95）

伝送速度が 20Mbps（ビット / 秒），伝送効率が 80％である通信回線において、1G バイトのデータを伝送するのに掛かる時間は何秒か。ここで、1G バイト =10^3 M バイトとする。

伝送効率が 80％とは、速度は 20M ビット / 秒でも**実際には 16M ビット / 秒**しか伝送できないということです。

また、1G バイトのファイルを伝送するのですが、ここで**バイトとビットの単位**を合わせます。1G バイト= 8G ビットですね。

これにより、以下のように答えを導くことができます。

伝送ファイルの大きさ÷伝送速度
= 8G ビット÷ 16M ビット / 秒
= 8000M ビット÷ 16M ビット / 秒
= 500 秒

以上、うまく計算できたでしょうか。計算が苦手でも、「考える前に、手を動かして体で覚える」ことができれば、まったく怖くありません。

本章を 2 回、実際に計算を書き写しながら、理解していきましょう。本番では必ず、時間をかけずに得点源とすることができます。

いよいよ次章は、直前対策＋試験本番の日の時間攻略術。合格までのラストスパートです！

CHAPTER 06

得点を最大限に積み増すための直前＋本番対策

いよいよラスト1週間、この期間の過ごし方で合否が決まります。この章に書かれていることを徹底すれば、大きく得点を積み増し、合格の栄冠を勝ち取ることができるでしょう。

6-01

本番で後悔しない 直前対策のアドバイス

最後の 1 週間で「過去問を 3 回以上解く」

本書を 2 回繰り返し勉強すれば、合格レベルの実力は十分つくでしょう。ただ、**最後の 1 週間**に「本番に慣れること」と「実践力を養う」ことを目的に、**過去問を解く**ようにしましょう。最低、3 回分の問題を解くことにより、試験の形式に慣れ、自信もつくでしょうし、十分な実践力も身につきます。

ただし、漫然と問題を解くのではなく、**試験当日の時間配分**にしたがって解答してみてください。

資格試験は「正しく理解しているか」だけではなく、**「試験時間を最大限有効に使えるか」**の勝負でもあります。特に、はじめての試験で時間配分を考えていないと、合格する実力がありながら、「時間をロスしてしまい、最後の問題までたどりつけなかった……」といったトラブルも起こります。

ぜひ、本番の時間配分に合わせて、過去問にチャレンジしてください。

理解が不十分なところ「だけ」を徹底復習する

過去問の採点結果について、一喜一憂する必要はありません。本書はもともと**「70%を確実に取って、最短合格する」**という戦略を採用していますから、本番前の段階で、それ以下の点数であることは、むしろあたりまえなのです。それよりも、**まちがえたところ**を解説を読むなりして復習し、確実に理解してください。

また、正解していても「自信はなかったけれども、運よく正解できた」という問題は、チェックマークを付けましょう。そして、**「自信がなく正解し**

た問題」も、まちがえた問題と同様に復習します。「自信を持って正解した」問題は、すでにマスターしているわけですから、復習は必要ありません。

このように「自分の理解が足りないところ」をチェックするために、過去問を活用し**「理解が不十分なところ」のみを補強**していくことが大切です。

寝る前10分は「暗記時間」として有効活用しよう

最後の1週間は、**重要用語を総復習する**ことも大切です。

ダウンロード付録の「重要用語集」を使って、毎日10～15分ほど、用語の意味を再確認しましょう。

おすすめは、**寝る前にチェックする**こと。人間の脳は、眠っている間に「その日インプットした情報」を整理します。

そのため、寝る前に用語の意味を確認すれば効果はバツグンです。これを1週間続ければ、重要用語はしっかり身に付くでしょう。

ただし、完全に忘れてしまっている用語があれば、きちんと本文に目をとおして、覚えなおしてくださいね。

「CBT疑似体験ソフトウェア」で操作に必ず慣れておく

ITパスポートはそんなに難しいものではありませんが、事前に慣れておくことは必要です。特に、ITパスポートのCBT（Computer Based Testing：コンピュータによるテスト）は、問題用紙が配布されず、**パソコンの画面に問題が表示されて解答を選択する**ので、操作に迷っていると時間のロスになります。

そこで、ITパスポート試験のWebサイト（以下のURL）から、実際に試験で利用する**CBTの疑似体験ソフトウェア**（Windows 8.1、Windows 10対応）をダウンロードして、事前に操作を試しましょう。

https://www3.jitec.ipa.go.jp/JitesCbt/html/guidance/trial_examapp.html

6-02

取りこぼしを最小限にする本番対策のポイント

6つの観点から時間を配分する

さて、いよいよ**試験当日の時間配分**です。ITパスポート試験は、選択問題が100問出題され、制限時間は120分。

「だったら、1問あたり1.2分（約70秒弱）だなぁ」

などと、安易に考えていないでしょうか？
残念ですが、それでは最短合格できません。まず、私の推奨する時間配分をご覧ください。

❶ 開始後の全体確認	5分
❷ ストラテジ（35問程度）	30分
❸ マネジメント（20問程度）	20分
❹ テクノロジ（45問程度）	35分
❺ 見直し	20分
❻ 予備	10分

これが、最短合格に必要な、かつ限られた時間の中で最大の点数を獲得できる時間配分です。最初のポイントは、開始直後、いきなり1問目から始めるのではなく、**全体の構成を眺める**こと。

「各分野にはどのような問題が出題がされているのか？」

といったことを、まずは確認していくのです。

問題を眺めていると、必ず見たことのある用語が出てきますから、気持ちも落ち着きます。ひと呼吸おいてから、スタートしましょう。

❷〜❹は、実際に解答する時間です。3分野のうち、**あなたの得意な分野からスタート**しましょう。そうしたほうが、リズムよく、自信を持って進めることができるからです。

資格試験の**出足の好調・不調**は、全体の出来に大きく影響します。複数の分野が得意ならば、最初の全体確認で「今回は、こっちのほうがかんたんそうだな」と思った分野から始めてもいいでしょう。

「まず得意なところをどんどん解いていく」それが鉄則です。

注意すべき2つのこと

解答していくにあたって、2点気をつけていただきたいことがあります。

●解けない問題に時間をかけすぎない

たとえばストラテジの場合、約35問で30分ですから、**1問あたり約1分弱**。1問ずつのタイムを細かく計測する必要はありませんが、全体として30分程度で収まるよう、ペースをみながら解答していきましょう。

難しいと感じる問題たった1問に、何分も時間を使うのは得策ではありません。「あと少しで必ず解ける」と確信を持てる場合は別ですが、そうでなければ、潔く次の問題に移りましょう。

●「解答に不安のある問題」は必ずチェックを付ける

これは見直しするときに非常に役に立ちます。CBTのソフトウェアには各問題に**「後で見直すためにチェック」**という項目があるので、解答に自信がない問題は必ずそこにチェックしましょう。

一方、以下のような問題もあるでしょう。

- 自信を持って解答できた問題
- 解答にまったく自信がない問題

これらには「後で見直すためにチェック」のマークを付ける必要はありません。しかし、IT パスポート試験は、選択肢から解答を選ぶ方式なので、たとえ解答に自信がなくても、必ずいずれかの選択肢を解答しておきましょう。

「チェックを付けた問題」に時間を費やす

ここはたいへん重要な時間です。ここでおこなう作業が合否を決定すると言っても過言ではありません。解答時に付けた「後で見直すためにチェック」のマークに従い、次の作業を順次おこなってください。

❶ **チェックを付けなかった問題**をザッと確認

➡ ケアレスミスがないか、ちゃんと解答を記入しているかの確認だけする

❷ **チェックを付けた問題**を解き直す

➡「解答に自信がない問題」に残りの時間をすべて費やす

チェックを付けた問題は「一応考えて解答したが、不安の残る問題」。これらを１つでも多く○に変える努力をするのです。

チェックを付けなかった問題は見直しても、ほとんど点数を上積みできません。しかし、**チェックを付けた問題は点数をアップできる**可能性があります。ここに最後の力を集中させることで、確実に合格が近づくでしょう。

おわりに

「これからの社会は、英語・IT・ビジネスの 3 つの技術があれば生きていける」

そのような言葉をよく耳にします。そのとおりですが、それは「食べていくだけなら」という前提がつきます。本当は私たちにとって、もっともっと考えなければならないことは多くあります。

現在、社会は先行きが不透明です。一見豊かな物質社会ですが、世界は多くの矛盾に満ち溢れています。国内では少子高齢化・職業のミスマッチ、海外では紛争・飢餓……数え上げればきりがありません。

私たちは「よりよく生きる」ために、**世界中の人がよりよく生きる術を考えなければなりません**。なぜなら、それが巡り巡って、私たちにも返ってくるからです（「情けは人のためならず」とは、そういう意味です）。

本当は、そういう方面に**あなたの限られた資源（時間と気力）を集中させてほしい**のです。ですが、逆に、先行き不透明な今だからこそ、「食べていくためにエネルギーを使わなければならない」という皮肉な現実もあります。

ですので、私はこう考えています。

「食べていくために必要なスキルは、最速で身につけろ」と。そして、
「本来、本当にするべきことに、あなたの資源を投資してほしい」と。

そのような想いもあり、この本は、IT パスポート試験対策のため“だけ”ではなく、「食べていくための 3 つの技術」のうち、**IT とビジネスについてその全体像を最短で理解できる本**にしたつもりです。IT パスポート試験が「IT を活用するすべての職業人が身につけておくべきスキル」の習得を狙ったものですから、そうした私の意図と IT パスポート対策という目的が一致したのです。ですので、この本は、

「IT やビジネスをこれから学ぼうとする方々、ひいてはすべての学生・若手ビジネスパーソン」

に読んでもらいたいと思っていますし、そのような方々に必ずや大きな成果をもたらすものだと確信しています。

2022年度より、高等学校において、すべての生徒が履修する科目「情報Ⅰ」が新設され、それに対応するよう、ITパスポートもシラバス6.0へと強化されました。また、ITパスポートの重要性・知名度が高まり、ここ数年で受験者数が年間20万人以上へと倍増するなど、我が国有数の人気資格となっています。

今後、高校生以下の受験生がさらに増大することが見込まれることもあり、今回の改訂6版では、これまでない大幅な加筆・修正をおこないました。その結果、従来にも増して**「さらにわかりやすく、さらに楽しく本質を学べる」**よう進化し、加えて新しい項目のポイントをおさえた内容となっています。

これもひとえに、ご担当していただいた技術評論社の佐久未佳さんのお力があってのことです。佐久さんには大変細やかなサポートを頂き、感謝の念に堪えません。佐久さん、ほんとうにありがとうございました。

思い起こせば、本書の初版の原稿を必死に執筆していた頃に生まれた娘・麻里も、この春には小学5年生になります。

新生児が小学校高学年に育つまでの長い期間に渡り、本書を読み続けてくださった読者の皆様には、感謝しかありません。

これからも、読者の方々が生きていくための基礎スキルの最短マスターに、少しでも貢献できましたら、心から嬉しく思います。

2023年1月　**西 俊明**

さくいん

く

け

こ

さ

ら

り

る

れ

ろ

わ

■著者プロフィール

西 俊明（にし としあき）

合同会社ライトサポートアンドコミュニケーション 代表社員／CEO。
17年間にわたり、富士通株式会社でパソコンや携帯情報端末など、IT製品の営業・マーケティング業務に従事した後、経済産業大臣登録中小企業診断士として独立し、2010年に合同会社ライトサポートアンドコミュニケーション設立。専門分野は営業・マーケティング・IT。
Webマーケティングやソーシャルメディア活用を中心に、独立後14年で270社以上のコンサルティングを実施。250回以上のセミナー・研修の登壇実績をもつ。
著書に『Webマーケティングの正解』（技術評論社）、『絶対合格応用情報技術者』（マイナビ）、『やさしい基本情報技術者問題集』（ソフトバンククリエイティブ）、『問題解決に役立つ生産管理』（誠文堂新光社）などがある。

<保有資格>

- 中小企業診断士
- 宅地建物取引士
- FP技能士2級
- 基本情報技術者
- 情報セキュリティマネジメント
- 初級システムアドミニストレータ
- ITパスポート（第1回試験1,000満点合格、約4万人中2名のみ）

■お問い合わせについて

本書に関するご質問は、FAX か書面でお願いいたします。電話での直接のお問い合わせにはお答えできません。あらかじめご了承ください。

下記の Web サイトでも質問用フォームをご用意しておりますので、ご利用ください。

ご質問の際には以下を明記してください。

・書籍名
・該当ページ
・返信先（メールアドレス）

ご質問の際に記載いただいた個人情報は質問の返答以外の目的には使用いたしません。

お送りいただいたご質問には、できる限り迅速にお答えするよう努力しておりますが、お時間をいただくこともございます。

なお、ご質問は本書に記載されている内容に関するもののみとさせていただきます。

■問い合わせ先

〒162-0846
東京都新宿区市谷左内町 21-13
株式会社技術評論社　書籍編集部
『改訂 6 版 IT パスポート最速合格術』係
FAX：03-3513-6183
Web：https://gihyo.jp/book/2023/978-4-297-13275-0

ブックデザイン
永田 理沙子（dig）

帯イラスト
456

DTP
田中 望（Hope Company）

図版
原 真一朗

編集
佐久未佳

【改訂 6 版】IT パスポート最速合格術
1000 点満点を獲得した勉強法の秘密

2013 年 8 月 5 日　初　版　第 1 刷発行
2023 年 2 月 9 日　第 6 版　第 1 刷発行
2024 年 4 月 5 日　第 6 版　第 5 刷発行

著　者　西俊明
発行人　片岡巌
発行所　株式会社技術評論社
東京都新宿区市谷左内町 21-13
電話　03-3513-6150　販売促進部
03-3513-6166　書籍編集部
印刷・製本　昭和情報プロセス株式会社

ISBN978-4-297-13275-0　C3055
Printed in Japan